国家林业局职业教育"十三五"规划教材

建筑与装饰材料

主 编 郑金兴

U0350832

中国林业出版社

内容简介

本教材依据人才培养方案的要求，围绕材料科学基础知识领域的核心知识单元和核心知识点，按建筑与装饰工程涉及的主要材料种类编排知识框架，以各类材料的技术性质为中心内容，对重要知识点辅以必要的工程案例，同时结合新材料的研究和应用，国家及行业的新标准（规范），力求逻辑清晰、重点突出、语言简练，以满足人才培养方案设定的课程教学要求。

图书在版编目（CIP）数据

建筑与装饰材料／郑金兴主编 . —北京：中国林业出版社，2018.3（2020.8 重印）
国家林业局职业教育"十三五"规划教材
ISBN 978-7-5038-9425-1

Ⅰ. ①建⋯　Ⅱ. ①郑⋯　Ⅲ. ①建筑材料 – 高等职业教育 – 教材 ②建筑装饰 – 装饰材料 – 高等职业教育 – 教材　Ⅳ. ①TU5 ②TU56

中国版本图书馆 CIP 数据核字（2018）第 024284 号

国家林业局生态文明教材及林业高校教材建设项目

中国林业出版社·教育出版分社

策划编辑：吴　卉　肖基浒
责任编辑：吴　卉　范立鹏
装帧设计：周周设计局
电话/传真：（010）83143626/83143516

出版发行　中国林业出版社（100009　北京市西城区德内大街刘海胡同 7 号）
　　　　　E-mail：jiaocaipublic@163.com
　　　　　电话：（010）83143626
　　　　　http：//lycb. forestry. gov. cn
经　　销　新华书店
印　　刷　河北京平诚乾印刷有限公司
版　　次　2018 年 3 月第 1 版
印　　次　2020 年 8 月第 2 次印刷
开　　本　787mm × 1092mm　1/16
印　　张　19.25
字　　数　465 千字
定　　价　42.00 元

《建筑与装饰材料》
编写人员

主　　编　郑金兴

副 主 编　郭　妍　陈　燕

编写人员（按姓氏笔画排序）
　　　　　陈　燕　郑金兴　郭　妍

前言

　　《建筑与装饰材料》是高职高专学校建筑工程技术等相关专业主干课程的专业教材之一。本教材以高职高专学校建筑工程类专业的学生就业为导向，紧密联系各专业工作实际，对职业岗位工作任务与职业能力进行分析，以实际工作任务为引领，以工作过程涉及的专业知识与技能为教材主线，以岗位职业能力为依据，根据学生认知特点，在已有知识体系基础上，训练和提高学生的职业综合能力，将培养和提高学生职业素质作为最终目标。该教材能使学生获得有关建筑与装饰材料的性质与应用的基本知识和必要的基本理论，并获得主要材料试验的基本技能训练。

　　该教材的编写突破以往教材内容繁、难、偏、旧和过于注重理论知识的现状，具有针对性强、可操作性强、通俗易懂的特点。以加强课程内容与学生职业需求及现代经济市场发展为要求，关注与培养学生学习兴趣和经验之间的联系，能适应不同层次的学生发展需求，体现课程结构的均衡性、综合性和选择性，把注重选择专业与职业必备的基础知识和技能作为编写教材的目的。该教材内容全面，把建筑材料和建筑装饰材料融入一本书中，教材内容涵盖建筑类专业所有知识点，教师可以选择本专业相关的内容进行讲授，其他内容还可以作为拓展知识，既丰富学生的知识面，又能作为工具书、参考书以供借鉴。

　　本教材由福建林业职业技术学院郑金兴担任主编，福建林业职业技术学院郭妍、陈燕担任副主编。具体编写分工如下：郑金兴负责统稿，编写绪论；郭妍编写单元 1~6、单元 12；陈燕编写单元 7~11。本教材在编写过程中，参考了其他院校和专家的一些著作和教材。另外，得到了漳州职业技术学院陈海红老师的支持，中国林业出版社的各位编辑与发行部分相关同志也给予了大力支持与帮助，在此一并表示感谢。

　　由于编写时间仓促，书中难免有不足之处，恳请读者提出宝贵意见，以便改正和完善。

编　者

2018. 1

目录

绪　论

学习目标

1. 了解建筑材料的定义与分类,在工程中的地位与作用及其发展趋势。
2. 熟悉建筑材料技术标准的种类。
3. 明确课程目的、任务和基本要求。

0.1 建筑材料的定义及分类

建筑材料是指用于建筑工程的各种材料及其制品的总称，是一切建筑工程的物质基础。一般所说的建筑材料，除了用于建筑物本身的各种材料之外，还包括卫生洁具、采暖及空调设备等器材，以及施工过程中的暂设工程，如脚手架、模板等所用的材料，即广义的建筑材料。本课程讨论的是狭义的建筑材料，即构成建筑工程本身的材料。

建筑材料种类繁多，为便于研究、使用和叙述，常从不同的角度对建筑材料进行分类。通常按材料的化学成分和使用功能分类。

0.1.1 按化学成分分类

根据建筑材料的化学成分，建筑材料可分为无机材料、有机材料和复合材料 3 大类（表 0-1）。

表 0-1 建筑材料按化学成分分类

分　类			实　例
无机材料	金属材料	黑色金属	铁、钢及其合金
		有色金属	铜、铝及其合金
	非金属材料	天然石材	砂、石及石材制品等
		烧结黏土制品	砖、瓦、陶瓷等
		胶凝材料及制品	水泥、石灰、石膏、水玻璃等
		玻璃	平板玻璃、特制玻璃等
		无机纤维材料	玻璃纤维、石棉、矿物棉等
有机材料	植物材料		木材、竹材、植物纤维及其制品
	沥青材料		石油沥青、煤沥青及沥青制品
	合成高分子材料		建筑塑料、建筑涂料、胶黏剂、合成橡胶等
复合材料	非金属材料与非金属材料复合		水泥混凝土、砂浆等
	有机与无机非金属材料复合		聚合物混凝土、玻璃纤维增强塑料等
	金属与无机非金属材料复合		钢筋混凝土、钢纤维混凝土等
	金属与有机材料复合		铝塑管、彩色涂层压型板、铝箔面油毡等

0.1.2 按使用功能分类

根据建筑材料在建筑工程中的部位和使用功能，可分为建筑结构材料、墙体材料和建筑功能材料 3 大类。

（1）建筑结构材料

建筑结构材料主要是指构成建筑物受力构件和结构所用的材料，如基础、梁、板、柱、框架等所用的材料。这类材料的主要技术性能要求是强度和耐久性。目前所用的结构材料主要有砖、砌块、混凝土、钢筋混凝土、预应力钢筋混凝土及钢材等。

（2）墙体材料

墙体材料是指建筑物内、外墙体所用的材料，有承重和非承重两大类。目前我国大量采用的墙体材料为砖、砌块、墙板等。

（3）建筑功能材料

建筑功能材料主要是指满足各种功能要求所使用的材料。如防水、保温、吸声、隔音、采光、装饰等材料。

0.2 建筑材料在工程中的地位和作用

建筑业是我国国民经济的支柱产业，建筑材料是建筑生产经营活动的物质基础，与建筑设计、建筑结构、建筑施工一样，是建筑工程中重要的组成部分。建筑材料在工程中的地位和作用体现在以下 4 个方面。

（1）建筑材料是一切建筑工程的物质基础

建筑材料工业推动着建筑业的发展，是国民经济的支柱之一，与人们的生活息息相关，不可分割。为了解决人们居住问题，必须修建房屋；为了解决粮食和能源问题，必须兴建水利工程；为了解决人员流动，必须兴建铁路、公路、港口、机场等交通设施。建筑物与构筑物都是在合理设计基础上由各种建筑材料建造而成的。任何优秀的建筑都是材料和艺术、技术以最佳方式融合为一体的产物。

（2）材料的质量直接影响工程质量

建筑材料的质量是建筑工程优劣的关键，是建筑工程质量得以保证的前提。工程材料选用是否合理、产品是否合格、是否通过检验、保管使用是否得当等，都将直接影响建筑工程的使用功能、使用安全及耐久性。

（3）工程总造价中，材料所占的投资比例较大

建筑材料不仅用量大，而且费用高，在建筑工程总造价中，建筑材料的费用约占总造价的 50%~60%。所以，在建筑工程中恰当地选择、合理地使用建筑材料对降低工程造价、提高投资效益有着重要的实际意义。

（4）建筑材料与建筑、结构、施工之间存在着相互促进、相互依存的密切关系

材料决定了建筑的形式和施工方法。随着社会生产力和科学技术的不断进步，建筑材料也在逐步的发展。一种新材料的出现，会使结构设计理论大大地向前推进，使一些无法实现的构想变为现实，乃至使整个社会的生产力发生飞跃。建筑工程中很多技术问题的突破和创新，决定了建筑材料的突破和创新，新的建筑材料的出现，又将促进结构设计及施工技术的革新。

0.3 建筑材料的发展概况

建筑材料的发展是人类社会发展的一个重要标志。古代人类就学会利用天然材料搭建

一些简陋的住所，到了封建社会，砖、瓦、石灰、石膏的出现，使建筑材料由天然建材进入人工生产阶段。在漫长的封建社会，建筑材料和建筑技术的发展非常缓慢。直到18、19世纪，工业革命兴起，促进了工商业和交通运输业的发展，原有的建筑材料已不能满足工程建设的需要，在其他科学技术的推动下，建筑材料进入了一个崭新的发展时期，建筑钢材、水泥、混凝土和钢筋混凝土相继问世进而成为主要的结构材料。到20世纪，又出现了预应力混凝土。在21世纪，高强混凝土、高性能混凝土的研究和应用是混凝土发展的新趋势。同时，一些具有特殊功能的材料应运而生，如保温隔热、吸声、隔声、耐热、防辐射、装饰材料等。随着社会生产力的提高，科学技术的发展以及高新技术的应用，尤其是材料科学与工程科学的形成和发展，使无机材料的性能和质量不断改善，品种不断增多，以有机材料为主的化学建材更是异军突起，高性能、多功能、复合化的新型建筑材料也有了长足的发展。

我国建材工业有了长足的进步，但也应看到我国建材行业的总体科技水平、管理水平还是比较落后，主要表现在：产量大精品少、质量标准低、能源消耗大、劳动生产率低、产业结构落后、污染环境严重、集约化程度低、科技含量低、缺乏国际竞争力。针对此情况，我国建材主管部门提出了"由大变强、靠新出强"的发展战略，提出建材工业应该走"可持续发展"之路，依靠科技进步，大力发展新技术、新工艺、新产品，使建材产品满足节能、绿色、环保、满足人性化的要求，以适应现代建筑业工业化，现代化，提高工程质量和降低工程造价的需要。轻质、高强、高性能、复合化、工业化、绿色环保、节能是未来建筑材料的发展趋势。

0.4　建筑材料的技术标准

建筑材料的技术标准是生产和使用单位检验、确认产品质量是否合格的技术文件。其主要内容包括：产品规格、分类、技术要求、检验方法、检验规则、包装及标志、运输与储存等。目前，我国的技术标准分为国家标准、行业标准、地方标准和企业标准4类。

（1）国家标准

国家标准有强制性标准（GB）和推荐性标准（CB/T）。强制性标准是全国必须执行的技术指导文件，产品的技术指标都不得低于标准中的规定要求。推荐性标准在执行时也可采用其他相关的规定，但推荐性标准一旦被强制执行，就认为是强制性标准。

（2）行业标准

行业标准是指各行业为了规范本行业的产品质量而制定的技术标准，也是全国性的指导文件。但它是由主管生产部门发布的，如建筑材料行业标准（JC）、建筑工程行业标准（JGJ）、交通行业标准（JT）、水利行业标准（SL）等。

（3）地方标准

地方标准是指地方主管部门发布的地方性技术文件（DB），适宜在该地区使用。

（4）企业标准

企业标准是指由企业制定发布的指导本企业生产的技术文件（QB），仅适用于本企业。

凡没有制定国家标准、行业标准的产品，均应制定地方标准或企业标准。而地方标准和企业标准规定的技术要求应高于类似（或相关）产品的国家标准。

标准的一般表示方法由标准名称、标准编号和颁布年份等组成，如《通用硅酸盐水泥》（GB 175—2007）、《水泥胶砂强度检验方法（ISO 法）》（GB/T 17671—1999）、《普通混凝土拌合物性能试验方法标准》（GB/T 50080—2002）、《普通混凝土配合比设计规程》（JGJ 55—2000）。

此外，世界各国均有自己的国家标准，如英国标准（BS）、德国标准（DIN）、美国材料与试验协会（ASTM）等。在世界范围内统一执行的标准为国际标准（ISO）。

标准是根据一个时期的技术水平测定的。随着科学技术的发展，标准也在不断变化，应根据技术发展的速度和要求不断进行修订。

0.5 课程任务及基本要求

建筑材料是土建类专业的一门非常重要的专业基础课。本课程的任务是使学习者掌握一些主要建筑材料的性能和特点，熟悉常用建筑材料的技术标准，在实际工作中能根据工程特点和环境条件合理地选择建筑材料。同时，通过本课程的学习，应掌握常用建筑材料的验收、贮存与保管方面的基本知识，并具有进行建筑材料检测及其质量评定的职业技能。

在本课程的学习过程中应注意以下两点：

（1）建筑材料种类繁多，内容繁杂，逻辑性差

在学习过程中要善于分析和对比各种材料的组成、主要性质与应用特点，理解具有这些性质的原因，找出材料的组成、结构同材料性能之间的内在联系。例如，在学习通用硅酸盐水泥中的六大品种水泥时，首先要明确各种矿物成分对水泥性质的影响，再通过分析各品种水泥的矿物组成来理解不同水泥的性质。

（2）重视试验

通过试验操作和观察，一方面可以培养学习者对建筑材料检测及其质量评定的职业技能；另一方面可加深对理论知识的理解，以达到本课程的学习目的。

单元 1　建筑材料的基本性质

学习目标

1. 掌握材料的物理性质、力学性质及耐久性的相关概念、表示方法及影响因素。
2. 理解材料的体积组成；理解材料的孔隙情况、含水状态等对材料性质的影响；理解材料性质间的相互影响。
3. 能熟练运用材料的各种性质，并结合工程所处的环境条件合理选择材料。

1.1 材料的物理性质

1.1.1 与质量有关的物理性质

1) 材料的体积组成与含水状态

(1) 材料的体积组成

在自然状态下，块状材料的总体积包括固体物质体积与孔隙体积两部分。材料内部的孔隙按常温、常压下水能否进入可分为开口孔隙和闭口孔隙，如图1-1所示。

散粒材料是指具有一定粒径材料的堆积体，如建筑工程中常用的砂、石等。散粒材料的堆积体积包括颗粒中固体物质体积、孔隙体积和颗粒间空隙体积3部分，如图1-2所示。

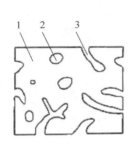

图1-1 块状材料体积构成示意
1. 颗粒中固体物质　2. 闭口孔隙
3. 开口孔隙

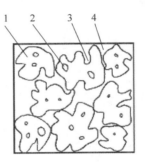

图1-2 散粒材料体积构成示意
1. 颗粒中固体物质　2. 闭口孔隙
3. 开口孔隙　4. 颗粒间的空隙

(2) 材料的含水状态

材料在大气中或水中会吸附一定的水分，根据材料吸附水分的情况，将材料的含水状态分为干燥状态、气干状态、饱和面干状态及湿润状态，如图1-3所示。

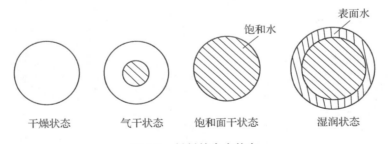

图1-3 材料的含水状态

2) 密度

密度是指材料在绝对密实状态下单位体积的质量，按下式计算：

$$\rho = \frac{m}{V} \tag{1-1}$$

式中　ρ——密度，g/cm^3 或 kg/m^3；

　　　m——材料在干燥状态下的质量，g 或 kg；

　　　V——材料在绝对密实状态下的体积，cm^3 或 m^3。

　　绝对密实状态下的体积是指不包括孔隙在内的体积，即材料固体物质的体积（V）。实际工程中，绝大部分材料都有一定的孔隙，只有少数材料的体积可视为处于绝对密实状态。通常情况下，对于结构致密、外观规则的材料，如钢材、玻璃等，按其外形尺寸求得体积；对于多孔材料，如黏土砖、瓦等，一般采用排液法（密度瓶法）测定其绝对密实状态下的体积，在测定其密度时，应把材料磨成细粉，经干燥至恒重后，用密度瓶测定其体积，该体积即可视为材料绝对密实状态下的体积。材料磨得越细，测定的密度值越精确。

　　3）表观密度

　　表观密度是指材料在自然状态下单位体积的质量，按下式计算：

$$\rho_0 = \frac{m}{V_0} \tag{1-2}$$

式中　ρ_0——表观密度，g/cm^3 或 kg/m^3；

　　　m——材料的质量，g 或 kg；

　　　V_0——材料在自然状态下的体积，或称表观体积，cm^3 或 m^3。

　　材料在自然状态下的体积（V_0）是指材料的固体物质体积（V）与内部封闭孔隙体积之和，可直接用排液法求得。

　　对于颗粒外形不规则的坚硬颗粒，因其颗粒内部封闭孔隙极少，如砂、石等，用排水法测得的颗粒体积与其密实体积基本相同，因此，砂、石表观密度可近似地当作其密度，故称视密度。

　　当材料孔隙内含有水分时，质量和体积均有所变化，因此测定材料表观密度时，应同时测定含水量，并予以注明。通常所说的表观密度是指干表观密度。

　　4）堆积密度

　　堆积密度是指散粒材料在堆积状态下单位体积的质量，按下式计算：

$$\rho'_0 = \frac{m}{V'_0} \tag{1-3}$$

式中　ρ'_0——散粒材料的堆积密度，g/cm^3 或 kg/m^3；

　　　m——散粒材料的质量，g 或 kg；

　　　V'_0——散粒材料的体积，cm^3 或 m^3。

　　散粒材料在堆积状态下的体积，既包括颗粒内部的孔隙体积，又包括颗粒之间的空隙体积。测定散粒材料的堆积密度时，材料的质量是指在一定容积的容器内的材料质量，其堆积体积是指所用容器的容积。若以捣实体积计算时，则称紧密堆积密度。材料的含水状态也影响材料的堆积密度值。

　　在建筑工程中，进行材料用量、构件自重、配料以及确定堆放空间计算时，均需要用到材料的密度、表观密度和堆积密度等数据。常用建筑材料的密度、表观密度和堆积密度见表 1-1。

表 1-1　常用建筑材料的密度、表观密度、堆积密度

材料名称	密度（g/cm³）	表观密度（kg/m³）	堆积密度（kg/m³）
钢材	7.80～7.90	7 850	
花岗岩	2.70～3.00	2 500～2 800	
石灰石	2.40～2.60	1 600～2 400	
砂	2.50～2.60		1 400～1 700
水泥	2.80～3.10		1 100～1 300
普通玻璃	2.50～2.60	2 500～2 600	
普通混凝土		2 000～2 800	
碎石或卵石	2.60～2.90	2 500～2 850	1 400～1 700
松木	1.55～1.60	400～800	
发泡塑料		20～50	

5）密实度与孔隙率

密实度是指材料体积内被固体物质所充实的程度，也就是固体物质的体积占总体积的比例，用 D 表示，按下式计算：

$$D = \frac{V}{V_0} \times 100\% = \frac{\rho_0}{\rho} \times 100\% \tag{1-4}$$

孔隙率是指材料体积内孔隙体积占材料总体积的百分率。以 P 表示，按下式计算：

$$P = \frac{V_0 - V}{V_0} \times 100\% = \left(1 - \frac{V}{V_0}\right) \times 100\% = \left(1 - \frac{\rho_0}{\rho}\right) \times 100\% \tag{1-5}$$

密实度与孔隙率的关系，可用下式来表示：

$$D + P = 1 \tag{1-6}$$

材料的密实度和孔隙率是从不同方面反映材料的密实程度，通常采用孔隙率表示。孔隙率的大小直接反映了材料的致密程度。建筑材料的许多工程性质，如强度、吸水性、抗渗性、抗冻性、导热性等都与材料的致密程度有关。按孔隙的特征，材料的孔隙可分为开口孔隙和闭口孔隙两种；按孔隙的尺寸大小，又可分为微孔、细孔及大孔 3 种。不同的孔隙对材料性能的影响各不相同。一般而言，孔隙率较小，且连通孔隙较少的材料，其吸水性较小，强度较高，抗冻性和抗渗性较好。

1.1.2　与水有关的性质

1）亲水性与憎水性

材料在空气中与水接触，根据其能否被水润湿，将材料分为亲水性材料和憎水性材料。

材料亲水性和憎水性可用润湿角（θ）表示。在材料、空气、水三相交界处，沿水滴表面作切线，切线与材料表面（水滴一侧）所得夹角 θ，称为润湿角，如图 1-4 所示。

θ 越小，浸润性越强，当 θ 为零时，表示材料完全被水润湿。一般认为当 $\theta \leqslant 90°$ 时，水分子之间的内聚力小于水分子与材料分子之间的吸引力，此种材料称为亲水性材料。当

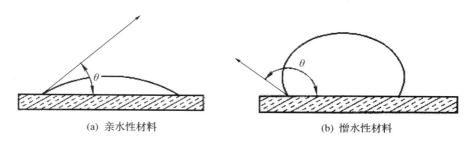

(a) 亲水性材料　　　　　　　　　(b) 憎水性材料

图 1-4　材料的润湿角示意

$\theta > 90°$ 时，水分子之间的内聚力大于水分子与材料分子之间的吸引力，材料表面不易被水润湿，称此种材料为憎水性材料。

建筑工程中所用的混凝土、砂浆、砖石、木材等大多数材料属于亲水性材料，只有少数材料如沥青、石蜡、塑料等为憎水性材料。憎水性材料常用作防水、防潮及防腐材料，也可对亲水性材料进行表面处理，以降低其吸水性。

2）吸水性

材料在水中吸收水分的性质称吸水性。材料吸水性的大小用吸水率表示，有质量吸水率与体积吸水率两种表示方法。

质量吸水率是指材料在吸水饱和时，内部所吸水分的质量占材料干燥质量的百分率，按下式计算：

$$W_{质} = \frac{m_{湿} - m_{干}}{m_{干}} \times 100\% \tag{1-7}$$

式中　$W_{质}$——材料的质量吸水率，%；

　　　$m_{湿}$——材料在吸水饱和状态下的质量，g；

　　　$m_{干}$——材料在干燥状态下的质量，g。

轻质多孔的材料，因其质量吸水率往往超过 100%，常以体积吸水率表示其吸水性。

体积吸水率是指材料在吸水饱和时，其内部所吸收水分的体积占干燥材料自然体积的百分率，按下式计算：

$$W_{体} = \frac{m_{湿} - m_{干}}{V_0} \times \frac{1}{\rho_{水}} \times 100\% \tag{1-8}$$

式中　$W_{体}$——材料的体积吸水率，%；

　　　V_0——干燥材料在自然状态下的体积，cm^3；

　　　$\rho_{水}$——水的密度，g/cm^3。

质量吸水率与体积吸水率存在如下关系：

$$W_{体} = W_{质} \cdot \rho_0 \cdot \frac{1}{\rho_{水}} \tag{1-9}$$

材料的吸水性，不仅取决于材料的亲水性或憎水性，也与其孔隙率的大小及孔隙构造特征有关。密实材料及具有封闭孔隙的材料是不吸水的；具有粗大贯通孔的材料因其水分不宜留存，吸水率常小于孔隙率；而那些孔隙数量多且具有细小贯通孔的亲水性材料往往具有较大的吸水能力。一般若无特别说明，材料的吸水率都指其质量吸水率。不同材料的吸水率变化很大，花岗岩为 0.02% ~ 0.7%，普通混凝土为 2% ~ 4%，烧结普通砖为 8% ~ 15% 。

3）吸湿性

材料在潮湿空气中吸收水分的性质称为吸湿性。材料的吸湿性用含水率表示。含水率是指材料内部所含水的质量占材料干燥质量的百分率，按下式计算：

$$W_含 = \frac{m_含 - m_干}{m_干} \times 100\% \qquad (1\text{-}10)$$

式中　$W_含$——材料的含水率，% ；

　　　$m_含$——材料含水时的质量，g ；

　　　$m_干$——材料烘干至恒重时的质量，g 。

材料的吸湿性主要取决于材料的组成和构造。通常总表面积较大的粉状或颗粒状的材料及开口贯通孔隙率较大的亲水性材料具有较强的吸湿性。材料的吸水率是一个定值，而含水率是随环境而变化的。当空气湿度较大且温度较低时，材料的含水率就大，反之则小。材料所含水分与空气的湿度相平衡时的含水率，称为平衡含水率。

材料含水后，其质量增加，导热性增大，强度降低，抗冻性能减弱。所以，工程中某些部位的材料应采取有效的防护措施。

4）耐水性

材料在长期饱和水作用下不被破坏，其强度也不显著降低的性质称为耐水性。材料的耐水性用软化系数表示。计算式为：

$$K_软 = \frac{f_饱}{f_干} \qquad (1\text{-}11)$$

式中　$K_软$——材料的软化系数；

　　　$f_饱$——材料在饱水状态下的抗压强度，MPa ；

　　　$f_干$——材料在干燥状态下的抗压强度，MPa 。

软化系数的大小反映材料浸水后强度降低的程度。其取值范围在 0 ~ 1 之间，其值越大，表明材料的耐水性越好。长期处于水中或潮湿环境的重要建筑物或构筑物，其建筑材料必须选用软化系数大于 0.85 的材料。用于受潮较轻建筑（部位）或次要结构的材料，软化系数也不宜小于 0.70 。通常认为软化系数大于 0.85 的材料是耐水性材料。

5）抗渗性

材料抵抗水渗透压力的性质称为抗渗性。抗渗性常用渗透系数和抗渗等级表示。

渗透系数是指单位厚度的材料，在单位水压力作用下，单位时间内透过单位面积的水量，用公式表示为：

$$K = \frac{Qd}{AtH} \qquad (1\text{-}12)$$

式中　K——渗透系数，cm/s ；

　　　Q——透水量，cm³ ；

　　　d——试件厚度，cm ；

A——透水面积，cm^2；

t——透水时间，s；

H——静水压力水头，cm。

K 值愈大，表示单位厚度材料在单位时间和单位面积内渗透的水量愈多，即抗渗性愈差。

对于混凝土和砂浆，其抗渗性常用抗渗等级表示。抗渗等级是以规定的试件、在标准试验方法下所能承受的最大静水压力来确定，以符号 Pn 表示，其中 n 表示材料所能承受最大水压力 10 倍的 MPa 数，如 P4、P6、P8、P10 等，分别表示材料能承受 0.4 MPa、0.6 MPa、0.8 MPa、1.0 MPa 的水压而不渗水。

材料的抗渗性与其孔隙率和孔隙特征有关。材料的孔隙率越大，连通孔隙越多，其抗渗性越差；高密实材料或具有封闭孔隙的材料具有较高抗渗性。地下建筑、防水工程、水工构筑物等，均要求有较高的抗渗性。

6）抗冻性

抗冻性是指材料在吸水饱和状态下，能经受多次冻结和融化作用（冻融循环）而不被破坏，强度也不显著降低的性能。

材料的抗冻性用抗冻等级表示。抗冻等级是以规定的试件，在规定试验条件下，其强度降低不超过 25%，且质量损失不超过 5% 时所能承受的最多的循环次数来表示。用符号 Fn 表示，其中 n 即为最大冻融循环次数，如 F50、F100、F150 等，分别表示材料抵抗 50 次、100 次、150 次冻融循环，而未超过规定的损失程度。

影响材料抗冻性的因素有内因和外因。内因是指材料的组成、结构、构造、孔隙率的大小和孔隙特征、强度等。外因是指材料孔隙中充水的程度、冻结温度、冻结速度、冻结频率等。抗冻性良好的材料对于抵抗温度变化、干湿交替等破坏作用的性能也较强。所以，抗冻性是评价材料耐久性的一个重要指标。

1.1.3　与热有关的性质

1）导热性

材料传导热量的性能称为导热性。材料的导热能力用导热系数表示，其物理意义是指，单位厚度（1 m）的材料，当两个相对侧面温差为 1 K 时，在单位时间（1 s）内通过单位面积（1 m^2）所传递的热量。其计算公式为

$$\lambda = \frac{Q\delta}{At(T_2 - T_1)} \tag{1-13}$$

式中　λ——材料的导热系数，W/(m·K)；

Q——传导的热量，J；

A——热传导面积，m^2；

δ——材料厚度，m；

t——导热时间，s；

$T_2 - T_1$——材料两侧的温差，K。

影响材料导热性的因素有材料的成分、孔隙率、内部孔隙构造、含水率、导热时的温度等。

一般无机材料的导热系数大于有机材料；材料的孔隙率越大，导热系数越小；同类材料的导热系数随表观密度的减小而减小；微细而封闭孔隙组成的材料，其导热系数小，粗大而连通的孔隙组成的材料，其导热系数大；材料的含水率越大，导热系数越大；大多数建筑材料(金属除外)的导热系数随温度升高而增加。

材料的导热系数越小，绝热性能越好。材料受潮或受冻后，绝热性能显著下降，其导热系数会大大提高。因此，绝热材料应确保其经常处于干燥状态。

导热系数愈小，材料的绝热性能愈好，材料的保温隔热性能越强。一般将 λ 小于 0.25 W/(m·k) 的材料称为绝热材料。建筑材料导热系数的范围在 0.023 ~ 400 W/(m·k) 之间，数值变化很大(表 1-2)。

2) 比热容

材料加热时吸收热量、冷却时放出热量的性质，称为热容量。热容量的大小用比热容 C 表示。比热容是指单位重量(1 g)材料温度升高或降低 1 K 时，所吸收或放出的热量，其计算式为：

$$C = \frac{Q}{m(T_2 - T_1)} \tag{1-14}$$

式中　C——材料的比热容，J/(g·K)；

　　　Q——材料吸收或放出的热量，J；

　　　m——材料的质量，g；

　　　$T_2 - T_1$——材料受热或冷却后的温差，K。

材料的比热越大，本身能吸入或储存越多的热量，越能在热流变动或采暖设备供热不均匀时减轻室内温度的波动，对保持室内温度稳定有良好的作用，并减少能耗。材料中比热最大的是水，水的比热 $C = 4.19$ J/(g·K)，因此，蓄水的平屋顶能使室内冬暖夏凉，沿海地区的昼夜温差也较小。材料的导热系数和比热是对建筑物进行热工计算的重要参数。几种常见材料的比热值见表 1-2。

表 1-2　常用材料的导热系数和比热

材　料	导热系数 [W/(m·K)]	比热 [J/(g·K)]	材　料	导热系数 [W/(m·K)]	比热 [J/(g·K)]
铜	370	0.38	松木(横纹 – 顺纹)	0.17 ~ 0.35	2.50
钢材	58	0.48	水	0.58	4.19
花岗岩	3.49	0.92	冰	2.20	2.05
普通混凝土	1.51	0.84	泡沫塑料	0.03	1.30
普通黏土砖	0.8	0.88	空气	0.023	1.00

3) 耐燃性与耐火性

材料的耐燃性是指材料在火焰或高温作用下是否燃烧的性质。我国相关规范把材料按照耐燃性分为非燃烧材料、难燃烧材料和可燃烧材料3类。

一般非燃烧材料如钢铁、砖、石等;难燃烧材料如纸面石膏板、水泥刨花板等;可燃烧材料如木材、竹材等。在实际工程中,在建筑物的不同部位,依据其使用特点和重要性选择不同耐燃性的材料。

耐火性是指材料在火焰或高温作用下,保持其不被破坏、性能不明显下降的能力。材料的耐火性用耐火极限表示。

一般耐燃的材料不一定耐火,而耐火的材料一般都耐燃。如钢材是非燃烧材料,但其耐火极限仅有0.25 h,故钢材虽为重要的建筑结构材料,但其耐火性却较差,使用时须进行防火处理。

1.1.4 与声有关的性质

声音是靠振动的声波来传播的,当声波到达材料表面时出产生3种现象:反射、透射、吸收。声音反射容易使建筑物室内产生噪音或杂音,影响室内音响效果;透射容易对相邻空间产生噪音干扰,外部噪音也会影响室内环境的安静。通常当建筑物室内的声音大于50 dB,就应该考虑采取措施;声音大于120 dB,将危害人体健康。因此,在建筑装饰工程中,应特别注意材料的声学性能,以便给人们提供一个安全、舒适的工作和生活环境。

1)材料的吸声性

吸声性是指材料吸收声波的能力。吸声性的大小用吸声系数表示。

当声波传播到材料表面时,一部分被反射,另一部分穿透材料,其余的部分则传递给材料,在材料的孔隙中引起空气分子与孔壁的摩擦而形成黏滞阻力,使相当一部分的声能转化为热能而被材料吸收掉。当声波接触材料表面时,被材料吸收的声能与全部入射声能之比,称为材料的吸声系数。用公式表示如下:

$$a = \frac{E}{E_0} \tag{1-15}$$

材料的吸声系数越大,吸声效果越好。材料的吸声性能除与声波的入射方向有关外,还与声波的频率有关。同一种材料,对于不同频率的吸声系数不同,通常取125 Hz、250 Hz、500 Hz、1 000 Hz、2 000 Hz、4 000 Hz等6个频率的吸声系数来表示材料吸声的频率特征。凡6个频率的平均吸声系数均大于0.2的材料,称为吸声材料。

2)材料的隔声性

声波在建筑结构中的传播主要通过空气和固体来实现,因而隔声可分为隔绝空气声(通过空气传播的声音)和隔绝固体声(通过固体的撞击或振动传播的声音)两种。隔绝空气声,主要服从声学中的"质量定律",即材料的表观密度越大,质量越大,隔声性能越好。因此,应选用密度大的材料作为隔声材料,如混凝土、实心砖、钢板等。如采用轻质材料或薄壁材料,则需辅以多孔吸声材料或采用夹层结构,如夹层玻璃就是一种很好的隔空气声材料。弹性材料,如地毯、木板、橡胶片等具有较高的隔固体声能力。

1.1.5　与光有关的性质

当光线照射在材料表面上时，一部分被反射，一部分被吸收，一部分透过。根据能量守恒定律，这三部分光通量之和等于入射光通量，通常将这三部分光通量分别与入射光通量的比值称为光的反射比、吸收比和透射比。材料对光波产生的这些效应，在建筑装饰中会带来不同的装饰效果。

1）光的反射

指光在传播到不同介质时，在分界面上改变传播方向又返回原来介质的现象。光遇到水面、玻璃以及其他许多物体的表面都会发生反射。光的反射存在两种形式：镜面反射和漫反射。平行光线射到光滑表面上时，反射光线也是平行的，这种反射称为镜面反射；平行光线射到凹凸不平的表面上时，反射光线射向各个方向，这种反射称为漫反射。

2）光的透射

当光入射到透明或半透明材料表面时，一部分被反射，一部分被吸收，还有一部分可以透射过去。透射是入射光经过折射穿过物体后的出射现象。被透射的物体为透明体或半透明体，如玻璃、滤色片等。

3）光的吸收

光的吸收是指原子在光照下，会吸收光子的能量由低能态跃迁到高能态的现象。从实验上研究光的吸收，通常用一束平行光照射在物质上，测量光强随穿透距离衰减的规律。由于光吸收具有能量转化和光谱选择的本征属性，基于材料光吸收特性的技术在诸多领域有着重要应用，既包括太阳能电池、红外探测、大气环境监控等科技应用领域，也包括紫外防晒霜、太阳能热水器、太阳镜等日常应用领域。因此，提升材料的光吸收性能，发掘材料光吸收特性的应用潜能，有着重要的研究意义和实用价值。

1.2　材料的力学性质

材料的力学性质主要是指材料在外力（外荷载）作用下，抵抗破坏和变形能力的性质。它对建筑物的正常和安全使用是至关重要的。

1.2.1　材料的强度和强度等级

1）材料的强度

材料在外力作用下抵抗破坏的能力，称为材料的强度。

当材料承受外力作用时，内部就产生应力。随着外力逐渐增加，应力也相应增大。直至材料内部质点间的作用力不能再抵抗这种应力时，材料即破坏，此时的极限应力值就是材料的强度。

根据外力作用方式的不同，材料强度有抗拉、抗压、抗剪和抗弯（抗折）强度等，材料受力示意如图1-5所示。

在试验室采用破坏试验法测试材料的强度。按照国家标准规定的试验方法，将制作好的试件安放在材料试验机上，施加外力（荷载），直至破坏，根据试件尺寸和破坏时的荷载值，计算材料的强度。

材料的抗拉、抗压和抗剪强度计算式为：

$$f = \frac{F}{A} \qquad (1\text{-}16)$$

式中　f——材料的强度，MPa；

　　　F——破坏荷载，N；

　　　A——受力截面面积，mm^2。

材料的抗弯强度与试件受力情况、截面形状以及支承条件有关。通常是将矩形截面的条形试件放在两个支点上，中间作用一集中荷载。

材料抗弯强度的计算式为：

$$f = \frac{3FL}{2bh^2} \qquad (1\text{-}17)$$

式中　f——材料的抗弯强度，MPa；

　　　F——破坏荷载，N；

　　　L——试件两支点的间距，mm；

　　　b，h——试件矩形截面的宽和高，mm。

材料的强度主要取决于它的组成和结构。一般来说，材料的孔隙率越大，强度越低，另外不同的受力形式或不同的受力方向，强度也不相同。

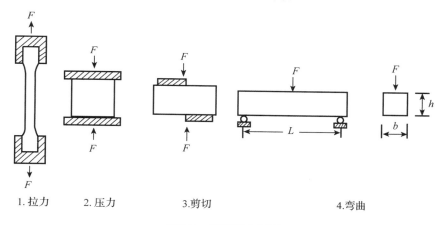

1.拉力　　　2.压力　　　3.剪切　　　　　　4.弯曲

图1-5　材料受力示意

影响材料强度试验结果的因素有：

① 试件的形状和大小：一般情况下，棱柱体试件的强度小于同样尺度的正方体的强度，试件大的强度小于试件小的强度。

② 含水状况：含有水分的试件强度小于干燥试件的强度。

③ 表面状况：做抗压试验时，承压板与试件间摩擦越小，所测得强度值越低。

④ 温度：一般情况，温度升高强度将降低，如沥青混凝土。但钢材在温度下降到某一负温时，其强度会突然下降很多。

⑤ 加荷速度：一般试验时，加荷速度越快，所测试件的强度越高。

2）材料的强度等级

对以力学性质为主要性能指标的材料，为便于在工程上设计和施工中的选用通常按其强度值的大小划分为若干个强度等级。

脆性材料，如水泥、混凝土、砖、砂浆等主要以抗压强度划分强度等级；而塑性材料，如钢材主要以抗拉强度划分强度等级。强度等级是人为划分的，是不连续的。

为了对不同材料的轻质高强性能进行比较，可采用比强度这一指标。比强度反映材料单位体积质量的强度，其值等于材料的强度与其表观密度的比值，是衡量材料轻质高强性能的指标。比强度高的材料具有轻质高强的特性，可用作高层、大跨度工程的结构材料。轻质高强性能是建筑材料今后的发展方向。

1.2.2　材料的变形性质

1）材料的弹性

材料在外力作用下产生变形，若除去外力后变形随即消失并能完全恢复原来形状的性质，称为弹性。这种可恢复的变形称为弹性变形。

弹性变形属可逆变形，其数值大小与外力成正比，其比例系数 E 称为材料的弹性模量。材料在弹性变形范围内，弹性模量 E 为常数，其值等于应力 σ 与应变 ε 的比值，用下式表示：

$$E = \frac{\sigma}{\varepsilon} \tag{1-18}$$

式中　E——材料的弹性模量，MPa；

　　　σ——材料的应力，MPa；

　　　ε——材料的应变，无量纲。

E 值是衡量材料抵抗变形能力的一个指标，E 越大，材料越不易变形。

材料在外力作用下产生变形，若除去外力后仍保持变形后的形状和尺寸，并且不产生裂缝的性质称为塑性。不能消失（恢复）的变形称为塑性变形。塑性变形为不可逆变形，是永久变形。

实际上纯弹性变形的材料是没有的，通常一些材料在受力较小时，仅产生弹性变形；受力超过一定极限后，即产生塑性变形。有些材料在受力时，如建筑钢材，当所受外力小于弹性极限时，仅产生弹性变形；而外力大于弹性极限后，则除了弹性变形外，还产生塑性变形。有些材料在受力后，弹性变形和塑性变形同时产生，当外力取消后，弹性变形会恢复，而塑性变形不能消失，如混凝土。

2）材料的脆性与韧性

（1）材料的脆性

材料在外力作用下，当外力达到一定限度后，材料无显著的塑性变形而突然断裂的性质称为脆性。在常温、静荷载下具有脆性的材料称为脆性材料。例如：混凝土、砖、石、陶瓷等。

脆性材料的抗压强度常比抗拉强度高很多倍，对抵抗冲击、承受振动荷载非常不利。

（2）材料的韧性

在冲击、振动荷载作用下，材料能够吸收较大的能量，同时也能产生一定的变形而不致破坏的性质称为韧性或冲击韧性。韧性材料如：建筑钢材、木材、塑料等。路面、桥梁等受冲击、振动荷载较大及有抗震要求的结构工程要求考虑所用材料的韧性。

3）材料的硬度与耐磨性

（1）材料的硬度

硬度是指材料表面能抵抗其他较硬物体压入或刻划的能力。不同材料的硬度测定方法不同，通常采用的有刻划法和压入法两种。刻划法常用于测定天然矿物的硬度。矿物硬度分为 10 级（莫氏硬度），其递增的顺序为：滑石（1 级）、石膏（2 级）、方解石（3 级）、萤石（4 级）、磷灰石（5 级）、正长石（6 级）、石英（7 级）、黄玉（8 级）、刚玉（9 级）、金刚石（10 级）。钢材、木材及混凝土等的硬度常用压入法测定。材料的硬度愈大，则其耐磨性愈好，但不易加工。工程中有时也可用硬度来间接推算材料的强度，如回弹法测定混凝土强度实际上是用回弹仪测定混凝土表面硬度，间接推算混凝土强度。

（2）材料的耐磨性

耐磨性是指材料表面抵抗磨损的能力。材料的耐磨性与材料的组成成分、结构、强度、硬度等有关。在建筑工程中，用于台阶踏面、地面等部位的材料，应具有较高的耐磨性。一般来说，强度较高且密实的材料，其硬度较大，耐磨性较好。

1.3　材料的耐久性和装饰性

1.3.1　材料的耐久性

材料在使用过程中，能抵抗周围各种介质的侵蚀而不被破坏，也不失去其原有性能的性质，称为耐久性。

影响材料耐久性的主要因素可归纳为内在因素和外在因素两方面。

（1）内在因素

内在因素主要包括材料的结构和构造性质、化学成分或组成性质等，是造成材料耐久性下降的根本原因。当材料密实性较大时，耐久性通常较好；构造为开口贯通且孔隙较大的材料，耐久性通常较差；当材料的成分或组成易溶于水或其他液体，或易与其他物质产生化学反应时，材料的耐水性、耐蚀性等较差；无机矿物质脆性材料在温度剧变时，耐急冷急热性较差；晶体材料较同组成的非晶体材料的化学稳定性高；含不饱和键的有机材料，抗老化性较差。

（2）外在因素

外在因素是指材料在使用过程中长期受到周围环境和各种自然因素的破坏作用，主要包括物理作用、化学作用、机械作用、生物作用和大气作用等。

物理作用包括材料的干湿变化、温度变化及冻融变化等。这些变化可引起材料的收缩和膨胀，长期而反复的作用会使材料逐渐破坏。化学作用包括酸、碱、盐等物质的水溶液及气体对材料的侵蚀作用，使材料的组成成分发生质的变化，从而引起材料的破坏，如水泥石的化学侵蚀，钢材的锈蚀等。机械作用包括冲击、疲劳荷载及各种气体、液体和固体引起的磨损或磨耗等。生物作用包括菌类、昆虫等的侵害作用，导致材料发生腐烂、虫蛀等而破坏，如木材及植物纤维材料的腐烂等。大气作用指在阳光、空气及辐射的作用下，材料逐渐老化、变质而破坏，如沥青、高分子材料的老化。

耐久性是材料的一项综合性质，因材料的组成和构造不同，其耐久性的内容也不同，所以无法用一个统一的指标去衡量所有材料的耐久性。如钢材的锈蚀破坏；石材、混凝土、砂浆、烧结普通黏土砖等无机非金属材料，主要是因冻融、风化、碳化、干湿变化等物理作用而破坏，当与水接触时，有可能因化学作用而破坏；沥青、塑料、橡胶等有机材料因老化而破坏。

在实际工程中，由于各种原因，建筑材料常会因耐久性不足而过早破坏，因此，耐久性是建筑材料的一项重要技术指标。只有深入了解并掌握各种建筑材料耐久性的差别，从材料、设计、施工、使用各方面共同努力，才能保证材料和结构的耐久性，延长建筑物的使用寿命。

1.3.2　材料的装饰性

材料的装饰性是装饰材料主要性能要求，是指材料对所覆盖的建筑物外观的美化效果。建筑不仅仅是人类赖以生存的物质空间，更是人们进行文化交流和情感生活的重要精神空间。合理而艺术地使用装饰材料的外观效果，不仅能将建筑物的室内外环境装饰得层次分明，情趣盎然，而且能给以人美的精神感受。如西藏的布达拉宫在修缮的过程中，大量地使用金箔、琥珀等材料进行装饰，使这座建筑显得高贵华丽、流光溢彩，增加了人们对宗教神秘莫测的心理感受。

材料的装饰性涉及环境艺术与美学领域，不同的工程和环境对材料装饰性能的要求差别很大，难以用具体的参数反映其装饰性的优劣。建筑物对材料装饰效果的要求主要体现在材料的色彩、光泽、质感、透明性和形状尺寸等方面。

【实训1-1】　材料密实度和孔隙率计算

已知某种普通黏土砖 $\rho_0 = 1\,700\ \text{kg/m}^3$，$\rho = 2.5\ \text{g/cm}^3$。求其密实度和孔隙率。

解：依已知条件可求其密实度为：

$$D = \frac{\rho_0}{\rho} \times 100\% = \frac{1\,700}{2\,500} \times 100\% = 68\%$$

其孔隙率为：

$$P = 1 - D = 1 - 68\% = 32\%$$

6）材料的填充率与空隙率

填充率是指散粒材料在某容器的堆积体积内，被其颗粒填充的程度。以 D' 表示，按下式计算：

$$D' = \frac{V_0}{V'_0} \times 100\% = \frac{\rho'_0}{\rho_0} \times 100\% \qquad (1\text{-}19)$$

空隙率是指散粒材料在某容器的堆积体积内，颗粒之间的空隙体积占堆积体积的百分率，以 P' 表示，按下式计算：

$$P' = \frac{V'_0 - V_0}{V'_0} \times 100\% = \left(1 - \frac{V_0}{V'_0}\right) \times 100\% = \left(1 - \frac{\rho'_0}{\rho_0}\right) \times 100\% \qquad (1\text{-}20)$$

填充率与空隙率的关系，可用下式来表示：

$$D' + P' = 1 \qquad (1\text{-}21)$$

空隙率和填充率是从不同方面反映了散粒材料的颗粒之间相互填充的致密程度，通常采用空隙率表示。空隙率可作为控制混凝土骨料级配与砂率计算的依据。

【实训1-2】　石材软化系数计算

某石材在气干、绝干、水饱和情况下测得的抗压强度分别为 174 MPa、178 MPa、165 MPa，求该石材的软化系数，并判断该石材可否用于水下工程。

解：依已知条件可求该石材的软化系数为：

$$K_{软} = \frac{f_{饱}}{f_{干}} = \frac{165}{178} = 0.93$$

由于该石材的软化系数为 0.93，大于 0.85，故该石材可用于水下工程。

单元 2　胶凝材料

学习目标

1. 掌握石灰、石膏的技术指标、主要性质及应用范围；理解石灰、石膏凝结与硬化的原理；了解石灰、石膏的生产原料与生产过程。

2. 掌握通用硅酸盐水泥的技术指标、特性及应用；理解水泥的凝结与硬化，水泥石的腐蚀与防治措施；了解其他品种水泥的特点及应用。

3. 能熟练进行水泥技术指标的检测。

建筑工程中，凡是经过一系列物理、化学作用，能将散粒材料或块状材料黏结成整体的材料称为胶凝材料。

胶凝材料按化学成分可分为无机胶凝材料和有机胶凝材料两大类。有机胶凝材料种类较多，在建筑工程中常用的有沥青、各类胶乳剂等。无机胶凝材料按凝结硬化的条件不同又分为气硬性胶凝材料和水硬性胶凝材料。气硬性胶凝材料只能在空气中凝结硬化，并保持和提高自身强度；水硬性胶凝材料不仅能在空气中凝结硬化，而且在水中能更好地凝结硬化，保持和提高自身强度。工程中常用的石灰、石膏、水玻璃均属于气硬性胶凝材料，各种水泥则属于水硬性胶凝材料。

2.1 石灰

石灰是工程中使用最早的气硬性胶凝材料之一。石灰具有原料来源广、生产工艺简单、成本低廉和使用方便等特点，因此至今仍被广泛应用于建筑工程中。

2.1.1 石灰的原料与生产

1) 石灰的原料

生产石灰的原料主要是以碳酸钙为主的天然岩石，如石灰石、白垩、白云质石灰石等，这些天然原料中的黏土杂质一般控制在8%以内。

石灰的另一原料来源是化学工业的副产品，如用电石（碳化钙）制取乙炔的电石渣，其主要成分是 $Ca(OH)_2$，即消石灰。

2) 石灰的生产原理

由石灰石煅烧成生石灰，实际上是碳酸钙（$CaCO_3$）的分解过程，其反应式如下：

$$CaCO_3 \xrightarrow{900 \sim 1\,200\,℃} CaO + CO_2 \uparrow$$

由于窑内煅烧温度不均匀，产品中常含有少量的欠火石灰和过火石灰。欠火石灰含有未完全分解的碳酸钙内核，降低了石灰的产量；过火石灰表面有一层深褐色熔融物质，阻碍石灰的正常熟化；正火石灰质轻（表观密度为 $800 \sim 1\,000$ kg/m³）、色匀（白色或灰白色）、工程性质优良。

石灰原料中常含有少量碳酸镁，煅烧时生成氧化镁。因此氧化钙和氧化镁是石灰的主要成分。

2.1.2 石灰的熟化与硬化

1) 石灰的熟化

生石灰与水反应生成氢氧化钙，称为石灰的熟化。其反应式如下：

$$CaO + H_2O \longrightarrow Ca(OH)_2 + 65 \text{ kJ/mol}$$

石灰熟化时放出大量的热，并且体积迅速膨胀 $1 \sim 2.5$ 倍。

熟化时根据加水量的多少，可得到石灰膏和消石灰粉。将生石灰放在化灰池中，用过量的水（约为生石灰体积的 $3 \sim 4$ 倍）消化成石灰水溶液，然后通过筛网，流入储灰坑内，随着水分的减少，逐渐形成石灰浆，最后形成石灰膏。为了消除过火石灰的危害，石灰浆应在储灰坑中"陈伏"两周以上。"陈伏"期间，石灰浆表面应保有一层水分，与空气隔绝，以免碳化。

消石灰粉是由块状生石灰用适量的水熟化而得，加水量以使其充分消解而又不过湿成团为宜。工地上常用分层喷淋法进行消化，目前多在工厂中用机械法将生石灰熟化成消石灰粉，再供利用。

应特别指出，块状生石灰必须充分熟化后方可用于工程。若使用将块状生石灰直接粉碎、磨细制得的生石灰粉，则可不预先熟化、陈伏而直接使用。这是因为磨细生石灰粉的细度高，水化反应速度可提高 30～50 倍，且水化时体积膨胀均匀，避免了局部的膨胀过大。使用磨细生石灰粉，克服了传统石灰硬化慢、强度低的特点（强度可提高约 2 倍），不仅提高了工效，而且节约了场地，改善了施工环境，但其成本较高。

2）石灰的硬化

石灰的凝结硬化由干燥结晶和碳化两个交错进行的过程组成。

（1）干燥结晶

石灰浆体中的水分被砌体部分吸收及蒸发后，石灰胶粒更加紧密，同时氢氧化钙从饱和溶液中逐渐结晶析出，使石灰浆体凝结硬化，形成强度并逐步提高。

（2）碳化

浆体中的氢氧化钙与空气中的二氧化碳发生化学反应，生成碳酸钙，反应式如下：

$$Ca(OH)_2 + CO_2 + nH_2O =\!=\!= CaCO_3 + (n+1)H_2O$$

碳酸钙与氢氧化钙两种晶体在浆体中交叉共生，构成紧密的结晶网，使石灰浆体逐渐变成坚硬的固体物质。

由于干燥结晶和碳化过程十分缓慢，且氢氧化钙易溶于水，故石灰不能用于潮湿环境及水下的工程部位。

2.1.3 石灰的技术标准

根据《建筑生石灰》（JC/T 479—2013）的规定，按技术指标将钙质石灰（氧化镁含量 ≤ 5%）和镁质石灰（氧化镁含量 > 5%）分为优等品、一等品和合格品 3 个等级。生石灰及生石灰粉的主要技术指标分别见表 2-1 和表 2-2。

表 2-1　建筑生石灰技术指标（JC/T 479—2013）

项　目	钙质生石灰			镁质生石灰		
	优等品	一等品	合格品	优等品	一等品	合格品
CaO + MgO 含量（%）　≥	90	85	80	85	80	75
未消化残渣含量（5mm 圆孔筛筛余，%）　≤	5	10	15	5	10	15
CO₂ 含量（%）　≤	5	7	9	6	8	10
产浆量（L/kg）　≥	2.8	2.3	2.0	2.8	2.3	2.0

表2-2　建筑生石灰粉技术指标（JC/T 480—2013）

项　目	钙质生石灰粉			镁质生石灰粉		
	优等品	一等品	合格品	优等品	一等品	合格品
CaO + MgO 含量（%）　≥	85	80	75	80	75	70
CO_2 含量（%）　≤	7	9	11	8	10	12
细度　0.9mm 筛的筛余（%）　≤	0.2	0.5	1.5	0.2	0.5	1.2
0.125mm 筛的筛余（%）　≤	7.0	12.0	18.0	7.0	12.0	18.0

根据《建筑消石灰粉》（JC/T 481—2013）规定，按技术指标将钙质消石灰粉（氧化镁含量 <4%）、镁质消石灰粉（氧化镁含量 ≥4% 且 <24%）和白云石消石灰粉（氧化镁含量 ≥24% 且 <30%）分为优等品、一等品和合格品 3 个等级。消石灰粉的主要技术指标见表 2-3。通常优等品、一等品适用于饰面层和中间涂层，合格品仅用于砌筑。

表2-3　建筑消石灰粉技术指标（JC/T 481—2013）

项　目	钙质消石灰粉			镁质消石灰粉			白云石消石灰粉		
	优等品	一等品	合格品	优等品	一等品	合格品	优等品	一等品	合格品
CaO + MgO 含量（%）　≥	70	65	60	65	60	55	65	60	55
游离水（%）	0.4~2	0.4~2	0.4~2	0.4~2	0.4~2	0.4~2	0.4~2	0.4~2	0.4~2
体积安定性	合格	合格	－	合格	合格	－	合格	合格	－
细度　0.9mm 筛的筛余（%）　≤	0	0	0.5	0	0	0.5	0	0	0.5
0.125mm 筛的筛余（%）　≤	3	10	15	3	10	15	3	10	15

2.1.4　石灰的性质与应用

1）石灰的性质

（1）保水性和可塑性好

生石灰熟化为石灰浆时，生成了颗粒极细的（直径约 1 μm）、呈胶体分散状态的氢氧化钙，表面吸附一层较厚的水膜，因而保水性好，水分不易泌出，并且水膜使颗粒间的摩擦力减小，故可塑性也好。石灰的这一性质常被用来改善砂浆的保水性，以克服水泥砂浆保水性较差的缺点。

（2）硬化慢，强度低

从石灰浆体的硬化过程可以看出，由于空气中 CO_2 稀薄，碳化极为缓慢。碳化后形成紧密的 $CaCO_3$ 硬壳，不仅不利于 CO_2 向内部扩散，同时也阻止水分向外蒸发，致使 $CaCO_3$ 和 $Ca(OH)_2$ 结晶体生成量减少且生成缓慢，硬化强度也不高，按 1∶3 配合比的石灰砂浆，其 28 d 的抗压强度只有 0.2~0.5 MPa，而受潮后，石灰溶解，强度更低。

（3）硬化时体积收缩大

石灰硬化时，大量游离水蒸发而引起显著收缩，产生裂缝。因此，石灰除调成石灰乳作薄层涂刷外，不宜单独使用。施工时常掺入一定量的骨料（如砂子等）或纤维材料（如麻刀、纸筋等），以提高抗拉强度，抵抗收缩引起的开裂。

（4）耐水性差

在石灰硬化体中，大部分仍然是未碳化的 $Ca(OH)_2$，$Ca(OH)_2$ 微溶于水，当已硬化的石灰浆体受潮时，耐水性极差，甚至使已硬化的石灰溃散。因此，石灰不宜用于易受水浸泡的建筑部位。

2）石灰的用途

（1）制作石灰乳

石灰膏或消石灰粉加入过量的水稀释成的石灰乳，是一种传统的室内粉刷涂料。目前已很少使用，大多用于临时建筑的室内粉刷。

（2）配制灰土和三合土

将消石灰粉与黏土拌合，称为石灰土（灰土），若再加入砂石或炉渣、碎砖等即成三合土。石灰体积常占灰土的 10%～30%，即一九、二八及三七灰土。石灰量过高，往往导致强度和耐水性降低。施工时，将灰土或三合土混合均匀并夯实，可使彼此黏结为一体，同时黏土等成分中含有的少量活性 SiO_2 和活性 Al_2O_3 等酸性氧化物，在石灰长期作用下反应，生成不溶性的水化硅酸钙和水化铝酸钙，使颗粒间的黏结力不断增强，灰土或三合土的强度及耐水性能也不断提高。因此，灰土和三合土在一些建筑物的基础和地面垫层及公路路面的基层施工中被广泛应用。

（3）生产无熟料水泥和硅酸盐制品

石灰与活性混合材料（如粉煤灰、高炉矿渣等）混合，并掺入适量石膏等，磨细后可制成无熟料水泥。石灰与硅质材料（含 SiO_2 的材料，如粉煤灰、煤矸石、浮石等）必要时加入少量石膏，经高压或常压蒸汽养护，生成以硅酸钙为主要产物的混凝土。硅酸盐混凝土可发生的主要水化反应如下：

$$Ca(OH)_2 + SiO_2 + H_2O \longrightarrow CaO \cdot SiO_2 \cdot 2H_2O$$

硅酸盐混凝土按密实程度可分为密实和多孔两类。前者可生产墙板、砌块及砌墙砖（如灰砂砖），后者用于生产加气混凝土制品，如轻质墙板、砌块、各种隔热保温制品等。

（4）制作碳化石灰板

碳化石灰板是将磨细的石灰、纤维状填料（如玻璃纤维）或轻质骨料搅拌成型，然后用 CO_2 进行人工碳化（12～24 h）而制成的一种轻质板材。为了减轻重量和提高碳化效果，多制成空心板。人工碳化的简易方法是用塑料布将坯体盖严，通以石灰窑的废气。

碳化石灰空心板表观密度为 700～800 kg/m³（当孔洞率为 30%～39% 时），抗弯强度为 3～5 MPa，抗压强度为 5～15 MPa，导热系数小于 0.2 W/（m·K），能锯、钉，所以适宜用作非承重内隔墙板、天花板等。

2.1.5　石灰的储存

石灰在空气中存放时，会吸收空气中水分熟化成石灰粉，再碳化成碳酸钙而失去胶结能力，因此生石灰不易久存。另外，生石灰受潮熟化会放出大量的热，并且体积膨胀，所以储运石灰应注意防潮。

2.2 建筑石膏

2.2.1 建筑石膏的基本概述

建筑石膏,是二水石膏在一定温度下加热脱水,并磨细制成的以 β-半水石膏为主要组成的气硬性胶凝材料。用于室内抹灰,粉刷。

1)建筑石膏的生产

生产石膏的生产原料主要为含硫酸钙的天然石膏(又称生石膏)或含硫酸钙的化工副产品和磷石膏、氟石膏、硼石膏等废渣,其化学式为 $CaSO_4 \cdot 2H_2O$,也称二水石膏。将天然二水石膏在不同的温度下煅烧可得到不同的石膏品种;如将天然二水石膏在 $107 \sim 170\ ℃$ 的干燥条件下加热可得建筑石膏。

$$CaSO_4 \cdot 2H_2O \xrightarrow{\text{加热}(107 \sim 170\ ℃)} CaSO_4 \cdot \frac{1}{2}H_2O + \frac{3}{2}H_2O$$

2)建筑石膏的水化硬化

建筑石膏加水后,它首先溶解于水,然后生成二水石膏析出。随着水化的不断进行,生成的二水石膏胶体微粒不断增多,这些微粒比建筑石膏更加细小,比表面积很大,吸附着很多的水分;同时浆体中的自由水分由于水化和蒸发而不断减少,浆体的稠度不断增加,胶体微粒间的黏结逐步增强,颗粒间产生摩擦力和黏结力,使浆体逐渐失去可塑性,即浆体逐渐产生凝结。继续水化,胶体转变成晶体。晶体颗粒逐渐长大,使浆体完全失去可塑性,产生强度,即浆体产生了硬化。这一过程不断进行,直至浆体完全干燥,强度不在增加,此时浆体已硬化人造成石材。

3)建筑石膏的性质

(1)凝结硬化快

建筑石膏在加水拌和后,浆体在几分钟内便开始失去可塑性,30 min 内完全失去可塑性而产生强度,大约 1 周完全硬化。为满足施工要求,需要加入缓凝剂,如硼砂、酒石酸钾钠、柠檬酸、聚乙烯醇、石灰活化骨胶或皮胶等。

(2)凝结硬化时体积微膨胀

石膏浆体在凝结硬化初期会产生微膨胀。这一性质使石膏制品的表面光滑、细腻、尺寸精确、形体饱满、装饰性好。

(3)孔隙率大

建筑石膏在拌和时,为使浆体满足施工要求的可塑性,需加入石膏用量60%的水,而建筑石膏水化的理论需水量为18.6%,所以大量的自由水蒸发时,在建筑石膏制品内部形成大量的毛细孔隙。导热系数小,吸声性较好,属于轻质保温材料。

(4)具有一定的调湿性

由于石膏制品内部大量毛细孔隙对空气中的水蒸气具有较强的吸附能力,所以对室内的空气湿度有一定的调节作用。

（5）防火性好

石膏制品在遇火灾时，二水石膏将脱出结晶水，吸热蒸发，并在制品表面形成蒸汽幕和脱水物隔热层，可有效减少火焰对内部结构的危害。建筑石膏制品在防火的同时自身也会遭到损坏，因此，石膏制品不宜长期用于靠近 65 ℃以上高温的部位，以免二水石膏在此温度下失去结晶水，从而降低强度。

（6）耐水性、抗冻性差

建筑石膏硬化体的吸湿性强，吸收的水分会减弱石膏晶粒间的结合力，使强度显著降低；若长期浸水，还会因二水石膏晶体逐渐溶解而导致破坏。石膏制品吸水饱和后受冻，会因孔隙中水分结晶膨胀而遭破坏。所以，石膏制品的耐水性和抗冻性较差，不宜用于潮湿部位。为提高其耐水性，可加入适量的水泥、矿渣等水硬性材料，也可加入有机防水剂等，以改善石膏制品的孔隙状态或使孔壁具有憎水性。

4）建筑石膏的应用

（1）室内抹灰

室内抹灰和粉刷建筑石膏加水、砂及缓凝剂拌和成石膏砂浆，用于室内抹灰。抹灰后的表面光滑、细腻、洁白美观。石膏砂浆也可以作为油漆等涂料的打底层，并可直接涂刷油漆或粘贴墙布或墙纸等。建筑石膏加水及缓凝剂拌和成石膏浆体，可作为室内粉刷涂料。

（2）石膏板

① 纸面石膏板：以建筑石膏为主要原料，掺入适量的纤维材料、缓凝剂等作为芯材，以纸板作为增强保护材料，经搅拌、成型（辊压）、切割、烘干等工序制得。纸面石膏板的长度为 1 800～3 600 mm，宽度为 900～1 200 mm，厚度为 9 mm、12 mm、15 mm、18 mm；其纵向抗折荷载可达 400～850 N。纸面石膏板主要用于隔墙、内墙等，其自重仅为砖墙的1/5。耐水纸面石膏板主要用于厨房、卫生间等潮湿环境。耐火纸面石膏板主要用于耐火要求高的室内隔墙、吊顶等。

② 纤维石膏板：以纤维材料（多使用玻璃纤维）为增强材料，与建筑石膏、缓凝剂、水等，经特殊工艺制成的石膏板。纤维石膏板的强度高于纸面石膏板，规格与其基本相同。纤维石膏板除用于隔墙、内墙外，还可用来代替木材制作家具。

③ 装饰石膏板：由建筑石膏，适量纤维材料和水等，经搅拌、浇注、修边、干燥等工艺制成。装饰石膏板造型美观，装饰性强，且具有良好的吸声、防火等功能，主要用于公共建筑的内墙、吊顶等。

④ 空心石膏板：以建筑石膏为主，加入适量的轻质多孔材料、纤维材料和水，经搅拌、浇注、振捣成型、抽芯、脱模、干燥而成。主要用于隔墙、内墙等，使用时不需铺设龙骨。

2.2.2　石膏装饰制品

艺术装饰石膏制品以优质建筑石膏粉为基料，配以纤维增强材料、胶黏剂等，与水拌制制成均匀的料浆，浇注在具有各种造型、图案、花纹的模具内，经硬化、干燥、脱模而成。

1)浮雕艺术石膏线角、线板、花角

浮雕艺术石膏线角、线板和花角具有表面光洁、颜色洁白高雅、花型和线条清晰、立体感强、尺寸稳定、强度高、无毒、防火、施工方便等优点,广泛用于高档宾馆、饭店、写字楼和居民住宅的吊顶装饰,是一种造价低廉、装饰效果好、可调节室内湿度和防火的理想的装饰装修材料,可直接用粘贴石膏腻子和螺钉进行固定安装。浮雕艺术石膏线角,图案花型多样,其断面形状一般呈钝角形,也可不制成角状而制成平面板状,称为浮雕艺术石膏线板或直线。石膏线角两边(或称翼缘)宽度分为相等和不等两种,翼宽尺寸多样,一般为 120~300 mm 左右,翼厚为 10~30 mm 左右,通常制成条状,每条长约 2 300 mm。石膏线板的花纹图案较线角简单,其花式品种也有多种。石膏线板的宽度一般为 50~150 mm,厚度为 15~25 mm 左右,每条长约 1 500 mm。

2)浮雕艺术石膏灯圈

作为一种良好的吊顶装饰材料,浮雕艺术石膏灯圈与灯饰作为一个整体,表现出相互烘托,相得益彰的装饰气氛。石膏灯圈外形一般加工成圆形板材,也可根据室内装饰设计要求和用户的喜好制作成椭圆形或花瓣型,其直径有 500~1 800 mm 等多种,板厚一般为 10~30 mm。室内吊顶装饰的各种吊挂灯或吸顶灯,配以浮雕艺术石膏灯圈,给人以高雅美妙的装饰意境。

3)装饰石膏柱、石膏壁炉

装饰石膏柱有罗马柱、麻花柱、圆柱、方柱等多种,柱上、下端分别配以浮雕艺术石膏柱头和柱基,柱高和周边尺寸由室内层高和面积大小而定。柱身上纵向浮雕条纹,可使室内空间显得更加高大。在室内门厅、走道、墙壁等处设置装饰石膏柱,既丰富了室内的装饰层次,更给人一种欧式装饰艺术和风格的感受。装饰石膏壁炉更是增添了室内墙体的观赏性,使人置身于一种中西方文化和谐统一的艺术氛围之中,揉合精湛华丽的雕饰,达到美观、舒适与实用的效果。

4)石膏花饰、壁挂

石膏花饰是按设计图案先制作阴模(软模),然后浇入石膏麻丝料浆成型,再经硬化、脱模、干燥而成的一种装饰板材,板厚一般为 15~30 mm。石膏花饰的花形图案、品种规格很多,表面可为石膏天然白色,也可以制成描金或象牙白色、暗红色、淡黄色等多种。用于建筑物室内顶棚或墙面装饰。建筑石膏还可以制作成浮雕壁挂,表面可涂饰不同色彩的涂料,也是室内装饰的新型艺术制品。

2.3 水玻璃

俗称泡花碱,是一种水溶性硅酸盐,其水溶液俗称水玻璃,是一种矿黏合剂。其化学式为 $R_2O \cdot nSiO_2$,式中 R_2O 为碱金属氧化物,n 为二氧化硅与碱金属氧化物摩尔数的比值,称为水玻璃的摩数。建筑上常用的水玻璃是硅酸钠的水溶液。

常用的水玻璃分为钠水玻璃和钾水玻璃两类。钠水玻璃为硅酸钠水溶液,分子式为 $Na_2O \cdot nSiO_2$。钾水玻璃为硅酸钾水溶液,分子式为 $K_2O \cdot nSiO_2$。土木工程中主要使用钠水玻璃。当工程技术要求较高时也可采用钾水玻璃。优质纯净的水玻璃为无色透明的黏稠液体，溶于水。当含有杂质时呈淡黄色或青灰色。

钠水玻璃分子式中的 m 称为水玻璃的模数，代表 Na_2O 和 SiO_2 的摩尔比，是非常重要的参数。n 值越大，水玻璃的黏度越高，但水中的溶解能力下降。当 n 大于 3.0 时，只能溶于热水中，给使用带来麻烦。n 值越小，水玻璃的黏度越低，越易溶于水。土木工程中常用模数 n 为 2.6~2.8，既易溶于水又有较高的强度。

我国生产的水玻璃模数一般在 2.4~3.3 之间。水玻璃在水溶液中的含量（或称浓度）常用密度或者波美度表示。土木工程中常用水玻璃的密度一般为 1.36~1.50 g/cm^3，相当于波美度 38.4~48.3。密度越大，水玻璃含量越高，黏度越大。

2.3.1　水玻璃的生产

硅酸钠的生产方法分干法（固相法）和湿法（液相法）两种。

1）干法生产

是将石英砂和纯碱按一定比例混合后在反射炉中加热到 1 400 ℃左右，生成熔融状硅酸钠。

2）湿法生产

以石英岩粉和烧碱为原料，在高压蒸锅内，0.6~1.0 MPa 蒸汽下反应，直接生成液体水玻璃。微硅粉可代替石英矿生产出模数为 4 的硅酸钠。

2.3.2　水玻璃的凝结固化

水玻璃在空气中的凝结固化与石灰的凝结固化非常相似，主要通过碳化和脱水结晶固结两个过程来实现。

随着碳化反应的进行，硅胶含量增加，自由水分蒸发和硅胶脱水成固体而凝结硬化，其特点是：

① 速度慢（由于空气中 CO_2 浓度低，故碳化反应及整个凝结固化过程十分缓慢）。
② 体积收缩。
③ 强度低。

为加速水玻璃的凝结固化速度和提高强度，水玻璃使用时一般要求加入固化剂——氟硅酸钠，分子式为 Na_2SiF_6。

氟硅酸钠的掺入量一般为 12%~15%。掺入量少，凝结固化慢，且强度低；掺入量太多，则凝结硬化过快，不便施工操作，而且硬化后的早期强度虽高，但后期强度明显降低。因此，使用时应严格控制固化剂掺入量，并根据气温、湿度、水玻璃的模数、密度在上述范围内适当调整。即：气温高、模数大、密度小时选下限，反之亦然。

2.3.3　水玻璃的技术性质

1）黏结力高

水玻璃硬化后的主要成分为硅凝胶和固体，比表面积大，因而具有较高的黏结力。但水玻璃自身质量、配合料性能及施工养护对强度有显著影响。

2)耐酸性好

可以抵抗除氢氟酸(HF)、热磷酸和高级脂肪酸以外的几乎所有无机和有机酸。

3)耐热性好

水玻璃硬化后形成的二氧化硅网状骨架在高温下强度下降很小,当采用耐热耐火骨料配制水玻璃砂浆和混凝土时,耐热度可达 1 000 ℃。因此,水玻璃混凝土的耐热度,可以理解为主要取决于骨料的耐热度。

4)耐碱性和耐水性差

由于水玻璃可溶于碱,且溶于水,故水玻璃不能在碱性环境中使用。同样由于 NaF、Na_2CO_3 均溶于水而不耐水,故可采用中等浓度的酸对已硬化水玻璃进行酸洗处理,提高耐水性。

2.3.4　水玻璃的应用

1)提高抗风化能力

水玻璃溶液涂刷或浸渍材料后,能渗入缝隙和孔隙中,固化的硅凝胶能堵塞毛细孔通道,提高材料的密度和强度,从而提高材料的抗风化能力。但水玻璃不得用来涂刷或浸渍石膏制品。因为水玻璃与石膏反应生成硫酸钠(Na_2SO_4),在制品孔隙内结晶膨胀,导致石膏制品开裂。

2)加固土壤

将水玻璃与氯化钙溶液交替注入土壤中,两种溶液迅速反应生成硅胶和硅酸钙凝胶,起到胶结和填充孔隙的作用,使土壤的强度和承载能力提高。常用于粉土、砂土和填土的地基加固,称为双液注浆。

3)配制速凝防水剂

水玻璃可与多种矾配制成速凝防水剂,用于堵漏、填缝等局部抢修。多矾防水剂的凝结速度很快,一般为几分钟,其中四矾防水剂不超过 1 min,故工地上使用时必须做到即配即用。多矾防水剂常用胆矾(硫酸铜)、红矾(重铬酸钾,$K_2Cr_2O_7$)、明矾(也称白矾,硫酸铝钾)、紫矾 4 种矾进行配制。

4)配制耐酸胶凝

耐酸胶凝是由水玻璃和耐酸粉料(常用石英粉)配制而成,主要用于有耐酸要求的工程,如硫酸池等。

5)配制耐热砂浆

耐热砂浆主要用于耐火材料的砌筑和修补,主要用于高炉基础和其他有耐热要求的结构部位。

6)防腐工程应用

改性水玻璃耐酸泥是耐酸腐蚀的重要材料,主要特性是耐酸、耐高温、密实抗渗、价格低廉、使用方便。可拌和成耐酸胶泥、耐酸砂浆和耐酸混凝土，适用于化工、冶金、电力、煤炭、纺织等部门各种结构的防腐蚀工程，是防酸建筑结构中贮酸池、耐酸地坪以及耐酸表面砌筑的理想材料。

7）黏结剂

20 世纪 50 年代，水玻璃吹二氧化碳工艺广泛应用，该工艺水玻璃加入量高、溃散性差，旧砂不能回用，浪费硅砂资源，大量外排固体废弃物，破坏生态环境，生产铸件质量粗糙，使其面临被淘汰。

酯硬化新型水玻璃自 1999 年硬砂问世，水玻璃加入量 1.8%～3.0%，强度高、溃散性好、旧砂可再生回用，回用率 80%～90%，使用时间可调，可用于机械化造型生产线，也可用于单件小批量生产。可生产几千克至几百吨的各种铸件，现已在铁路车辆、冶金机械、矿山机械、通用机械等几十家生产企业推广应用。

新型水玻璃被称为符合可持续发展理念的绿色环保型铸造黏结剂。

2.4　水泥

水泥，指加水拌和成塑性浆体后，能胶结砂、石等适当材料并能在空气和水中硬化的粉状水硬性胶凝材料。土木建筑工程通常采用的水泥主要有：硅酸盐水泥、普通硅酸盐水泥、矿渣硅酸盐水泥、火山灰质硅酸盐水泥、粉煤灰硅酸盐水泥等品种。水硬性指材料磨成细粉并加水拌和成浆后，能在水中硬化，并形成具有强度的稳定性化合物的能力。作用：与水拌和成塑性浆体后，能胶结砂石等适当材料，并能在空气和水中硬化成具有强度的石状固体。用途：主要的建筑材料。向快硬，高强，低热，膨胀，油井水泥发展。

规定分类：

① 通用水泥：硅酸盐，矿渣硅酸盐水泥、普通硅酸盐水泥、火山灰硅酸盐水泥、粉煤灰硅酸盐水、复合硅酸盐水泥。

② 专用水泥：砌筑水泥、道路水泥、油井水泥、大坝水泥。

③ 特性水泥：快硬硅酸盐水泥、快凝硅酸盐水泥、抗硫酸盐水泥、膨胀水泥、白色硅酸盐水泥等。

2.4.1　硅酸盐水泥

凡由硅酸盐水泥熟料、0～5% 石灰石或粒化高炉矿渣、适量石膏磨细制成的水硬性胶凝材料，称为硅酸盐水泥。硅酸盐水泥在国际上分为两种类型：不掺混合材的称 I 型硅酸盐水泥，其代号为 P·I；在硅酸盐水泥熟料粉磨时掺入不超过水泥质量 5% 的石灰石或粒化高炉矿渣混合材料的称 II 型硅酸盐水泥，其代号为 P·II。

1）硅酸盐水泥的生产

生产硅酸盐水泥的原料，主要有石灰质和黏土质两类。为了补充铁质及改善煅烧条件，还可加入适量铁粉、萤石等。生产水泥的基本工序可以概括为"两磨一烧"，先将原材料粉碎并按其化学成分配料后，在球磨机中研磨为生料。然后入窑煅烧至部分熔融，得到以硅酸钙为主要成分的水泥熟料，配以适量的石膏及混合材料在球磨机中研磨至一定细度，即得到硅酸盐水泥。硅酸盐水泥的简单生产过程如图2-1所示。

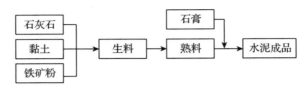

图2-1　硅酸盐水泥的生产工艺

生产工艺可分为以下3个步骤：

① 生料制备：即将石灰质原料、黏土质原料与少量校正原料经破碎后按一定比例配合、磨细并调配为成分合适、量质均匀的生料。

② 熟料煅烧：将生料放在水泥窑内煅烧至部分熔融，得到以硅酸钙为主要成分的硅酸盐水泥熟料。

③ 水泥粉磨：将适量石膏、混合材或添加剂加入熟料中，共同磨细为水泥。

2）硅酸盐水泥熟料的矿物组成

硅酸盐水泥熟料的主要矿物组成为（表2-4）：

① 硅酸三钙：化学成分为$3CaO \cdot SiO_2$，其简写为C_3S。它是硅酸盐水泥熟料中最主要的矿物成分，约占水泥熟料总量的36%~60%。硅酸三钙遇水后能够很快与水产生水化反应，并产生较多的水化热。它对促进水泥的凝结硬化，特别是对水泥3~7 d内的早期强度以及后期强度都起重要作用。

② 硅酸二钙：化学成分为$2CaO \cdot SiO_2$，其简写为C_2S，约占水泥熟料总量的15%~37%。硅酸二钙遇水后反应较慢，水化热也较低。它不影响水泥的凝结，对水泥的后期强度起主要作用。

③ 铝酸三钙：化学成分是$3CaO \cdot Al_2O_3$，其简写为C_3A，约占水泥熟料总量的7%~15%。

④ 铁铝酸四钙：化学成分是$4CaO \cdot Al_2O_3 \cdot Fe_2O_3$，简写为$C_4AF$，含量10%~18%。

表2-4　硅酸盐水泥熟料的特性

性能指标		熟料矿物			
		C_3S	C_2S	C_3A	C_3AF
水化速率		快	慢	最快	快
耐化学侵蚀性		较差	良	差	优
干缩性		中	小	大	小
水化热		高	低	最高	中
强度	早期	高	低	低	低
	后期	高	高	低	低

水泥矿物组成对强度、水化速率和水化热的影响如下：

① 硅酸三钙水化快，28 d强度可达其一年强度的70%~80%，就28 d或1年强度而

言，是四种矿物中最高的。其含量通常为 50%，有时甚至高达 60% 以上。含量越高，水泥的 28 d 强度越高，但水化热也越高。

②硅酸二钙水化较慢，早期强度低，后期较高，甚至能赶上 C_3S。其含量一般为 20% 左右。含量越高，水泥的长期强度越高，且水化热也越小。

③铝酸三钙水化迅速，放热多，凝结快，如不加石膏等缓凝剂，易使水泥速凝。它的强度 3 d 内就大部分发挥出来，故对早期强度贡献较大，但绝对值不高，以后几乎不再增长，甚至减弱。所以，其含量应控制在一定的范围内。

④铁铝酸四钙 C_4AF 水化过程类似 C_3A，水化热和水化速度比 C_3A 较低，早期强度类似 C_3A，而后期还能不断增长，干缩较小，耐化学腐蚀性能较好。

水泥熟料是由几种不同特性的矿物所组成的混合物，改变熟料矿物成分之间的比例，水泥的性质即发生相应的变化。例如，要使用水泥具有凝结硬化快、强度高的性能，就必须适当提高熟料中 C_3S 和 C_3A 的含量；要使用水泥具有较低的水化热，就应降低 C_3A 和 C_3S 的含量。

3）硅酸盐水泥的水化反应与凝结硬化

水泥加水拌和后，最初形成具有可塑性又有流动性的浆体，经过一定时间，水泥浆体逐渐变稠失去塑性，这一过程称为凝结。随时间继续增长产生强度，强度逐渐提高，并变成坚硬的石状物体——水泥石，这一过程称为硬化。水泥凝结与硬化是一个连续的复杂的物理化学变化过程，这些变化决定了水泥一系列的技术性能。因此，了解水泥的凝结与硬化过程，对于了解水泥的性能有着重要的意义。

（1）硅酸盐水泥的水化反应

这是一个很复杂的过程。水化机理：水泥颗粒与水接触时，其表面的熟料矿物立即与水发生水解或水化作用，生成新的水化产物并放出一定热量的过程。硅酸三钙水化生成水化硅酸钙凝胶和氢氧化钙晶体，该水化反应的速度快，形成早期强度并生成早期水化热。硅酸二钙水化生成水化硅酸钙凝胶和氢氧化钙晶体，该水化反应的速度慢，对后期龄期混凝土强度的发展起关键作用，水化热释放缓慢，产物中氢氧化钙的含量减少时，可以生成更多的水化产物。铝酸三钙水化生成水化铝酸钙晶体，该水化反应速度极快，并且释放出大量的热量。如果不控制铝酸三钙的反应速度，将产生闪凝现象，水泥将无法正常使用，通常通过在水泥中掺有适量石膏，可以避免上述问题的发生。硅酸二钙水化生成水化铝酸钙晶体和水化铁酸钙凝胶，该水化反应的速度和水化放热量均属中等，石膏调节凝结时间的原理 石膏与水化铝酸钙反应生成水化硫铝酸钙针状晶体（钙矾石）。该晶体难溶，包裹在水泥熟料的表面上，形成保护膜，阻碍水分进入水泥内部，使水化反应延缓下来，从而避免了纯水泥熟料水化产生闪凝现象。所以，石膏在水泥中起调节凝结时间的作用。发生的水化反应如下：

$$3CaO \cdot SiO_2 + nH_2O \rightarrow xCaO \cdot 2SiO_2 \cdot yH_2O + (3-x)Ca(OH)_2$$
$$2CaO \cdot SiO_2 + mH_2O \rightarrow xCaO \cdot SiO_2 \cdot yH_2O + (2-x)Ca(OH)_2$$
$$C_3A + 6H \Longrightarrow C_3AH_6$$
$$C_3A + CH + 12H \Longrightarrow C_4AH_{13}$$
$$4CaO \cdot Al_2O_3 \cdot Fe_2O_3 + 7H_2O \Longrightarrow 3CaO \cdot Al_2O_3 \cdot 6H_2O + CaO \cdot Fe_2O_3 \cdot H_2O$$

（2）硅酸盐水泥的水化反应与凝结硬化

水泥的凝结硬化过程是很复杂的物理化学变化过程。水泥的凝结硬化过程大致分为四个阶段：初始反应期、诱导期、凝结期、硬化期。

① 初始反应期：水泥的水化反应首先在水泥颗粒表面剧烈地进行，生成的水化物溶于水中。此种作用继续下去，水泥颗粒周围的溶液很快就成为水化产物的饱和溶液。

② 诱导期：此后，水泥继续水化，在饱和溶液中生成的水化产物，便从溶液中析出，包覆在水泥颗粒表面，使得水化反应进行较缓慢，这一阶段称作诱导期。水化产物中的氢氧化钙、水化铝酸钙和水化硫铝酸钙是结晶程度较高的物质，而数量多的水化硅酸钙则是大小为 $1 \sim 100$ nm 的粒子（或结晶），比表面积很大，相当于胶体物质，胶体凝聚便形成凝体。由此可见，水泥水化物中有凝胶和晶体。以水化硅酸钙凝胶为主体，其中分布着氢氧化钙等晶体的结构，通常称之为凝胶体。水化开始时，由于水化物尚不多，包有凝胶体膜层的水泥颗粒之间还是分离着的，相互间引力较小，此时水泥浆具有良好的塑性。

③ 凝结期：随着水泥颗粒不断水化，凝胶体膜层不断增厚而破裂，并继续扩展，在水泥颗粒之间形成了网状结构，水泥浆体逐渐变稠，黏度不断增高，失去塑性，这就是水泥的凝结过程。

④ 硬化期：以上过程不断地进行，水化产物不断生成并填充于颗粒之间的空隙，毛细孔越来越少，使结构更加紧密，水泥浆体逐渐产生强度而进入硬化阶段。

由上述可见，水泥的水化反应是由颗粒表面逐渐深入到内层。当水化物增多时，堆积在水泥颗粒周围的水化物不断增加，以致阻碍水分继续渗入，使水泥颗粒内部的水化越来越困难，经过长时间（几个月，甚至几年）的水化以后，多数颗粒仍剩余尚未水化的内核。因此，硬化后的水泥石是由凝胶体（凝胶和晶体）、未水化水泥颗粒内核和毛细孔组成的非匀质结构体。

水泥加水拌成的浆体，起初具有流动性和可塑性。随着水化反应的不断进行，浆体逐渐失去流动性，转变为具有一定强度的固体，即为水泥的凝结和硬化。水化是凝结硬化的前提，而凝结硬化则是水化的结果。从整体上看，凝结与硬化是同一过程的不同阶段，凝结标志着浆体失去流动性，而具有一定的塑性强度，硬化则表示浆体固化后产生一定的机械强度。

（3）影响硅酸盐水泥凝结硬化的因素

影响硅酸盐水泥凝结硬化的因素很多，主要表现在以下 8 个方面：

① 矿物组成：水泥熟料中各种矿物组成的凝结硬化速度不同，当各矿物相对含量不同时，水泥的凝结硬化速度就不同。

② 水泥细度：试验证明，水泥颗粒的粗细程度直接影响水泥的水化、凝结硬化、强度及水化热等。原因是水泥的颗粒越细，总表面积越大，与水接触的面积也越大，因此水化反应迅速，凝结硬化也相应增快，早期强度高。但是，如果水泥的颗粒过细，容易与空气中的水分及二氧化碳反应，导致水泥不宜久存。过细的水泥硬化时产生的收缩也比较大。水泥磨得细，耗能大，成本高。

③ 水灰比：水泥浆中的水灰比是指水与水泥的质量之比。水灰比比较大时，由于水泥颗粒间被水隔开的距离比较远，颗粒间相互连接形成骨架结构所需的凝结时间长，所以水

泥凝结比较慢；另外，水泥浆中的多余水分蒸发后形成的孔隙较多，造成水泥石的强度降低。

④ 养护条件：养护环境需要有足够的温度和湿度，这是水泥凝结硬化的必要条件。

⑤ 温度：温度越高，水泥凝结硬化速度越快；温度低，水泥凝结硬化速度减慢，当温度低于 0 ℃时，水泥凝结硬化停止，并有可能在冻融的作用下造成已硬化的水泥石破坏。因此，冬季混凝土工程要采取一定的保温措施。水是水泥水化、硬化不可缺少的条件。周围环境湿度大，水分不易过快蒸发，水泥水化就比较充分，水泥硬化后的强度就比较高；若水泥凝结硬化时处于干燥环境中，水分很快蒸发，水泥缺水会使水化不能正常进行，甚至停止水化，强度增长缓慢或停止增长。因此混凝土工程在浇筑后 2～3 周内注意洒水养护，以保证水化时必需的水分。

⑥ 石膏掺入量：石膏是水泥中的缓凝剂，主要用于调节水泥的凝结时间，是水泥中不可缺少的组分，关键是其掺入量必须适量。石膏掺入量过少，缓凝效果不明显，起不到缓凝剂的作用；掺入量过多，石膏本身生成一种促凝物质，反而使水泥快凝。

⑦ 养护龄期：水泥的凝结硬化是一个比较长时间进行的过程。随着水泥熟料矿物水化程度的提高，凝胶体的不断增加，内部毛细孔隙不断减少，使水泥石的强度随着养护龄期的增加而增加。工程实践表明，水泥在 28 d 内水化硬化速度快，其强度增加也快，28 d 后增加缓慢。

⑧ 贮存与运输条件：水泥在贮存与运输时不得受潮或混入杂物，贮存与运输不当，会使水泥受潮，颗粒表面发生水化而结块，严重降低水泥的强度。即使贮存良好，在空气中的水分和二氧化碳的作用下，水泥也会发生缓慢的水化和碳化，因此，水泥的有效贮存期一般为 3 个月，不宜久存。

4）硅酸盐水泥的技术标准

（1）细度

细度是指水泥颗粒粗细的程度，它是影响水泥性能的重要指标。颗粒愈细，与水反应的表面积愈大，因而水化反应的速度愈快，水泥石的早期强度愈高，但硬化收缩也愈大，且水泥在储运过程中易受潮而降低活性。因此，水泥细度要适当。

水泥细度可以采用《水泥细度检验方法 筛析法》（GB/T 1345—2005）和《水泥比表面积测定方法 勃氏法》（GB/T 8074—2008）测定。

硅酸盐水泥比表面积大于 300 m^2/kg，普通水泥 80 μm 方孔筛筛余不得超过 10%。

（2）标准稠度用水量

水泥净浆标准稠度是测定水泥的凝结时间、体积安定性等性能时，为使测试结果具有可比性，水泥净浆以标准方法测试所达到统一规定的浆体可塑性程度。

水泥标准稠度用水量是指水泥净浆达到标准稠度（采用稠度仪测定，试锥沉入水泥净浆的深度为 28 mm ± 2 mm）时所需要的加水量。

（3）凝结时间

凝结时间是指水泥从加水开始，到水泥浆失去可塑性所需要的时间。水泥在凝结过程中经历了初凝和终凝两种状态，因此，水泥凝结时间又分为初凝时间和终凝时间。初凝时间是指水泥从加水搅拌到水泥浆开始失去塑性所经历的时间；终凝时间是指从水泥加水搅拌到水泥浆完全失去塑性所经历的时间。

水泥凝结时间对工程施工有重要的意义。初凝时间过短，将影响水泥混凝土的拌和、运输和浇筑；终凝时间过长，则会影响施工工期。因此，应该严格控制水泥的凝结时间。硅酸盐水泥初凝不得早于 45 min，终凝不得迟于 6.5 h。

（4）安定性

水泥体积安定性是指水泥浆体硬化后体积变化的稳定性。安定性不良的水泥，在浆体硬化过程中或硬化后产生不均匀的体积膨胀，并引起开裂。水泥体积安定性不良的主要原因是，熟料中含有过量的游离氧化钙、游离氧化镁或掺入的石膏过多。因为上述物质均在水泥硬化后才开始或继续进行水化反应，其反应产物体积膨胀而使水泥石开裂。

安定性的测定方法可以用雷氏法（标准法），也可用试饼法（代用法）。雷氏法是测定水泥净浆在雷氏夹中沸煮后的膨胀值，当两个试件沸煮后的膨胀平均值不大于 5 mm 时，即认为安定性合格。试饼法是观察水泥净浆试饼沸煮后的外形变化，目测试饼未发现裂缝、弯曲、松脆、崩溃等现象，即认为安定性合格。当试饼法与雷氏法的测定结果间存在争议时以雷氏法为准。

因游离氧化钙引起的安定性不良采用沸煮法检验。因游离氧化镁引起的安定性不良，必须采用压蒸法才能检验出来，因为游离氧化镁的水化反应比游离氧化钙更缓慢。因过量石膏引起的安定性不良，则需长期浸泡在常温的水中才能发现。由于后面两种原因引起的安定性不良均不便于进行常规检验，因此，《通用硅酸盐水泥》（GB 175—2007）规定，水泥中氧化镁含量不得超过 5%，若压蒸试验表明水泥的安定性合格，可放宽到 6%；三氧化硫含量不得超过 3.5%，以保证水泥的安定性良好。国家标准规定，水泥安定性必须合格，安定性不良的水泥应作废品处理，不得用于工程中。

（5）强度等级

我国现行标准《水泥胶砂强度检验方法（ISO）法》（GB/T 17671—1999）规定，以水泥和标准砂为 1:3、水灰比为 0.5 的配合比，用标准制作方法制成 40 mm × 40 mm × 160 mm 的标准试件。在标准养护条件下，测定其达到规定龄期（3 d、28 d）的抗折和抗压强度，按国家标准《通用硅酸盐水泥》（GB 175—2007）规定的最低强度值来划分水泥的强度等级（表 2-5）。

硅酸盐水泥强度可分为 42.5、42.5R、52.5、52.5R、62.5、62.5R，共 7 个强度等级。

表 2-5　通用硅酸盐水泥各龄期的强度要求　　　　　　　　单位：MPa

品　种	强度等级	抗压强度		抗折强度	
		3 d	28 d	3 d	28 d
硅酸盐水泥	42.5	≥17.0	≥42.5	≥3.5	≥6.5
	42.5R	≥22.0		≥4.0	
	52.5	≥23.0	≥52.5	≥4.0	≥7.0
	52.5R	≥27.0		≥5.0	
	62.5	≥28.0	≥62.5	≥5.0	≥8.0
	62.5R	≥32.0		≥5.5	

（续）

品　种	强度等级	抗压强度		抗折强度	
		3 d	28 d	3 d	28 d
普通硅酸盐水泥	42.5	≥17.0	≥42.5	≥3.5	≥6.5
	42.5R	≥22.0		≥4.0	
	52.5	≥23.0	≥52.5	≥4.0	≥7.0
	52.5R	≥27.0		≥5.0	
矿渣硅酸盐水泥 火山灰质硅酸盐水泥 粉煤灰硅酸盐水泥	32.5	≥10.0	≥32.5	≥2.5	≥5.5
	32.5R	≥15.0		≥3.5	
	42.5	≥15.0	≥42.5	≥3.5	≥6.5
	42.5R	≥19.0		≥4.0	
	52.5	≥21.0	≥52.5	≥4.0	≥7.0
	52.5R	≥23.0		≥4.5	
复合硅酸盐水泥	32.5	≥15.0	≥32.5	≥3.5	≥5.5
	42.5	≥15.0	≥42.5	≥3.5	≥6.5
	42.5R	≥19.0		≥4.0	
	52.5	≥21.0	≥52.5	≥4.0	≥7.0
	52.5R	≥23.0		≥4.5	

根据水泥早期强度的不同，我国现行标准将水泥分为普通型和早强型（R型）两个型号。早强型水泥的3 d抗压强度可以达到28 d抗压强度的50%；同强度等级的早强型水泥，3 d抗压强度较普通型的可以提高10%~24%。

（6）水化热

水化热是指水泥和水之间发生化学反应放出的热量。水化热大时，有利于冬季施工，但不利于大体积工程。熟料矿物中铝酸三钙和硅酸三钙的含量愈高，则水化热愈大。

5）硅酸盐水泥的性能与应用

（1）硬化快，强度高

硅酸盐水泥凝结硬化快，早期和后期强度都比较高，适用于早期强度要求比较高的工程，也适用于重要结构的高强度混凝土和预应力混凝土工程。

（2）水化热大，抗冻性好

硅酸盐水泥中硫酸三钙和铝酸三钙的含量比较高，水化时放热量比较大，非常有利于冬期混凝土工程施工，但不宜用于大体积混凝土工程。硅酸盐水泥硬化后水泥石结构密实，抗冻性好，适用于严寒地区反复遭受冻融的工程和抗冻性要求较高的工程。

（3）干缩性小，耐磨性好

硅酸盐水泥硬化时干缩性小，不易产生干缩裂缝，可用于干燥环境工程。由于其干缩性小，不易起粉尘，故耐磨性好，可用于道路工程。

（4）耐腐蚀性差

由于硅酸盐水泥水化后在水泥石中含有较多的氢氧化钙，所以耐软化水和耐化学腐蚀性差，故不适用于流动的淡水工程或有压力水的工程，也不适用于受海水、矿物水等作用的工程。

（5）耐热性能差

硅酸盐水泥石在温度为 250 ℃时，生成的水化物开始脱水，体积收缩，强度开始下降，当水泥石受热温度超过 600 ℃时，由于体积膨胀而造成水泥石破坏，因此硅酸盐水泥不宜用于耐热性能要求高的工程，也不宜用来配置耐热混凝土。

2.4.2　掺混合材料的硅酸盐水泥

为了调整水泥强度等级，扩大使用范围，改善水泥的某些性能，增加水泥的品种和产量，充分利用工业废料，降低水泥成本，可以在硅酸盐水泥中掺入一定量的混合材料。所谓混合材料就是天然或人工的矿物材料，一般多采用磨细的天然岩石或工业废渣。这不仅具有显著的经济效益，同时可充分利用工业废料，保护环境。

5 种掺混合材料的水泥分别是：普通硅酸盐水泥、矿渣硅酸盐水泥、火山灰质硅酸盐水泥、粉煤灰硅酸盐水泥和复合硅酸盐水泥。

1）混合材料

混合材料按其性能可分为活性混合材料和非活性混合材料。

（1）活性混合材料

活性混合材料是指具有火山灰性或潜在水硬性，以及兼有火山灰性和潜在水硬性的矿物质材料。活性混合材料均含有活性氧化硅和活性氧化铝，它与水拌和成浆体后单独不具有水硬性或硬化缓慢，但在常温下与石灰、石膏一起加水拌和后能发生化学反应，使之具有与水硬性胶凝物质类似的性能，如粒化高炉矿渣、火山灰、粉煤灰等。

① 粒化高炉矿渣：高炉矿渣是冶炼生铁时的副产品，已成为土木工程材料的重要原料之一，是水泥工业活性混合材料的主要来源。粒化高炉矿渣是将炼铁高炉的熔融矿渣，经急速冷却处理而成的质地疏松、多孔的粒状物；由于常用水淬方法进行急冷，故又称水淬高炉矿渣，其玻璃体含量一般在 80% 以上。粒化高炉矿渣的活性除取决于化学成分外，还取于它的结构状态，即玻璃态或结晶态。如果熔融矿渣自然缓慢冷却，所得矿渣则以结晶状态为主，其活性极小，属非活性混合材料。

粒化高炉矿渣的化学成分有 CaO、MgO、Al_2O_3、SiO_2、Fe_2O_3 等氧化物和少量的硫化物。在一般矿渣中 CaO、SiO_2、Al_2O_3 含量占 90% 以上，其化学成分与硅酸盐水泥的化学成分相似，只不过 CaO 含量较低，而 SiO_2 含量偏高。粒化高炉矿渣经干燥、磨细后得到比表面积大于 $350 \ m^2/kg$ 的矿渣粉，可用于水泥和混凝土中，国家标准《用于水泥和混凝土中的粒化高炉矿渣粉》（GB/T 18046—2008）将矿渣粉分为 S105、S95、S75 共 3 个等级。

② 火山灰质混合材料：也是以活性 SiO_2 和活性 Al_2O_3 为主要成分的矿物材料，没有水硬性，具有火山灰性，必须在激发剂存在条件下才具有水硬性，可分为天然火山灰质材料和人工火山灰质材料两类。天然的火山灰质材料由于随同熔岩一起喷发出后即遭急冷，故含有一定的玻璃体，是火山灰活性的主要来源。天然火山灰质材料又可分为铝硅玻璃质和含水硅酸质两类。前者主要包括火山灰、凝灰岩、浮石、沸石等，其活性成分以 SiO_2 和 Al_2O_3 为主；后者主要包括硅藻土、硅藻石、蛋白石、硅质渣等，其活性成分以 SiO_2 为

主。人工的火山灰质材料主要包括烧黏土、烧页岩、煅烧煤矸石、煤渣等，其活性成分以 SiO_2 为主。

③粉煤灰：又称飞灰，是煤燃烧排放出的一种黏土类火山灰质材料。我国粉煤灰绝大多数来自电厂，是燃煤电厂的副产品。其颗粒多数呈球形，表面光滑，色灰，密度为 $1\,770 \sim 2\,430\ kg/m^3$，松散容积密度为 $516 \sim 1\,073\ kg/m^3$。以 SiO_2 和 Al_2O_3 为主要成分，含有少量 CaO。按粉煤灰中 CaO 含量可分为低钙灰和高钙灰。普通低钙粉煤灰 CaO 含量不超过 10%，一般在 5% 以下。按煤种分 F 类和 C 类，F 类粉煤灰是通过煅烧无烟煤或烟煤收集的；C 类粉煤灰是通过煅烧褐煤或次烟煤收集的，其 CaO 含量超过 10%，具有潜在的水硬性，属高钙粉煤灰。

粉煤灰的矿物相主要是铝硅玻璃体，含量一般为 50%~80%，是具有火山灰活性粉煤灰的主要组成部分，其含量越多，活性越高。

粉煤灰在混凝土中的作用分为物理作用和化学作用两方面。优质粉煤灰（Ⅰ级或Ⅱ级当中需水量比小于 100% 的粉煤灰）属于低需水性的酸性活性掺合料。由于其中玻璃微珠的含量高，多孔碳粒少，烧失量和需水量比低，对减少新拌混凝土的用水量、增大混凝土的流动性，具有优良的物理作用。而其硅铝玻璃体在常温常压条件下，可与水泥水化生成的氢氧化钙发生化学反应，生成低钙硅比的 C-S-H 凝胶。故采用优质粉煤灰取代部分水泥后，可以改善混凝土拌合物的和易性；降低混凝土凝结硬化过程的水化热；提高硬化混凝土的抗化学侵蚀性，抑制碱—集料反应（AAR）等，增强耐久性。虽然粉煤灰混凝土的早期强度有所下降，但 28 d 后的长期强度可达到，甚至超过不掺粉煤灰混凝土的强度。

（2）非活性混合材料

凡不具有活性或活性甚低的人工或天然矿物质材料称为非活性混合材料。这类材料与水泥成分不起化学反应，或者化学反应甚微。它的掺入仅能起调节水泥强度等级、增加水泥产量、降低水化热等作用。实质上非活性混合材料在水泥中仅起填充料的作用，所以又称为填充性混合材料。石英砂、石灰石、黏土、慢冷矿渣以及不符合质量标准的活性混合材料均可加以磨细作为非活性混合材料使用。

对于非活性混合材料的质量要求，应主要具有足够的细度，不含或极少含对水泥有害的杂质。

2）掺混合材料的硅酸盐水泥种类

（1）普通硅酸盐水泥

凡由硅酸盐水泥熟料、活性混合材料（掺加量 >5% 且 ≤20%，其中允许掺加不超过水泥质量 8% 的非活性混合材料或不超过水泥质量 5% 的窑灰代替部分混合材料）、适量石膏磨细制成的水硬性胶凝材料，称为普通硅酸盐水泥（简称普通水泥），代号 P·O。普通水泥中混合材料掺加量按质量百分比计。

根据 3 d 和 28 d 龄期的抗折和抗压强度，将普通硅酸盐水泥划分为 42.5、42.5R、52.5 和 52.5R 共 4 个等级与两种类型（普通型和早强型）。普通硅酸盐水泥中掺入少量混合材料的主要作用是调节水泥强度等级。由于混合材料掺加量较少，其矿物组成的比例仍在硅酸盐水泥范围内，所以其体积安定性、氧化镁含量、二氧化硫含量等其他技术要求、应用范围与同强度等级硅酸盐水泥相近。但普通硅酸盐水泥早期硬化速度稍慢，其 3 d 强度较硅酸盐水泥稍低，抗冻性及耐磨性也较硅酸盐水泥稍差。初凝时间不得早于 45 min，终凝时间不得迟于 10 h。普通硅酸盐水泥被广泛应用于各种混凝土工程，是我国的主要水泥品种。

（2）矿渣硅酸盐水泥

凡由硅酸盐水泥熟料和粒化高炉矿渣（二者总掺加量 >20% 且 ≤70%）、适量石膏磨细制成的水硬性胶凝材料称为矿渣硅酸盐水泥（简称矿渣水泥），代号 P·S。

矿渣水泥加水后，其水化反应分两步进行。首先是水泥熟料矿物与水作用，生成氢氧化钙、水化硅酸钙、水化铝酸钙等水化产物。这一过程与硅酸盐水泥水化时间基本相同。而后，生成的氢氧化钙与矿渣中的活性氧化硅和活性氧化铝进行二次反应，生成新的水化硅酸钙和水化铝酸钙。矿渣水泥中加入的石膏，一方面可调节水泥的凝结时间，另一方面又可作为激发矿渣活性的激发剂。因此，石膏的掺加量可比硅酸盐水泥稍多一些，但矿渣水泥中掺入石膏折合 SO_3 的含量不得超过 4%。

矿渣水泥的密度、细度、凝结时间和体积安定性的技术要求与硅酸盐水泥大体相同。矿渣水泥是掺混合材水泥中产量最大的品种，共分 32.5、32.5R、42.5、42.5R、52.5、52.5R 共 6 个强度等级。

（3）火山灰质硅酸盐水泥

凡由硅酸盐水泥熟料和火山灰质混合材料（二者总掺加量 >20% 且 ≤40%）、适量石膏磨细制成的水硬性胶凝材料称为火山灰质硅酸盐水泥（简称火山灰水泥），代号 P·P。火山灰水泥和矿渣水泥在性能方面有许多共同点，如早期强度较低、后期强度增长率较大、水化热低、耐蚀性较强、抗冻性差等。常因所掺混合材料的品种、质量及硬化环境的不同而形成其本身的特点。

（4）粉煤灰硅酸盐水泥

凡由硅酸盐水泥熟料和粉煤灰（二者总掺加量 >20% 且 ≤40%）、适量石膏磨细制成的水硬性胶凝材料称为粉煤灰硅酸盐水泥（简称粉煤灰水泥），代号 P·F。粉煤灰水泥各龄期的强度要求与矿渣水泥和火山灰水泥相同。

粉煤灰本身就是一种火山灰质混合材料，因此实质上粉煤灰水泥就是一种火山灰水泥。粉煤灰水泥凝结硬化过程及性质与火山灰水泥极为相似，但由于粉煤灰的化学组成和矿物结构与其他火山灰质混合材料有所差异，因而构成了粉煤灰水泥的特点。

（5）复合硅酸盐水泥

凡由硅酸盐水泥、两种或两种以上规定的混合材料、适量石膏磨细制成的水硬性胶凝材料，称为复合硅酸盐水泥（简称复合水泥），代号 P·C。水泥中混合材料总掺加量按质量百分比应大于 15%，不超过 50%。允许掺加不超过 8% 的窑灰代替部分混合材料；掺矿渣时，混合材料掺量不得与矿渣硅酸盐水泥重复。

按照国家标准《复合硅酸盐水泥》（GB 12958—1999）的规定，复合硅酸盐水泥熟料中氧化镁的含量不得超过 5%。如水泥经压蒸安定性试验合格，则熟料中氧化镁的含量允许放宽到 6%。水泥中三氧化硫的含量不得超过 3.5%。

复合硅酸盐水泥分为 32.5、32.5R、42.5、42.5R、52.5、52.5R 六个标号。各标号、各类型水泥的各龄期强度不得低于表 2-5 中的数值。对细度、初凝时间及体积安定性的要求与普通硅酸盐水泥相同，终凝时间应不迟于 10 h。

复合硅酸盐水泥的特性取决于所掺两种混合材料的种类、掺量及比例，与矿渣硅酸盐水泥、火山灰硅酸盐水泥、粉煤灰硅酸盐水泥有不同程度的相似，其使用应根据所掺入的混合材料种类，参照其他掺混合材水泥的适用范围和工程实践经验选用。

3）3 种大掺量混合材水泥的共性

① 早期强度低，后期强度高，特别适合蒸汽养护。

② 抗腐蚀能力强，抗碳化能力差。

③ 水化放热速度慢，放热量少。

4）3 种大掺量混合材水泥的个性

（1）矿渣硅酸盐水泥

① 耐热性好：由于矿渣本身为耐火材料，因此可用于耐热混凝土工程，如用于制作冶炼车间、锅炉房等高温车间的受热构件和窑炉外壳等。

② 标准稠度需水量较大：矿渣水泥中混合材料掺量较多，且磨细粒化高炉矿渣有尖锐棱角，所以矿渣水泥的标准稠度需水量较大，但保持水分的能力较差，泌水性较大，故矿渣水泥的干缩性较大，如养护不当，就易产生裂纹。因此，矿渣水泥的抗冻性、抗渗性和抵抗干湿交替循环的性能均不及普通水泥。

（2）火山灰质硅酸盐水泥

① 抗渗性好：当处在潮湿环境或水中养护时，火山灰质硅酸盐水泥中的活性混合材料吸收石灰而产生膨胀胶化作用，并且形成较多的水化硅酸钙凝胶，使水泥石结构致密，因而有较高的紧密度和抗渗性，故宜用于抗渗要求较高的工程。

② 需水量大、收缩大、抗冻性差、抗碳化能力差。

（3）粉煤灰硅酸盐水泥

① 干缩性小、抗裂性较高：由于粉煤灰内比表面积较小，吸附水的能力较小，又粉煤灰本身是球体，需水量小，故干缩小。

② 抗冻性较差：并随粉煤灰掺量的增加而降低。同时，由于粉煤灰水泥石中碱度较低，故抗碳化性能较差。

③ 收缩差：制品表面易产生收缩裂纹，故施工时应予注意。

目前，硅酸盐水泥、普通硅酸盐水泥、矿渣硅酸盐水泥、火山灰质硅酸盐水泥和粉煤灰硅酸盐水泥仍是我国广泛使用的 5 种水泥。

5）水泥的选用

水泥的选择应根据工程特点、环境条件、水泥的性质来决定。混凝土常用的水泥按表 2-6 选用。

表 2-6　常用水泥选用表

序号	工程特点或所处环境条件	优先选用	可以选用	不得使用
1	一般地上土建工程	硅酸盐水泥； 普通硅酸盐水泥	矿渣硅酸盐水泥； 火山灰质硅酸盐水泥； 粉煤灰硅酸盐水泥	

（续）

序号	工程特点或所处环境条件	优先选用	可以选用	不得使用
2	在气候干热地区施工的工程	普通硅酸盐水泥；硅酸盐水泥	矿渣硅酸盐水泥	火山灰质硅酸盐水泥；粉煤灰硅酸盐水泥
3	大体积混凝土工程	粉煤灰硅酸盐水泥；矿渣硅酸盐水泥	火山灰质硅酸盐水泥；普通硅酸盐水泥	矾土水泥；硅酸盐水泥；快硬水泥
4	地下、水下的混凝土工程	火山灰质硅酸盐水泥；矿渣硅酸盐水泥；粉煤灰硅酸盐水泥；抗硫酸盐硅酸盐水泥	普通硅酸盐水泥；硅酸盐水泥	
5	在严寒地区施工的工程	高强度等级硅酸盐水泥；快硬硅酸盐水泥；特快硬硅酸盐水泥	矿渣硅酸盐水泥；矾土水泥	火山灰硅酸盐水泥；粉煤灰硅酸盐水泥
6	严寒地区水位升降范围内的混凝土工程	高强度等级硅酸盐水泥；快硬硅酸盐水泥；特快硬硅酸盐水泥；抗硫酸盐硅酸盐水泥	矾土水泥	火山灰质硅酸盐水泥；矿渣硅酸盐水泥；粉煤灰硅酸盐水泥
7	早期强度要求较高的工程（≤C30混凝土）	高强度等级普通硅酸盐水泥；快硬硅酸盐水泥；特快硬硅酸盐水泥	普通硅酸盐水泥	火山灰质硅酸盐水泥；矿渣硅酸盐水泥；复合硅酸盐水泥
8	大于C50的高强度混凝土工程	高强度等级水泥	特快硬硅酸盐水泥；快硬硅酸盐水泥；高强度等级普通硅酸盐水泥	火山灰质硅酸盐水泥；矿渣硅酸盐水泥；复合硅酸盐水泥
9	耐火混凝土工程	矿渣硅酸盐水泥	矾土水泥	普通硅酸盐水泥
10	防水、抗渗工程	硅酸盐膨胀水泥；石膏矾土膨胀水泥；普通硅酸盐水泥	自应力（膨胀）水泥；粉煤灰硅酸盐水泥；火山灰质硅酸盐水泥	矿渣硅酸盐水泥
11	防潮工程	硅酸盐水泥	普通硅酸盐水泥	
12	紧急抢修和加固工程	高强度等级水泥；快硬硅酸盐水泥	矾土水泥；硅酸盐水泥	火山灰质硅酸盐水泥；矿渣硅酸盐水泥；复合硅酸盐水泥；粉煤灰硅酸盐水泥
13	有耐磨性要求的混凝土	高强度等级普通硅酸盐水泥	矿渣硅酸盐水泥	火山灰质硅酸盐水泥
14	混凝土预制构件拼装锚固工程	特快硬硅酸盐水泥	硅酸盐膨胀水泥；石膏矾土膨胀水泥	普通硅酸盐水泥
15	保湿隔热工程	矿渣硅酸盐水泥	重钙铝酸盐耐火水泥	
16	装饰工程	白色硅酸盐水泥；彩色硅酸盐水泥	普通硅酸盐水泥；火山灰质硅酸盐水泥	

2.4.3 其他品种水泥

有特殊性能的水泥和用于某种工程的专用水泥。这类水泥品种繁多，主要有以下 9 种：

（1）快硬水泥

也称早强水泥，通常以水泥的 1 d 或 3 d 抗压强度值确定标号。按其矿物组成不同可分为硅酸盐快硬水泥、铝酸盐快硬水泥、硫铝酸盐快硬水泥和氟铝酸盐快硬水泥。按其早期强度增长速度不同又可分为快硬水泥（以 3 d 抗压强度值确定标号）和特快硬水泥（以小时抗压强度值确定标号，氟铝酸盐快硬水泥即属特快硬水泥）。

（2）低热和中热水泥

这类水泥水化热较低，适用于大坝和其他大体积建筑。按水泥组成不同可分为硅酸盐中热水泥、普通硅酸盐中热水泥、矿渣硅酸盐低热水泥和低热微膨胀水泥等。低热和中热水泥是按水泥在 3 d 和 7 d 内放出的水化热量来划分。中国标准规定低热水泥 3 d 和 7 d 的水化热值，分别低于 188×10^3 J/kg 和 251×10^3 J/kg；中热水泥分别低于 230×10^3 J/kg 和 293×10^3 J/kg。

（3）抗硫酸盐水泥

指对硫酸盐腐蚀具有较高抵抗能力的水泥。按水泥矿物组成不同可分为抗硫酸盐硅酸盐水泥、铝酸盐贝利特水泥和矿渣锶水泥等。按水泥抵抗硫酸盐侵蚀能力的大小，又可分为抗硫酸盐水泥和高抗硫酸盐水泥。抗硫酸盐硅酸盐水泥是抗硫酸盐水泥的主要品种，由特定矿物组成的硅酸盐水泥熟料，掺加适量石膏磨细而成。中国标准规定抗硫酸盐硅酸盐水泥熟料中，硅酸三钙含量不大于 50%；铝酸三钙不大于 5%；铝酸三钙与铁铝酸四钙含量不大于 22%；游离石灰含量不得超过 1.0%；氧化镁含量不得超过 4.5%；而水泥中的三氧化硫含量不得超过 2.5%；水泥的抗硫酸盐侵蚀指标，即腐蚀系数 Fb 不得小于 0.8。抗硫酸盐水泥适用于同时受硫酸盐侵蚀、冻融和干湿作用的海港工程、水利工程以及地下工程。

（4）油井水泥

专用于油井、气井固井工程的水泥，也称堵塞水泥。按用途可分为普通油井水泥和特种油井水泥。普通油井水泥由适当矿物组成的硅酸盐水泥熟料和适量石膏磨细而成，必要时可掺加不超过水泥重量 15% 的活性混合材料（如矿渣），或不超过水泥重量 10% 的非活性混合材料（如石英砂、石灰石）。中国的普通油井水泥按油（气）井深度不同，分为45 ℃、75 ℃、95 ℃和 120 ℃ 共 4 个品种，适用于一般油（气）井的固井工程。特种油井水泥通常由普通油井水泥掺加各种外加剂制成。

（5）膨胀水泥

指硬化过程中体积膨胀的水泥。按矿物组成不同，分为硅酸盐类膨胀水泥、铝酸盐类膨胀水泥、硫铝酸盐类膨胀水泥和氢氧化钙类膨胀水泥。

硅酸盐膨胀水泥、明矾石膨胀水泥、氧化铁膨胀水泥、氧化镁膨胀水泥、K 型膨胀水泥等属于硅酸盐类膨胀水泥。这类水泥一般是在硅酸盐水泥中，掺加各种不同的膨胀组分磨制而成。如以高铝水泥和石膏作为膨胀组分，适量加入硅酸盐水泥中，可制得硅酸盐膨胀水泥。

石膏矾土膨胀水泥属于铝酸盐类膨胀水泥，通常是在高铝水泥中掺加适量石膏和石灰共同磨制而成。

硫铝酸盐膨胀水泥是由硫铝酸盐水泥熟料掺加适量石膏共同磨制而成。一般膨胀值较小的水泥，可配制收缩补偿胶砂和混凝土，适用于加固结构，灌筑机器底座或地脚螺栓，堵塞、修补漏水的裂缝和孔洞，以及地下建筑物的防水层等。

膨胀值较大的水泥，也称自应力水泥，用于配制钢筋混凝土。自应力水泥在硬化初期，由于化学反应，水泥石体积膨胀，使钢筋受到拉应力；反之，钢筋使混凝土受到压应力，这种预压应力能够提高钢筋混凝土构件的承载能力和抗裂性能。对自应力水泥，要求其砂浆或混凝土在膨胀变形稳定后的自应力值大于 2 MPa（一般膨胀水泥为 1 MPa 以下）。自应力水泥按矿物组成不同可分为硅酸盐类自应力水泥、铝酸盐类自应力水泥和硫铝酸盐类自应力水泥。这类水泥的抗渗性良好，适宜于制作各种直径的、承受不同液压和气压的自应力管，如城市水管、煤气管和其他输油、输气管道。

膨胀水泥在硬化过程中，水泥中的矿物成分水化生成的水化物在结晶时会产生很大的膨胀能，人们利用这一原理研制了无声破碎剂，已应用于混凝土构筑物的拆除及岩石的开采、切割和破碎等方面，收到了良好的效果。

（6）耐火水泥

耐火度不低于 1 580 ℃的水泥称为耐火水泥。按组成不同可分为铝酸盐耐火水泥、低钙铝酸盐耐火水泥、钙镁铝酸盐水泥和白云石耐火水泥等。耐火水泥可用于胶结各种耐火集料（如刚玉、煅烧高铝矾土等），制成耐火砂浆或混凝土，用于水泥回转窑和其他工业窑炉作内衬。

（7）防辐射水泥

对 X 射线、γ 射线、快中子和热中子能起较好屏蔽作用的水泥称为防辐射水泥。这类水泥的主要品种有钡水泥、锶水泥、含硼水泥等。钡水泥以重晶石黏土为主要原料，经煅烧获得以硅酸二钡为主要矿物组成的熟料，再掺加适量石膏磨制而成。其相对密度达 4.7～5.2，可与重集料（如重晶石、钢段等）配制成防辐射混凝土。钡水泥的热稳定性较差，只适宜于制作不受热的辐射防护墙。锶水泥是以碳酸锶全部或部分代替硅酸盐水泥原料中的石灰石，经煅烧获得以硅酸三锶为主要矿物组成的熟料，加入适量石膏磨制而成。其性能与钡水泥相近，但防射线性能稍逊于钡水泥。在高铝水泥熟料中加入适量硼镁石和石膏，共同磨细，可获得含硼水泥。这种水泥与含硼集料、重质集料可配制成比重较高的混凝土，适用于防护快中子和热中子的屏蔽工程。

（8）抗菌水泥

在磨制硅酸盐水泥时，掺入适量的抗菌剂（如五氯酚、DDT 等）而成的水泥称为抗菌水泥。用它可配制抗菌混凝土用在需要防止细菌繁殖的地方，如游泳池、公共澡堂或食品工业构筑物等。

（9）防藻水泥

在高铝水泥熟料中掺入适量硫黄（或含硫物质）及少量的促硬剂（如消石灰等），共同磨细而成的水泥称为防藻水泥。主要用于潮湿背阴结构的表面，防止藻类的附着，减轻藻类对构筑物的破坏。

2.4.4　装饰用水泥

（1）白色水泥

白色硅酸盐水泥是白色水泥中最主要的品种，是以氧化铁和其他有色金属氧化物含量低的石灰石、黏土、硅石为主要原料，经高温煅烧、淬冷成水泥熟料，加入适量石膏（也可加入少量白色石灰石代替部分熟料），在装有石质（或耐磨金属）衬板和研磨体的磨机内磨细而成的一种硅酸盐水泥。在制造过程中，为了避免有色杂质混入，煅烧时大多采用天然气或重油作燃料。也可用电炉炼钢生成的还原渣、石膏和白色粒化矿渣，配制成无熟料

白色水泥的色泽以白度表示，分四个等级，用白度计测定。白色硅酸盐水泥的物理性能和普通硅酸盐水泥相似，主要用作建筑装饰材料，也可用于雕塑工艺制品。

（2）彩色水泥

通常由白色水泥熟料、石膏和颜料共同磨细而成的水泥称为彩色水泥。所用的颜料要求在光和大气作用下具有耐久性，高的分散度，耐碱，不含可溶性盐，对水泥的组成和性能不起破坏作用。常用的无机颜料有氧化铁（可制红、黄、褐、黑色水泥）、二氧化锰（黑、褐色）、氧化铬（绿色）、钴蓝（蓝色）、群青蓝（蓝色）、炭黑（黑色）；有机颜料有孔雀蓝（蓝色）、天津绿（绿色）等。在制造红、褐、黑等深色彩色水泥时，也可用硅酸盐水泥熟料代替白色水泥熟料磨制。彩色水泥还可在白色水泥生料中加入少量金属氧化物作为着色剂，直接煅烧成彩色水泥熟料，然后再磨细，制成水泥。彩色水泥主要用作建筑装饰材料，也可用于混凝土、砖石等的粉刷饰面。

【实训2-1】　工程施工中石灰材料使用事故分析

上海某新村四幢六层楼于1989年9～11月进行内外墙粉刷，1990年4月交付甲方使用。此后陆续发现内外墙粉刷层发生爆裂。至5月份阴雨天，爆裂点迅速增多，破坏范围上万平方米。爆裂源为微黄色粉粒或粉料。该内外墙粉刷用的"水灰"，系由宝山某厂自办"三产"性质的部门供应，该部门由个人承包。

经了解，粉刷过程已发现"水灰"中有一些粗颗粒。对采集的微黄色爆裂物作X射线衍射分析，证实除含石英、长石、CaO、$Ca(OH)_2$、$CaCO_3$外，还含有较多的$Mg(OH)_2$、MgO以及少量白云石。

原因分析：该"水灰"含有一定数量的粗颗粒，其中部分为CaO与MgO，这些未充分消解的CaO和MgO在潮湿的环境下缓慢水化，分别生成$Ca(OH)_2$和$Mg(OH)_2$，固相体积膨胀约2倍，从而产生爆裂破坏。还需说明的是，MgO的水化速度更慢，更易造成危害。

【实训2-2】 水泥细度测定(筛析法)

一、实验目的

通过实验来检验水泥的粗细程度,作为评定水泥质量的依据之一;掌握《水泥细度检验方法筛析法》(GB/T 1345—2005)的测试方法,正确使用所用仪器与设备,并熟悉其性能。

二、主要仪器设备

① 实验筛;

② 负压筛析仪;

③ 水筛架和喷头;

④ 天平。

三、实验步骤

(1)负压筛法

① 筛析实验前,应把负压筛放在筛座上,盖上筛盖,接通电源,检查控制系统,调节负压至4 000~6 000 Pa范围内。

② 称取试样25 g,置于洁净的负压筛中。盖上筛盖,放在筛座上,开动筛析仪连续筛析2 min,在此期间如有试样附着筛盖上,可轻轻地敲击,使试样落下。筛毕,用天平称量筛余物。

③ 当工作负压小于4 000 Pa时,应清理吸尘器内水泥,使负压恢复正常。

(2)水筛法

① 筛析实验前,应检查水中无泥、砂,调整好水压及水筛架的位置,使其能正常运转。喷头底面和筛网之间的距离为35~75 mm。

② 称取试样50 g,置于洁净的水筛中,立即用洁净的水冲洗至大部分细粉通过后,放在水筛架上,用水压为0.05 MPa±0.02 MPa的喷头连续冲洗3 min。

③ 筛毕,用少量水把筛余物冲至蒸发皿中,待水泥颗粒全部沉淀后小心将水倾出,烘干并用天平称量筛余物。

四、实验结果计算 水泥细度按试样筛余百分数(精确至0.1%)计算。

$$F = \frac{R_s}{W} \times 100\%$$

式中 F——水泥试样的筛余百分数,%;

R_s——水泥筛余物的质量,g;

W——水泥试样的质量,g。

【实训2-3】 水泥标准稠度用水量实验

一、实验目的

通过实验测定水泥净浆达到水泥标准稠度(统一规定的浆体可塑性)时的用水量,作为水泥凝结时间、安定性实验用水量之一;掌握《水泥标准稠度用水量、凝结时间、安定性检验方法》(GB/T 1346—2001)的测试方法,正确使用仪器设备,并熟悉其性能。

二、主要仪器设备

① 水泥净浆搅拌机;

② 标准法维卡仪;

③ 天平;

④ 量筒。

三、实验方法及步骤

(1)标准法

① 实验前检查:仪器金属棒应能自由滑动,搅拌机运转正常等。

② 调零点:将标准稠度试杆装在金属棒下,调整至试杆接触玻璃板时指针对准零点。

③ 水泥净浆制备:用湿布将搅拌锅和搅拌叶片擦一遍,将拌合用水倒入搅拌锅内,然后在5~10 s内小心将称量好的500 g水泥试样加入水中(按经验找水);拌和时,先将锅放到搅拌机锅座上,升至搅拌位置,启动搅拌机,慢速搅拌120 s,停拌15 s,同时将叶片和锅壁上的水泥浆刮入锅中,接着快速搅拌120 s后停机。

④ 标准稠度用水量的测定:拌和完毕,立即将水泥净浆一次装入已置于玻璃板上的圆模内,用小刀插捣、振动数次,刮去多余净浆;抹平后迅速放到维卡仪上,并将其中心定在试杆下,降低试杆直至与水泥净浆表面接触,拧紧螺丝,然后突然放松,让试杆自由沉入净浆中。以试杆沉入净浆并距底板6 mm±1 mm的水泥净浆为标准稠度净浆。其拌合用水量为该水泥的标准稠度用水量(P),按水泥质量的百分比计。升起试杆后立即擦净。整个操作应在搅拌后1.5 min内完成。

(2)代用法

① 仪器设备检查:稠度仪金属滑杆能自由滑动,搅拌机能正常运转等。

② 调零点:将试锥降至锥模顶面位置时,指针应对准标尺零点。

③ 水泥净浆制备:同标准法。

④ 标准稠度的测定:有调整水量法和固定水量法两种,可选用任一种测定,如有争议时以调整水量法为准。

a. 固定水量法:拌和用水量为142.5 mL。拌和结束后,立即将拌和好的净浆装入锥模,用小刀插捣,振动数次,刮去多余净浆;抹平后放到试锥下面的固定位置上,调整金属棒使锥尖接触净浆并固定松紧螺丝1~2 s,然后突然放松,让试锥垂直自由地沉入水泥净浆中。在试锥停止下沉或释放试锥30 s时记录试锥下沉深度(S)。整个操作应在搅拌后1.5 min内完成。

b. 调整水量法：拌和用水量按经验找水。拌和结束后，立即将拌和好的净浆装入锥模，用小刀插捣、振动数次，刮去多余净浆；抹平后放到试锥下面的固定位置上，调整金属棒使锥尖接触净浆并固定松紧螺丝 1~2 s，然后突然放松，让试锥垂直自由地沉入水泥净浆中。当试锥下沉深度为 28 mm ± 2 mm 时的净浆为标准稠度净浆，其拌和用水量即为标准稠度用水量（P），按水泥质量的百分比计。

四、实验结果计算

（1）标准法

以试杆沉入净浆并距底板 6 mm ± 1 mm 的水泥净浆为标准稠度净浆。其拌和用水量为该水泥的标准稠度用水量（P），以水泥质量的百分比计，按下式计算。

$$P = \frac{拌和用水量}{水泥用量} \times 100\%$$

（2）代用法

① 用固定水量方法测定时，根据测得的试锥下沉深度（S）（mm），可从仪器上对应标尺读出标准稠度用水量（P）或按下面的经验公式计算其标准稠度用水量（P）（%）。

$$P = 33.4 - 0.185S$$

当试锥下沉深度小于 13 mm 时，应改用调整水量方法测定。

② 用调整水量方法测定时，以试锥下沉深度为 28 mm ± 2 mm 时的净浆为标准稠度净浆，其拌和用水量为该水泥的标准稠度用水量（P），以水泥质量百分数计，计算公式同标准法。

如下沉深度超出范围，需另称试样，调整水量，重新实验，直至达到 28 mm ± 2 mm 为止。

【实训2-4】 水泥凝结时间的测定实验

一、实验目的

测定水泥达到初凝和终凝所需的时间（凝结时间以试针沉入水泥标准稠度净浆至一定深度所需时间表示），用以评定水泥的质量。掌握《水泥标准稠度用水量、凝结时间、安定性检验方法》（GB/T 1346—2001）规定的测试方法，正确使用仪器设备。

二、主要仪器设备

① 标准法维卡仪；

② 水泥净浆搅拌机；

③ 湿气养护箱。

三、实验步骤

① 实验前，将圆模内侧稍涂上一层机油，放在玻璃板上，调整凝结时间测定仪的试针接触玻璃板时，指针应对准标准尺零点。

② 以标准稠度用水量的水，按测标准稠度用水量的方法制成标准稠度水泥净浆后，立即一次装入圆模振动数次刮平，然后放入湿汽养护箱内，记录开始加水的时间作为凝

结时间的起始时间。

③ 试件在湿气养护箱内养护至加水后 30 min 时进行第一次测定。测定时，从养护箱中取出圆模放到试针下，使试针与净浆面接触，拧紧螺丝 1~2 s 后突然放松，试针垂直自由沉入净浆，观察试针停止下沉时指针的读数。临近初凝时，每隔 5 min 测一次，当试针沉至距底板 4 mm±1 mm 即为水泥达到初凝状态。从水泥全部加入水中至初凝状态的时间即为水泥的初凝时间，用"min"表示。

④ 初凝测出后，立即将试模连同浆体以平移的方式从玻璃板上取下，翻转 180°，直径大端向上，小端向下，放在玻璃板上，再放入湿气养护箱中养护。

⑤ 取下测初凝时间的试针，换上测终凝时间的试针。

⑥ 临近终凝时间每隔 15 min 测一次，当试针沉入净浆 0.5 mm 时，即环形附件开始不能在净浆表面留下痕迹时，即为水泥的终凝时间。

⑦ 由开始加水至初凝、终凝状态的时间分别为该水泥的初凝时间和终凝时间，用"h"和"min"表示。

⑧ 在测定时应注意，最初测定的操作时应轻轻扶持金属棒，使其徐徐下降，防止撞弯试针，但结果以自由下沉为准；在整个测试过程中试针沉入净浆的位置距圆模至少大于 10 mm；每次测定完毕需将试针擦净并将圆模放入养护箱内，测定过程中要防止圆模受振；每次测量时不能让试针落入原孔，测得结果应以两次都合格为准。

四、实验结果的确定与评定

① 自加水起至试针沉入净浆中距底板 4 mm±1 mm 时，所需的时间为初凝时间；至试针沉入净浆中不超过 0.5 mm（环形附件开始不能在净浆表面留下痕迹）时所需的时间为终凝时间；用"h"和"min"来表示。

② 达到初凝或终凝状态时应立即重复测定一次，当两次结论相同时才能定为达到初凝或终凝状态。

评定方法：将测定的初凝时间和终凝时间与国家规范中的凝结时间相比较，可判断其合格性。

【实训2-5】 水泥安定性的测定实验

一、实验目的

安定性是指水泥硬化后体积变化的均匀性情况。通过实验可掌握《水泥标准稠度用水量、凝结时间、安定性检验方法》（GB/T 1346—2001）的测试方法，正确评定水泥的体积安定性。

安定性的测定方法有雷氏法和试饼法，有争议时以雷氏法为准。

二、主要仪器设备

① 沸煮箱；

② 雷氏夹；

③ 雷氏夹膨胀值测定仪；

④其他同标准稠度用水量实验。

三、实验方法及步骤

（1）测定前的准备工作

若采用饼法时，一个样品需要准备两块约 100 mm × 100 mm 的玻璃板；若采用雷氏法，每个雷氏夹需配备质量约为 75 ~ 85 g 的玻璃板两块。凡与水泥净浆接触的玻璃板和雷氏夹表面都要稍稍涂上一薄层机油。

（2）水泥标准稠度净浆的制备

以标准稠度用水量加水，按前述方法制成标准稠度水泥净浆。

（3）成型方法

①试饼成型：将制好的净浆部分取出分成两等份，使之成球形，放在预先准备好的玻璃板上，轻轻振动玻璃板，并用湿布擦过的小刀由边缘向中间抹动，做成直径为 70 ~ 80 mm、中心厚约 10 mm、边缘渐薄、表面光滑的试饼，然后将试饼放入湿汽养护箱内养护 24 h ± 2 h。

②雷氏夹试件的制备：将预先准备好的雷氏夹放在已稍擦油的玻璃板上，并立即将已制好的标准稠度净浆装满试模，装模时一只手轻轻扶持试模，另一只手用宽约 10 mm 的小刀插捣 15 次左右，然后抹平，盖上稍涂油的玻璃板，接着立即将试模移至湿汽养护箱内养护 24 h ± 2 h。

（4）沸煮

①调整沸煮箱内的水位，使试件能在整个沸煮过程中浸没在水里，并在煮沸的中途不需添补实验用水，同时又保证能在 30 min ± 5 min 内升至沸腾。

②脱去玻璃板取下试件，先测量雷氏夹指针尖端间的距离（A），精确至 0.5 mm，接着将试件放入沸煮箱水中的试件架上，指针朝上，试件之间互不交叉，然后在 30 min ± 5 min 内加热至沸，并恒沸 3 h ± 5 min。

沸煮结束，即放掉箱中的热水，打开箱盖，待箱体冷却至室温，取出试件进行判别。

（5）实验结果的判别

①饼法判别：目测试饼未发现裂缝，用直尺检查也没有弯曲时，则水泥的安定性合格，反之为不合格。若两个判别结果有矛盾时，该水泥的安定性为不合格。

②雷氏夹法判别：测量试件指针尖端间的距离（C），记录至小数点后 1 位，当 2 个试件煮后增加距离（$C - A$）的平均值不大于 5 mm 时，即认为该水泥安定性合格，否则为不合格。当 2 个试件沸煮后的（$C - A$）超过 4 mm 时，应用同一样品立即重做一次实验。再如此，则认为该水泥安定性不合格。

单元 3　混凝土

学习目标

　　1. 了解混凝土的组成及各组成在混凝土拌制和硬化后的作用。

　　2. 掌握混凝土的技术性质、质量评定、混凝土配合比的设计、混凝土的试验内容和方法。

3.1 普通混凝土

3.1.1 混凝土概述

混凝土是目前最主要的土木工程材料之一。混凝土具有原料丰富，价格低廉，生产工艺简单，抗压强度高、耐久性好、养护费用少等优点，可以浇制形状复杂的钢筋混凝土结构和构件，可以根据工程的要求改变材料的组成配比来满足需要。混凝土不仅在各种土木工程中广泛使用，在造船业、机械工业、海洋开发、地热工程等方面也大量使用。混凝土的技术性能可从混凝土拌合物的和易性、硬化后混凝土的力学性质和耐久性等方面进行评价。混凝土的和易性包括流动性、黏聚性和保水性；混凝土硬化后的性能和施工过程密切相关，所以控制混凝土的质量对施工有着重要的作用。普通混凝土，一般指以水泥为主要胶凝材料，与水、砂、石子，必要时掺入化学外加剂和矿物掺合料，按适当比例，经过均匀搅拌、密实成型及养护硬化而成的人造石材。

1）混凝土的分类

（1）按表观密度分类

① 重混凝土：用钢屑、重晶石等重集料配制，表观密度大于 2 600 kg/m³ 的混凝土。用于要求抵抗磨损及有特殊要求的结构，如机场跑道等。

② 普通混凝土：表观密度为 1 950 ~ 2 500 kg/m³ 的水泥混凝土。主要以常用的砂、石子和水泥配制而成，是土木工程中最常用的混凝土品种。

③ 轻混凝土：用天然或人工轻集料，如膨胀矿渣、陶粒、浮石等制成，表观密度为600 ~ 1 950 kg/m³。常用于隔热而稍承重的构件。

④ 特轻混凝土：不使用硬质集料，在胶结材料的浆体中加入泡沫剂、发气剂，使之形成大量气泡，硬化后形成多孔构造的混凝土，表观密度在 600 kg/m³ 以下，如泡沫混凝土、加气混凝土等。常用于屋面和管道等的隔热保温。

（2）按胶凝材料的品种分类

根据胶凝材料品种不同可分别命名为水泥混凝土、石膏混凝土、水玻璃混凝土、沥青混凝土、聚合物混凝土等。或以特种改性材料命名，如水泥混凝土中掺入钢纤维时，称为钢纤维混凝土；水泥混凝土中掺大量粉煤灰时则称为粉煤灰混凝土等。

（3）按使用功能和特性分类

可分为结构混凝土、道路混凝土、水工混凝土、耐热混凝土、耐酸混凝土、防辐射混凝土、补偿收缩混凝土、防水混凝土、泵送混凝土、自密实混凝土、高强混凝土和高性能混凝土等。

（4）按生产和施工方法分类

可分为泵送混凝土、喷射混凝土、碾压混凝土、挤压混凝土、压力灌浆混凝土及预拌混凝土等。

在混凝土中，应用最广、使用量最大的是水泥混凝土，亦称为普通混凝土，简称混凝土。

2）混凝土的特点

（1）混凝土的优点

① 材料来源广泛。混凝土中占80%以上的砂、石等原材料资源丰富，价格低廉，符合就地取材和经济的原则。

② 硬化前有良好的可塑性。便于浇筑成各种形状、尺寸的结构或构件。

③ 性能可调范围大。调整原材料品种及配量，可获得不同性能的混凝土以满足工程上的不同要求。

④ 有较高的强度和耐久性。硬化后具有较高的力学强度和良好的耐久性。

⑤ 与钢筋有良好的黏结性。两者线膨胀系数基本相同，复合成的钢筋混凝土能取长补短，使其扩展了应用范围，增强了抗拉强度。

⑥ 可充分利用工业废料作为集料或外掺料，比如粉煤灰、矿渣，有利于环境保护。

由于混凝土具有上述重要优点，因此是一种主要的建筑材料，广泛应用于工业与民用建筑工程、给排水工程、水利工程以及地下工程、道路、桥涵及国防建筑等工程中。

（2）混凝土的缺点

① 自重大、比强度小。

② 脆性大、易开裂。

③ 抗拉强度低，为其抗压强度的 $1/20 \sim 1/10$。

④ 施工周期较长，质量波动较大。

随着科技的不断进步和混凝土技术的不断发展，混凝土的不足也在不断被克服。

（3）工程上对混凝土的质量要求

① 混凝土拌合物应具有与施工条件相适应的和易性。

② 硬化后具有符合设计要求的强度。

③ 长期应用应具有与工程环境相适应的耐久性。

④ 能节约水泥，降低成本。

3.1.2　普通混凝土的组成

普通混凝土（简称为混凝土）是由水泥、砂、石和水所组成。为改善混凝土的某些性能还常加入适量的外加剂和掺合料。在混凝土中，砂、石起骨架作用，称为骨料或集料；水泥与水形成水泥浆，水泥浆包裹在骨料表面并填充其空隙。在硬化前，水泥浆起润滑作用，赋予拌合物一定和易性，便于施工。水泥浆硬化后，则将骨料胶结成一个坚实的整体。

1）水泥

（1）品种选择

配制混凝土一般可采用硅酸盐水泥、普通硅酸盐水泥、矿渣硅酸盐水泥、火山灰质硅酸盐水泥和粉煤灰硅酸盐水泥。必要时也可采用快硬硅酸盐水泥或其他水泥。水泥的性能指标必须符合现行国家有关标准的规定。

采用何种水泥，应根据混凝土工程特点和所处的环境条件，参照表2-6选用。

（2）强度选择

水泥强度的选择应与混凝土的设计强度等级相适应。原则上是配制高强度等级的混凝土，选用高标号水泥；配制低强度等级的混凝土，选用低标号水泥。

如必须用高标号水泥配制低强度等级混凝土时，会使水泥用量偏少，影响和易性及密实度，所以应掺入一定比例的混合材料。如必须用低标号水泥配制高强度等级混凝土时，会使水泥用量过多，经济性不强，而且影响混凝土其他技术性质。

2）集料

普通混凝土所用集料按粒径大小分为两种，粒径大于 4.75 mm 的称为粗集料，粒径小于 4.75 mm 的称为细集料。

普通混凝土中所用细集料，一般是由天然岩石长期风化等自然条件形成的天然砂，也有人工砂（包括机制砂、混合砂）。根据产源不同，天然砂可分为河砂、海砂、山砂 3 类。按粗细程度可分为粗砂（细度模数 3.1~3.7）、中砂（细度模数 2.3~3.0）、细砂（细度模数 1.6~2.2）和特细砂（细度模数 0.7~1.5）共 4 类。

普通混凝土通常所用的粗集料有人工碎石和天然卵石（河卵石、海卵石、山卵石）两种。按颗粒大小可分为小石（公称粒径 5~20 mm）、中石（公称粒径 20~40 mm）、大石（公称粒径 40~80 mm）和特大石（公称粒径 80~150 mm）4 类。

（1）集料的质量与性能

我国在《建设用砂》（GB/T 14684—2011）和《建设用卵石、碎石》（GB/T 14685—2011）这两个标准中，对不同类别的砂、石均提出了明确的技术质量要求。

根据国家标准规定，建筑用砂和建筑用卵石、碎石按技术要求均分为Ⅰ、Ⅱ和Ⅲ类。下面对其技术质量要求作一概括性介绍。

① 泥和泥块含量：泥含量是指集料中粒径小于 0.07 mm 颗粒的含量。泥块含量是指在细集料中粒径大于 1.18 mm，经水洗、手捏后变成小于 0.60 mm 的颗粒的含量；在粗集料中则指粒径大于 4.75 mm，经水洗、手捏后变成小于 2.36 mm 的颗粒的含量。集料中的泥颗粒极细，会黏附在集料表面，影响水泥石与集料之间的胶结能力。而泥块会在混凝土中形成薄弱部分，对混凝土的质量影响更大。据此，对集料中泥和泥块含量必须严加限制。

② 有害物质含量：普通混凝土用粗、细集料中不应混有草根、树叶、树枝、炉渣、煤块等杂物，并且集料中所含硫化物、硫酸盐和有机物等的含量要符合国家规定的砂、石质量标准。对于砂，除了上面几项外，还有云母、轻物质（指密度小于 2 000 kg/m^3 的物质）含量也需符合国家质量标准的规定。如果是海砂，还应考虑氯盐含量。

③ 坚固性：指在自然风化和其他外界物理化学因素作用下抵抗破裂的能力。按标准规定建筑用碎石、卵石和天然砂采用硫酸钠溶液法进行试验，砂试样经 5 次循环后其质量损失应符合国家标准的规定。人工砂采用压碎指标法进行试验，压碎指标值应小于国家标准的规定值。

④ 碱活性：集料中若含有活性氧化硅，会与水泥中的碱发生碱—集料反应，产生膨胀并导致混凝土开裂。因此，当用于重要工程或对集料有怀疑时，必须按标准规定，采用化学法或长度法对集料进行碱活性检验。

⑤ 级配和粗细程度：集料的级配是指集料中不同粒径颗粒的分布情况。良好的级配应当能使集料的空隙率和总表面积均较小，从而不仅使所需水泥浆量较少，而且还可以提高混凝土的密实度、强度及其他性能。集料的粗细程度是指不同粒径的颗粒混在一起的平均粗细程度。相同质量的集料，粒径小，总表面积大；粒径大，总表面积小，因而大粒径的集料所需包裹其表面的水泥浆就少。即相同的水泥浆量，包裹在大粒径集料表面的水泥浆层就厚，便能减小集料间的摩擦。

⑥ 集料的形状和表面特征：集料的颗粒形状近似球状或立方体形，且表面光滑时，表面积较小，对混凝土流动性有利，然而表面光滑的集料与水泥石黏结较差。砂的颗粒较小，一般较少考虑其形貌，可是石子就必须考虑其针、片状的含量。石子中的针状颗粒是指颗粒长度大于该颗粒所属粒级平均粒径（该粒级上、下限粒径的平均值）2.4 倍的颗粒；而片状颗粒是指其厚度小于平均粒径 0.4 倍的颗粒。针、片状颗粒不仅受力时易折断，而且会增加集料间的空隙，所以国家标准中对针、片状颗粒含量作出规定的限量要求。

（2）细集料的技术要求

① 细集料的颗粒级配和粗细程度：砂的级配和粗细程度采用筛分析方法测定。砂的筛分析方法是用一套方筛孔孔径分别为 4.75 mm、2.36 mm、1.18 mm、0.60 mm、0.30 mm、0.15 mm 的标准筛，将抽样所得 500 g 干砂，由粗到细依次过筛，然后称得留在各筛上砂的质量，并计算出各筛上的分计筛余百分率（各筛上的筛余量占砂样总质量百分率），及累计筛余百分率 A_1、A_2、A_3、A_4、A_5、A_6（各筛与比该筛粗的所有筛之分计筛余百分率之和）。累计筛余和分计筛余的关系见表 3-1。任意一组累计筛余（$A_1 \sim A_6$）则表征了一个级配。

标准规定，砂按 0.60 mm 筛孔的累计筛余百分率分成三个级配区（表 3-2）。砂的实际颗粒级配与表 3-1 中所示累计筛余百分率相比，除 4.75 mm 和 0.60 mm 筛号外，允许稍有超出分界线，但超出总量百分率不应大于 5%。1 区人工砂中 0.15 mm 筛孔的累计筛余可以放宽到 100%~85%；2 区人工砂中 0.15 mm 筛孔的累计筛余可以放宽到 100%~80%；3 区人工砂中 0.15 mm 筛孔的累计筛余可以放宽到 100%~75%。

表 3-1　累计筛余与分计筛余

筛孔尺寸（mm）	分计筛余（%）	累计筛余（%）
4.75	a_1	$A_1 = a_1$
2.36	a_2	$A_2 = a_1 + a_2$
1.18	a_3	$A_3 = a_1 + a_2 + a_3$
0.60	a_4	$A_4 = a_1 + a_2 + a_3 + a_4$
0.30	a_5	$A_5 = a_1 + a_2 + a_3 + a_4 + a_5$
0.15	a_6	$A_6 = a_1 + a_2 + a_3 + a_4 + a_5 + a_6$

表 3-2　砂的颗粒级配区累计筛余　　　　单位:%

方筛孔(mm)	级配区		
	1	2	3
9.50	0	0	0
4.75	0~10	0~10	0~10
2.36	5~35	0~25	0~15
1.18	35~65	10~50	0~25
0.60	71~85	41~70	16~40
0.30	80~95	70~92	55~85
0.15	90~100	90~100	90~100

配制混凝土时宜优先选用2区砂;当采用1区砂时,应提高砂率,并保持足够的水泥用量,以满足混凝土的和易性;当采用3区砂时,宜适当降低砂率,以保证混凝土强度。

砂的粗细程度用细度模数表示,细度模数(M_x)按下式计算:

$$M_x = \frac{(A_2 + A_3 + A_4 + A_5 + A_6) - 5A_1}{100 - A_1} \quad (3-1)$$

细度模数越大,表示砂越粗。普通混凝土用砂的细度模数(M_x)范围一般为1.6~3.7,其中M_x在3.1~3.7为粗砂;M_x在2.3~3.0为中砂;M_x在1.6~2.2为细砂,配制混凝土时宜优先选用中砂;M_x在0.7~1.5的砂为特细砂,配制混凝土时要作特殊考虑。

应当注意,砂的细度模数并不能反映其级配的优劣,细度模数相同的砂,级配并不相同。所以,配制混凝土时必须同时考虑砂的颗粒级配和细度模数。

②细集料的其他质量要求:建筑用砂的含泥量、石粉含量和泥块含量,以及有害物质含量要求见表3-3。

表 3-3　建筑用砂的质量标准　　　　单位:%

项目	等级		
	Ⅰ	Ⅱ	Ⅲ
泥含量(按质量计)	≤1.0	≤3.0	≤5.0
泥块含量(按质量计)	0	≤1.0	≤2.0
云母(按质量计)	≤1.0	≤2.0	≤2.0
硫化物与硫酸盐(按SO₂质量计)	≤0.5		
氯化物(以氯离子质量计)	≤0.01	≤0.02	≤0.06
贝壳(按质量计)	≤3.0	≤5.0	≤8.0

(3)粗集料的技术要求

①粗集料的颗粒级配和最大粒径:石子的级配分为连续粒级和单粒级两种,石子的级配通过筛分试验确定,一套标准筛孔径分别为2.36 mm、4.75 mm、9.50 mm、16.0 mm、19.0 mm、26.5 mm、31.5 mm、37.5 mm、53.0 mm、63.0 mm、75.0 mm、90 mm共12个筛子,可按需选用筛号进行筛分,然后计算得每个筛号的分计筛余百分率和累计筛余百分

率(计算与砂相同)。

粗集料中公称粒级的上限称为该集料的最大粒径。集料粒径越大,其表面积越小,因此包裹它表面所需的水泥浆数量相应减少,可节约水泥,所以在条件许可的情况下,应尽量选用最大粒径较大的粗集料。但在实际工程上,集料最大粒径受到多种条件的限制:混凝土粗集料的最大粒径不得超过结构截面最小尺寸的1/4,并且不得大于钢筋间最小净间距的3/4;对于混凝土实心板,集料的最大粒径不宜超过板厚的1/3,且不得超过40 mm;对于泵送混凝土,石子粒径过大对运输和搅拌都不利,集料最大粒径与输送管内径之比,碎石不宜大于1:3,卵石不宜大于1:2.5;对大体积混凝土(如混凝土坝或围堤)或疏筋混凝土,有时为了节省水泥,降低收缩,可在大体积混凝土中抛入大块石(或称毛石),常称作抛石混凝土。但在普通混凝土中,集料粒径大于40 mm有可能造成混凝土强度下降。

②强度:指粗集料(卵石和碎石)的强度,为了保证混凝土的强度,粗集料必须致密并具有足够的强度。碎石的强度可用抗压强度和压碎指标值表示,卵石的强度只用压碎指标值表示。

碎石的抗压强度测定,是将其母岩制成边长为50 mm的立方体(或直径与高均为50 mm的圆柱体)试件,在水饱和状态下测定其极限抗压强度值。碎石抗压强度一般在混凝土强度等级大于或等于C60时才检验,其他情况如有怀疑或必要时也可进行抗压强度检验。通常,要求岩石抗压强度与混凝土强度等级之比不应小于1.5,火成岩强度不宜低于80 MPa,变质岩强度不宜低于60 MPa,水成岩强度不宜低于45 MPa。

碎石和卵石的压碎指标值测定,是将一定量气干状态的10~20 mm石子装入标准筒内按规定的加荷速率,加荷至300 kN,卸荷后称取试样质量 m_0,再用2.36 mm方孔筛筛除被压碎的细粒,称出筛上剩余的试样质量 m_1,按下式计算压碎指标值:

$$\delta_a = \frac{m_0 - m_1}{m_0} \times 100\% \tag{3-2}$$

压碎指标值越小,说明粗集料抵抗受压破碎能力越强。建筑用卵石和碎石的压碎指标值的限量,见表3-4。

表3-4　建筑用卵石和碎石的压碎指标值的限量

项　　目	指　　标		
	I	II	III
碎石压碎指标(%)	<10	<20	<20
卵石压碎指标(%)	<12	<16	<16

③粗集料的其他质量要求　建筑用卵石、碎石的有害物质指标见表3-5。建筑用卵石、碎石的表观密度应不小于2 600 kg/m³;连续级配松散堆积孔隙率应分别符合如下规定:I类不大于43%,II类不大于45%,III类不大于47%。

表 3-5 建筑用卵石、碎石的有害物质限值 单位:%

项 目	指 标		
	I	II	III
针片状颗粒(按质量计)	<5	<15	<25
含泥量(按质量计)	<0.5	<1.0	<1.5
泥块含量(按质量计)	0	<0.2	<0.5
硫化物与硫酸量(按 SO_2 质量计)	<0.5	<1.0	<1.0
坚固性(硫酸钠溶液浸渍 5 个循环后,其质量得失)	<5	<8	<12
吸水率	≤1.0	≤2.0	≤2.0

经碱-集料反应试验后,由卵石、碎石制备的试件无裂缝、酥裂、胶体外溢等现象,在规定的试验龄期膨胀率应小于 0.10%。

3) 混凝土用水

混凝土拌合用水按水源可分为饮用水、地表水、地下水、海水以及经适当处理或处置后的工业废水。对混凝土拌和及养护用水的质量要求是:

① 不得影响混凝土的和易性及凝结;

② 不得有损于混凝土强度发展;

③ 不得降低混凝土的耐久性、加快钢筋腐蚀及导致预应力钢筋脆断;

④ 不得污染混凝土表面。

当使用混凝土生产厂及商品混凝土厂设备的洗刷水时,水中物质含量限值应符合《混凝土用水标准》(JGJ 63—2006)的要求。在对水质有怀疑时,应将该水与蒸馏水或饮用水进行水泥凝结时间、砂浆或混凝土强度对比试验。测得的初凝时间差及终凝时间差均不得大于 30 min,其初凝和终凝时间还应符合水泥国家标准的规定。用该水制成的砂浆或混凝土 28 d 抗压强度应不低于蒸馏水或饮用水制成的砂浆或混凝土抗压强度的 90%。海水中含有硫酸盐、镁盐和氯化物,对水泥石有侵蚀作用,对钢筋也会造成锈蚀,因此不得用于拌制钢筋混凝土和预应力混凝土。

4) 混凝土外加剂

混凝土外加剂,简称外加剂,是指在拌制混凝土拌和前或拌和过程中掺入用以改善混凝土性能的物质。混凝土外加剂的掺量一般不大于水泥质量的 5%。混凝土外加剂产品的质量必须符合国家标准《混凝土外加剂》(GB 8076—2008)的规定。

混凝土外加剂按其主要功能分为四类:

第一类:改善混凝土拌合物流变性能的外加剂。包括各种减水剂、引气剂和泵送剂等。

第二类:调节混凝土凝结时间、硬化性能的外加剂。包括缓凝剂、早强剂和速凝剂等。

第三类:改善混凝土耐久性的外加剂。包括引气剂、防水剂和阻锈剂等。

第四类:改善混凝土其他性能的外加剂。包括加气剂、膨胀剂、着色剂、防冻剂、防水剂和泵送剂等。

最初使用外加剂，仅仅是为了节约水泥，随着建筑技术的发展，掺用外加剂已成为改善混凝土性能的主要措施。由于有了高效减水剂，大流动度混凝土、自密实混凝土、高强混凝土得到应用；由于有了增稠剂，水下混凝土的性能得以改善；由于有了缓凝剂，水泥的凝结时间得以延长，才有可能减少坍落度损失，延长施工操作时间；由于有了防冻剂，溶液冰点得以降低，或者冰晶结构变形不致造成冻害，才可能在负温下进行施工等。

总体来说，外加剂在改善混凝土的性能方面具有以下作用：

① 可以减少混凝土的用水量，或者不增加用水量就能增加混凝土的流动度。

② 可以调整混凝土的凝结时间。

③ 减少泌水和离析，改善和易性和抗水淘洗性。

④ 可以减少坍落度损失，增加泵送混凝土的可泵性。

⑤ 可以减少收缩，加入膨胀剂还可以补偿收缩。

⑥ 延缓混凝土初期水化热，降低大体积混凝土的温升速度，减少裂缝发生。

⑦ 提高混凝土早期强度，防止负温下冻结。

⑧ 提高强度，增加抗冻性、抗渗性、抗磨性、耐腐蚀性。

⑨ 控制碱-骨料反应，阻止钢筋锈蚀，减少氯离子扩散。

⑩ 制成其他特殊性能的混凝土。

⑪ 降低混凝土黏度系数等。

在混凝土中加入外加剂，由于品种不同，产生的作用也各异，多数是产生物理作用，例如，吸附于水泥粒子表面形成吸附膜，改变了电位，产生不同的吸力或斥力；有的会破坏絮凝结构，提高水泥扩散体系的稳定性，改善水泥水化的条件；有的能形成大分子结构，改变水泥粒子表面的吸附状态；有的会降低水的表面张力和表面能等；还有少数直接参与化学反应，与水泥生成新的化合物。

由于外加剂能有效地改善混凝土的性能，而且具有良好的经济效益，在许多国家都得到广泛的应用，成为混凝土中不可或缺的材料。尤其是高效能减少剂的使用，水泥粒子能得到充分的分散，用水量大大减少，水泥潜能得到充分发挥，致使水泥石较为致密，孔结构和界面区微结构得到很好的改善，从而使得混凝土的物理力学性能有了很大的提高，无论是不透水性，还是氯离子扩散、碳化、抗硫酸盐侵蚀，以及抗冲、耐磨性能等各方面均优于不掺外加剂的混凝土，不仅提高了强度，改善和易性，还可以提高混凝土的耐久性。只有掺用高效减水剂，配制高施工性、高强度、高耐久性的高性能混凝土才有可能实现。

（1）减水剂

① 作用机理——分散作用：水泥加水拌和后由于水泥颗粒分子引力的作用使水泥浆形成絮凝结构，使10%~30%的拌合水被包裹在水泥颗粒之中，不能参与自由流动和润滑作用，从而影响了混凝土拌合物的流动性。当加入减水剂后，由于减水剂分子能定向吸附于水泥颗粒表面，使水泥颗粒表面带有同一种电荷（通常为负电荷），形成静电排斥作用，促使水泥颗粒相互分散，絮凝结构破坏，释放出被包裹的部分水参与流动，从而有效地增加混凝土拌合物的流动性。润滑作用：减水剂中的亲水基极性很强，因此，水泥颗粒表面的减水剂吸附膜能与水分子形成一层稳定的溶剂化水膜，这层水膜具有很好的润滑作用，能

有效降低水泥颗粒间的滑动阻力，从而使混凝土流动性进一步提高。空间位阻作用：减水剂结构中具有亲水性的聚醚侧链，伸展于水溶液中，从而在所吸附的水泥颗粒表面形成有一定厚度的亲水性立体吸附层。当水泥颗粒靠近时，吸附层开始重叠，即在水泥颗粒间产生空间位阻作用，重叠越多，空间位阻斥力越大，对水泥颗粒间凝聚作用的阻碍也越大，使得混凝土的坍落度保持良好。接枝共聚支链的缓释作用：新型的减水剂（如聚羧酸减水剂）在制备的过程中，在减水剂的分子上接枝一些支链，该支链不仅可提供空间位阻效应，而且，在水泥水化的高碱度环境中，该支链还可慢慢被切断，从而释放出具有分散作用的多羧酸，这样就可提高水泥粒子的分散效果，并控制坍落度损失。

② 性能特点：掺量低、减水率高，减水率可高达45%。坍落度经时损失小，预拌混凝土坍落度损失率1 h小于5%，2 h小于10%。增强效果显著，砼3 d抗压强度提高50%~110%，28 d抗压强度提高40%~80%，90 d抗压强度提高30%~60%。混凝土和易性优良，无离析、泌水现象，混凝土外观颜色均一，用于配制高标号混凝土时，混凝土黏聚性好且易于搅拌。含气量适中，对混凝土弹性模量无不利影响，抗冻耐久性好。能降低水泥早期水化热，有利于大体积混凝土和夏季施工。适应性优良，水泥、掺合料相容性好，温度适应性好，与不同品种水泥和掺合料具有很好的相容性，解决了采用其他类减水剂与胶凝材料相容性差的问题。低收缩，可明显降低混凝土收缩，抗冻融能力和抗碳化能力明显优于普通混凝土，显著提高混凝土体积稳定性和长期耐久性。碱含量极低，碱含量≤0.2%，可有效地防止碱骨料反应的发生。产品稳定性好，长期储存无分层、沉淀现象发生，低温时无结晶析出。产品绿色环保，不含甲醛，为环境友好型产品。经济效益好，工程综合造价低于使用其他类型产品，同强度条件下可节省水泥15%~25%。

（2）早强剂

凝土早强剂是指能提高混凝土早期强度，并且对后期强度无显著影响的外加剂。早强剂的主要作用在于加速水泥水化速度，促进混凝土早期强度的发展；既具有早强功能，又具有一定减水增强功能。混凝土早强剂是最早使用的外加剂品种之一。到目前为止，人们已先后开发了除氯盐和硫酸盐以外的多种早强型外加剂，如亚硝酸盐、铬酸盐等，以及有机物早强剂，如三乙醇胺、甲酸钙、尿素等。

① 常用的早强剂有3种：

a. 氯盐系早强剂：如 $CaCl_2$，提高混凝土早期强度效果好，此外，还有促凝、防冻效果，价低，使用方便，一般掺量为1%~2%，缺点是会使钢筋锈蚀。在钢筋混凝中，$CaCl_2$ 掺量不得超过水泥用量的1%，通常与阻锈剂 $NaNO_2$ 复合使用。

b. 硫酸盐系早强剂：如硫酸钠，又名元明粉，为白色粉末，适宜掺量为0.5%~2%，多为复合使用，如 NC，是硫酸钠、糖钙与青砂混合磨细而成的一种复合早强剂。

c. 有机物系早强剂：有机物系列早强剂主要有三乙醇胺、三异丙醇胺、甲醇、乙醇等，最常用的是三乙醇胺。三乙醇胺为无色或淡黄色透明油状液体，易溶于水，一般掺量为0.02%~0.05%，有缓凝作用，一般不单掺，常与其他早强剂复合使用。

② 作用机理：不同的早强剂或相同的早强剂掺入不同品种的水泥混凝土中，其作用不完全相同，这里仅以几种早强剂为代表分析其作用原理。

a. 氯盐系早强剂：作用机理主要是氯化物与水泥中的 C_3A 的作用，生成不能溶于水的水化氯铝酸盐，能加速水泥中 C_3A 的水化。氯化物与水泥水化所形成的氢氧化钙生成不易溶于水的氯酸钙，降低液相中氢氧化钙的浓度，加速 C_3A 的水化速度，并且生成的复盐增加了水泥浆中固相的体积，形成内部的骨架体系，有利于水泥石结构的形成。同时，由于氯化物多为易溶性盐类，具有盐的效应，可促进硅酸盐水泥熟料矿物的溶解速度，加快水化反应进程，从而加快混凝土拌合料的硬化速率，提高混凝土的早期强度。

b. 硫酸盐系早强剂：如无水硫酸钠，溶解于水中与水泥水化产生的氢氧化钙作用，生成氧化钙和硫酸钙。这种新生成的硫酸钙的颗粒极细，比掺硫酸钙活性高，因而与 C_3A 反应生成水化硫铝酸钙的速度要快得多。而氢氧化钠是一种活性剂，能够提高 C_3A 和石膏的溶解度，加速水泥中硫铝酸钙的数量，导致水泥凝结硬化和早期强度的提高。但是硫酸盐早强剂，包括氯盐系早强剂对混凝土中的钢筋有一定的腐蚀作用，而且能导致水泥砂浆后期强度的衰减，所以氯盐、硫酸盐早强剂的用量正逐渐减少。

c. 有机物系早强剂：三乙醇胺是一种表面活性剂，掺入水泥混凝土中，在水泥水化过程中起催化的作用，它能够加速 C_3A 的水化和钙矾石的形成。三乙醇胺常与氯盐早强剂复合使用，复合使用后早强效果更佳。

（3）引气剂

为改善混凝土拌合物的和易性，保水性和黏聚性，提高混凝土流动性，在混凝土拌合物的拌和过程中掺入可形成大量均匀分布的，闭合而稳定的微小气泡的外加剂引气剂。引气剂的主要品种包括松香树脂类、烷基和烷基芳烃磺酸类、脂肪醇磺酸盐类、皂苷类以及蛋白质盐、石油磺盐酸等。常用掺量为 $50 \sim 500$ mg/kg。引气剂主要用于抗冻性要求高的结构，如混凝土大坝、路面、桥面、飞机场道面等大面积易受冻的部位。

（4）缓凝剂

各种缓凝剂的作用机理各不相同。一般来说，有机类缓凝剂大多是表面活性剂，对水泥颗粒以及水化产物新相表面具有较强的活性作用，吸附于固体颗粒表面，延缓了水泥的水化和浆体结构的形成。缓凝剂能延缓混凝土凝结硬化时间，便于施工；能使混凝土浆体水化速度减慢，延长水化放热过程，有利于大体积混凝土温度控制。缓凝剂会对混凝土 $1 \sim 3$ d 早期强度有所降低，但对后期强度的正常发展并无影响。

缓凝剂的主要种类有：

① 糖蜜缓凝剂：糖蜜缓凝剂是由制糖下脚料经石灰处理而成，其主要成分为己糖钙、蔗糖钙等。一般掺量为水泥质量的 $0.1\% \sim 0.3\%$（粉剂），$0.2\% \sim 0.5\%$（水剂），混凝土的凝结时间可延长 $2 \sim 4$ h，掺量每增加 0.1%（水剂），凝结时间约延长 1 h，当掺量大于 1% 时，混凝土长时间酥松不硬；掺量为 4% 时，28 d 强度仅为不掺的 $1/10$。

② 羟基羧酸及其盐类缓凝剂：这类缓凝剂一般掺量为水泥质量的 $0.03\% \sim 0.10\%$，混凝土凝结时间可延长 $4 \sim 10$ h。这类缓凝剂会增加混凝土的泌水率，在水泥用量低或水灰比大的混凝土中尤为突出。若与引气剂一起使用，则可得到改善。

③ 木质素磺酸盐类缓凝剂：这类缓凝剂一般掺量为水泥质量的 $0.2\% \sim 0.3\%$，混凝土凝结时间可延长 $2 \sim 3$ h。

缓凝剂使用过程中也存在问题，例如无机类缓凝剂的使用往往造成在水泥颗粒表面形成一层难溶的薄膜，对水泥颗粒的水化起屏障作用，阻碍了水泥的正常水化。这些作用都会导致水泥混凝土的缓凝。缓凝剂对水泥品种适应性十分明显，不同水泥品种缓凝效果不相同，甚至会出现相反效果。因此，使用前必须进行试拌，检测效果。缓凝剂一般掺量较少，使用时应严格控制掺量，过量掺入不仅会出现长时间不凝现象，有时还会出现速凝现象。

（5）速凝剂

掺入混凝土中能使混凝土迅速凝结硬化的外加剂。主要种类有无机盐类和有机物类。速凝剂为粉状固体，其掺用量仅占混凝土中水泥用量的 2%~3%，却能使混凝土在 5 min 内初凝，10 min 内终凝，可以达到抢修或井巷中混凝土快速凝结的目的，是喷射混凝土施工法中不可缺少的添加剂。我国常用的速凝剂是无机盐类，主要型号有红星Ⅰ型、7Ⅱ型、782 型、8604 型等。速凝剂主要用于矿山井巷、铁路隧道、引水涵洞、地下工程。

（6）防冻剂

使混凝土在负温下硬化，并在规定养护条件下达到预期性能以及在低温下防止物料中水分结冰的物质。保证负温下混凝土的正常施工，降低混凝土拌合物中的冰点。可以与减水剂、引气剂等复合防冻，效果更好。用于各种混凝土工程，在寒冷季节施工时使用。使混凝土在 -15~0℃ 的负温环境中正常水化；降低冰点，提高混凝土早期强度。防冻剂按其成分可分为强电解质无机盐类（氯盐类、氯盐阻锈类、无氯盐类）、水溶性有机化合物类、有机化合物与无机盐复合类、复合型防冻剂。

3.1.3 普通混凝土的技术性质

3.1.3.1 新拌混凝土的性能

结构物在施工过程中使用的是尚未凝结硬化的水泥混凝土，即新拌混凝土。新拌混凝土是不同粒径矿质集料分散在水泥浆体中的一种复合分散系，具有黏性、塑性等特性。新拌混凝土的运输、浇筑、振捣和表面处理等工序在很大程度上制约着硬化后混凝土的性能，故研究其特性具有十分重要的意义。

1）拌合物的工作性及其主要内容

新拌混凝土拌合物工作性（和易性）是指混凝土拌合物易于施工操作（搅拌、运输、浇灌、捣实）并能获得质量均匀、成型密实的混凝土的性能。工作性是一项综合的技术性质，包括流动性、黏聚性和保水性 3 方面的含义。

（1）流动性

指混凝土拌合物在本身自重或施工机械振捣的作用下能产生流动，并均匀密实地填满模板的性能。流动性好的混凝土操作方便，易于捣实、成型。

（2）黏聚性

指混凝土拌合物在施工过程中，其组成材料之间具有一定的黏聚力，不致产生分层和离析的现象。在外力作用下，混凝土拌合物各组成材料的沉降不相同，如配合比例不当，黏聚性差，则施工中易发生分层（即混凝土拌合物各组分出现层状分离现象）、离析（即混凝土拌合物内某些组分分离、析出现象）等情况，致使混凝土硬化后产生"蜂窝"、"麻面"等缺陷，影响混凝土强度和耐久性。

（3）保水性

指混凝土拌合物在施工过程中，具有一定的保水能力，不致产生严重的泌水现象。泌水性又称析水性，是指从混凝土拌合物中泌出部分水的性能。保水性不良的混凝土，易出现泌水，水分泌出后会形成连通孔隙，影响混凝土的密实性；泌出的水还会聚集到混凝土表面，引起表面疏松；泌出的水积聚在集料或钢筋的下表面会形成孔隙，从而削弱了集料或钢筋与水泥石的黏结力，影响混凝土质量。

由此可见，混凝土拌合物的流动性、黏聚性、保水性有其各自的内容，而彼此既互相联系又存在矛盾。所谓工作性就是这 3 方面性质在一定工程条件下达到统一。

2）拌合物工作性的检测方法

从工作性的定义看出，工作性是一项综合技术性质，很难用一种指标能全面反映混凝土拌合物的工作性。通常是以测定拌合物流动性为主，而黏聚性和保水性主要通过观察的方法进行评定。

国家标准《普通混凝土拌合物性能试验方法标准》（GB/T 50080—2016）规定，根据拌合物的流动性不同，混凝土流动性的测定可采用坍落度与坍落扩展度法或维勃稠度法。

坍落度试验方法适用于集料最大粒径不大于 40 mm、坍落度值不小于 10 mm 的混凝土拌合物测定；维勃稠度试验方法适用于最大粒径不大于 40 mm、维勃稠度在 5～30 s 的混凝土拌合物稠度测定；维勃稠度大于 30 s 的特干硬性混凝土拌合物的稠度可采用增实因数法来测定，方法见国家标准《普通混凝土拌合物性能试验方法标准》（GB/T 50080—2016）。

（1）坍落度与坍落扩展度试验

坍落度试验方法是由美国人查普曼首先提出的，目前已为世界各国广泛采用。标准坍落度筒的构造和尺寸为：该筒为钢皮制成，高度 $H = 300$ mm，上口直径 $d = 100$ mm，下底直径 $D = 200$ mm。试验时湿润坍落度筒及底板，在坍落度筒内壁和底板上应无明水。底板应放置在坚实水平面上，并把筒放在底板中心，然后用脚踩住两边的脚踏板，坍落度筒在装料时应保持固定的位置。

把按要求取得的混凝土试样用小铲分三层均匀地装入筒内，使捣实后每层高度均为筒高的 1/3 左右。每层用捣棒插捣 25 次。插捣应沿螺旋方向由外向中心进行，各次插捣应在截面上均匀分布。插捣底层时，捣棒应贯穿整个深度，插捣第二层和顶层时，捣棒应插透本层至下一层的表面；浇灌顶层时，混凝土应高出筒口。插捣过程中，如混凝土沉降低于筒口，则应随时添加。顶层插捣完后，刮去多余的混凝土，并用抹刀抹平。

清除筒边底板上的混凝土后，垂直平稳地提起坍落度筒。坍落度筒的提离过程应在 5～10 s 内完成；从开始装料到提起坍落度筒的整个过程应不间断地进行，并应在 150 s 内完成。

提起坍落度筒后，测量筒高与坍落后混凝土试体最高点之间的高度差，即为该混凝土拌合物的坍落度值，坍落度筒提离后，如混凝土发生崩坍或一边剪坏现象，则应重新取样另行测定；如第二次试验仍出现上述现象，则表示该混凝土工作性不好，应予记录备查。

观察坍落后的混凝土试体的黏聚性及保水性。黏聚性的检查方法是用捣棒在已坍落的混凝土锥体侧面轻轻敲打，此时如果锥体逐渐下沉，则表示黏聚性良好；如果锥体倒塌、部分崩裂或出现离析现象，则表示黏聚性不好。保水性以混凝土拌合物稀浆析出的程度来评定，坍落度筒提起后如有较多的稀浆从底部析出，锥体部分的混凝土也因失浆而集料外露，则表明此混凝土拌合物的保水性能不好；如坍落度筒提起后无稀浆或仅有少量稀浆自底部析出，则表示此混凝土拌合物保水性良好。

当混凝土拌合物的坍落度大于 220 mm 时，用钢尺测量混凝土扩展后最终的最大直径和最小直径，在这两个直径之差小于 50 mm 的条件下，用其算术平均值作为坍落扩展度值；否则，此次试验无效。如果发现粗集料在中央集堆或边缘有水泥浆析出，表示此混凝土拌合物抗离析性不好，应予以记录。

新拌混凝土按坍落度分为四级，见表 3-6。

表 3-6　混凝土按坍落度分级

级别	名　称	坍落度（mm）	级别	名　称	坍落度（mm）
T_1	低塑性混凝土	10～40	T_3	流动性混凝土	100～150
T_2	塑性混凝土	50～99	T_4	大流动性混凝土	160

（2）维勃稠度试验

维勃稠度试验方法是瑞典工程师 V. Bahmer 首先提出的，因而用他名字首母 V－B 命名。维勃稠度计的使用方法为：将容器牢固地用螺母固定在振动台上，放入坍落度筒，把漏斗转到坍落度筒上口，拧紧螺丝，使坍落度筒不能漂离容器底面。按坍落度试验方法，分三层装入拌合物，每层捣 25 次，抹平筒口，提取筒模，仔细地放下圆盘，读出滑棒上刻度，即坍落度。拧紧螺丝，使圆盘顺利滑向容器，开动振动台和秒表，通过透明圆盘观察混凝土的振实情况，一旦圆盘底面布满水泥浆，即刻停表和关闭振动台，秒表所记时间即表示混凝土混合料的维勃时间，时间精确至 1 s。

仪器每测试一次，必须将容器、筒模及透明盘洗净擦干，并在滑棒等处涂薄层黄油，以便下次使用。

新拌混凝土按维勃稠度分为四级，见表 3-7。

表 3-7　混凝土按维勃稠度分级

级别	名　称	维勃稠度（s）	级别	名　称	维勃稠度（s）
V_0	超干硬性混凝土	≥31	V_2	干硬性混凝土	20～11
V_1	特干硬性混凝土	30～21	V_3	半干硬性混凝土	10～5

3）拌合物工作性的影响因素及选择

（1）拌合物工作性的影响因素

混凝土混合料的工作性取决于各组分的特性及其相对含量，具体主要取决于水泥浆体的流变行为及其包裹集料时颗粒间的内摩擦力。前者主要由水灰（胶）比决定，而后者除与集料的颗粒形状和表面特征密切相关外，主要取决于包裹集料颗粒表面水泥浆的厚度，这意味着水泥浆的数量和稠度是决定混凝土拌合物流动性的主要内因，此外，环境的温度、时间等对拌合物流动性也有很大影响。

① 组成材料质量及其用量对混凝土工作性的影响：

a. 单位用水量对流动性的影响：混凝土拌合物的流动性主要由水泥浆的数量和稠度决

定，但无论水泥浆的数量还是稠度，在混凝土（水灰比）实际应用范围内，二者都与单位用水量密切相关，一般地，在组成材料确定的情况下，单位用水量增加混凝土拌合物的流动性增大。根据试验，集料一定的情况下，如果单位用水量一定，混凝土拌合物的坍落度大体上保持不变，这一规律通常称为固定加水量定则，或称需水性定则。这个定则用于混凝土配合比设计时是相当方便的，可以通过固定单位用水量，变化水灰（胶）比，而得到既满足混合料工作性的要求，又满足混凝土强度要求的设计。

b. 混合料的水灰（胶）比和浆集比对工作性的影响：混凝土的浆集比，即单位混凝土拌合物中集料与水泥浆体绝对体积之比，浆集比确定水泥浆用量。浆集比一定，即水泥浆用量一定，混合料流动性随不水灰（胶）增大而提高。确定水泥浆用量后，水灰（胶）比大小决定水泥浆稠度。实际为了使混凝土拌合物流动性增大而增加用水量，需保持水灰（胶）比不变，否则将显著降低混凝土质量。单位体积混凝土拌合物中，水灰（胶）比保持不变，水泥浆数量越多，拌合物的流动性越大；过多会造成流浆现象；过少不足以填满集料的空隙和包裹集料表面，则拌合物黏聚性变差，甚至产生崩坍现象。满足工作性前提下，强度和耐久性要求尽量采用大集浆比，以节约水泥。

c. 砂率对混合料工作性的影响：砂率是指细集料质量占集料总质量的百分数。试验证明，砂率对混合料的工作性有很大的影响，主要体现在砂率对混合料坍落度的影响。一般认为适当含量的细集料颗粒组成的砂浆在混合料中起着润滑和填充石子空隙的作用，减少粗集料颗粒之间的摩擦阻力。所以在一定的含砂率范围内，随着含砂率的增加，润滑作用越加显著，混合料的塑性黏度降低，流动性提高。但是当含砂率超过一定范围后，细集料的总表面积过分增加，需要包裹集料的水泥浆体数量增加，在加水量（即水泥浆的量）一定的条件下，水泥浆包裹层厚度降低，从而使混合料流动性能降低。所以对于一定级配的粗集料和水泥用量的混合料，均有各自的最佳含砂率，使得在满足工作性要求的条件下的加水量最少。混凝土拌合物合理砂率是指用水量和水泥用量一定的情况下，能使混凝土拌合物获得最大的流动性，又能保持黏聚性和保水性能良好的砂率。

② 水泥与集料的特性对混凝土工作性的影响：

a. 水泥：不同品种的水泥，不同的水泥细度，不同的水泥矿物组成及混合材，其标准稠度用水量不同。达到相同的流动性，需水量大的水泥比需水量小的水泥配制的混凝土混合料需要更多的加水量。普通硅酸盐水泥中掺入矿渣、火山灰等掺料都对水泥的需水性有影响，其中以火山灰的影响最为显著，这是因为它具有吸附及湿胀性能的缘故。采用火山灰质硅酸盐水泥配制的混合料，加水量要比用普通硅酸盐水泥增加 $15 \sim 20 \ \text{kg/m}^3$。水泥的矿物组成中，以铝酸钙的需水性为最大，而硅酸二钙的需水性为最小，因此，矾土水泥的需水性比普通硅酸盐水泥高。水泥的细度越细，则比表面积增加，为了获得一定稠度的净浆，其需水量也增加。但一般说来，由于在混合料中水泥含量相对比较少，因此水泥的需水性对混合料工作性的影响并不十分显著。

b. 集料：集料在混合料中占据的体积最大，因此它的特性对混合料工作性的影响也比较大。这些特性包括级配、颗粒形状、表面状态及最大粒径等。级配好的集料空隙少，在相同水泥浆量的情况下，可以获得比级配差的集料更好的工作性。但在多灰混合料中，级配的影响将显著减少。集料级配中，$0.3 \sim 10 \ \text{mm}$ 中等颗粒的含量对混合料工作性的影响更为显著。如果中等颗粒含量过多，即粗集料偏细，细集料偏粗，那么将导致混合料粗涩、松散，工作性差；如果中等颗粒含量过少，会使混合料黏聚性变差并发生离析。集料的最大粒径越大，其表面积越小，获得相同坍落度的混合料所需的加水量越少，但不呈线性关系。例如有资料表明，集料的最大粒径每增加一级（如由 20 mm 增加到 40 mm），混合料的需水性可降低 $10 \sim 15$ kg/m³。普通砂浆的需水性一般为 $200 \sim 300$ kg/m³，而普通混凝土则为 $130 \sim 200$ kg/m³，后者的需水性小得多，其原因就在于集料体系的总表面积减少。扁平和针状的集料对混合料的流动性不利。卵石及河砂表面光滑而呈蛋圆形，因此使混合料的需水性减少，碎石和山砂表面粗糙且呈棱角形，增加了混合料的内摩擦阻力，提高了需水性。多孔集料由于表面多孔，增加了混合料的内摩擦阻力；另一方面由于吸水性大，因此需水性增加。例如，普通混凝土的需水性为 $130 \sim 200$ kg/m³，而炉渣混凝土则为 $200 \sim 300$ kg/m³，浮石混凝土则为 $300 \sim 400$ kg/m³。

③ 外加剂与掺合料对混凝土工作性影响：

采用级配好的集料、足够的水泥用量以及合理用水量的混凝土拌合物，具有良好的工作性，但是级配不良、颗粒形状不好的集料和水泥用量不足引起的贫混凝土工作性不好，掺加外加剂可以使工作性得到改善。

掺加引气剂或减水剂，可以增加混凝土的工作性，减少混凝土的离析和泌水，引气剂产生的大量的不连通的微细气泡，对新拌混凝土的工作性有良好的改善作用，可增加混凝土拌合物的黏性，减少泌水，减少离析并易于抹面。对于贫混凝土，用级配不良的集料或易于泌水的水泥拌制的混凝土，掺加引气剂则更为有利。例如，对于贫混凝土掺入外加剂不仅可以改善工作性，还可增加强度。矿渣水泥混凝土泌水严重，掺加引气剂后，混凝土拌合物的黏聚性得到改善，浇筑完毕的混凝土表面的泌水现象亦减少到最小。

掺加粉煤灰可以改善混凝土的工作性，粉煤灰的球形颗粒以及无论是采用超量取代还是等量取代都可使混凝土拌合物中胶凝材料浆体增加，使混凝土拌合物更具有黏性且易于捣实。

a. 环境条件的影响：引起混凝土拌合物工作性降低的环境因素主要有温度、湿度和风速。对于给定组成材料性质和配合比例的混凝土拌合物，其工作性的变化主要受水泥的水化率和水分的蒸发率影响。因此，混凝土拌合物从搅拌到捣实的这段时间里，温度的升高会加速水化率导致水蒸发量过大，从而导致拌合物坍落度的减小。混合料的工作性也受温度的影响。显然在温度高时，为了保持一定的工作性必须比冷天增加混合料加水量。同样，风速和湿度因素会影响拌合物水分的蒸发率，进而影响坍落度。对于不同环境条件，要保证拌合物具有一定的工作性，必须采用相应改善工作性的措施。

b. 时间的影响：混凝土拌合物在搅拌后，其坍落度随时间的增长而逐渐减小，称为坍落度损失。由于混合料流动性存在时间上的变化，因此浇筑时的工作性更具有实际意义，所以相应地将工作性测定时间推迟至搅拌完后 15 min 更为适宜。

拌合物坍落度损失的主要原因是由拌合物中自由水随时间而蒸发，集料的吸水和水泥早期水化损失造成的。混凝土拌合物工作性的损失率，受组成材料的性质（如水泥的水化和发热特性、外加剂的特性、集料的孔隙率等）以及环境因素的影响。

（2）拌合物的工作性的调整与选择

① 拌合物工作性的调整：

a. 当混凝土流动性小于设计要求时，为了保证混凝土的强度和耐久性，不能单独加水，必须保持水胶比不变，增加水泥浆用量。

b. 当坍落度大于设计要求时，可在保持砂率不变的前提下，增加砂石用量，实际上减少水泥浆数量，选择合理的浆集比。

c. 改善集料级配既可增加混凝土流动性，也能改善黏聚性和保水性。

d. 掺减水剂或引气剂是改善混凝土工作性的有效措施。

e. 尽可能选用最优砂率，当黏聚性不足时可适当增大砂率。

② 拌合物工作性的选择：

a. 应根据结构物的断面尺寸、钢筋配置以及机械类型与施工方法来选择。

b. 对断面尺寸较小、形状复杂或配筋很密的结构，则应选用较大的坍落度，易浇捣密实。反之，对无筋厚大结构、钢筋配置稀疏易于施工的结构，尽量选用较小的坍落度以节约水泥。

c. 当所采用的浇筑密实方法不同时，对拌合物流动性的要求也不同。例如，振动捣实对流动性的要求较人工捣实为低。在离心成型时，就要求拌合物具有一定的流动性，以使组分均匀。

d. 混凝土混合料的黏聚性是指混凝土抵抗分层离析的能力，黏聚性主要取决于它的细粒组分的相对含量。对于贫混凝土，要特别注意细集料和粗集料的比例，以求获得具有一定黏聚性的配合比。

e. 在选定流动性指标以后，根据需水性定则，选择单位体积混凝土的用水量，在集料级配良好的条件下，当集料最大粒径一定时，混凝土混合料的坍落度（流动性）取决于单位体积混凝土的用水量，而与水泥用量（在一定范围内）无关。

3.1.3.2 混凝土的力学性能

1）混凝土的强度及影响

（1）混凝土的强度

强度是混凝土最重要的力学性质，因为混凝土结构物主要用以承受荷载或抵抗各种作用力。虽然在实际工程中还可能要求混凝土同时具有其他性能，如抗渗性、抗冻性等，甚至这些性能可能更为重要，但是这些性能与混凝土强度之间往往存在着密切关系。一般来说，混凝土的强度越高，其刚性、不透水性、抵抗风化和某些侵蚀介质的能力也越高；另一方面，混凝土强度越高，干缩也较大，同时较脆、易裂。混凝土的强度包括抗压、抗拉、抗弯、抗剪以及钢筋握裹强度等，其中抗压强度值最大，而且混凝土的抗压强度与其他强度间也有一定的相关性，可以根据抗压强度的大小来估计其他强度值。混凝土主要承受压力，因此，混凝土的抗压强度是最重要的一项性能指标。

按照国家标准《普通混凝土力学性能试验方法标准》（GB/T 50081—2002）规定，水泥混凝土抗压强度是按标准方法制作的 150 mm × 150 mm × 150 mm 立方体试件，在标准条件下（温度 20℃ ±2℃，相对湿度 95% 以上）养护 28 d，测得的抗压强度值为混凝土立方体试

件抗压强度(简称立方体抗压强度),以 f_{cu}(MPa)表示:

$$f_{cu} = \frac{F}{A} \tag{3-3}$$

式中 f_{cu}——立方体抗压强度,MPa;

  F——极限荷载,N;

  A——受压面积,mm²。

以 3 个试件测值的算术平均值作为测定值。如任一个测定值与中值的差超过中值的 15% 时,则取中值为测定值;如有两个测值的差值均超过中值的 15%,则该组试验结果无效。试验结果计算至 0.1 MPa。

混凝土抗压强度以 150 mm × 150 mm × 150 mm 的方块为标准试件,其他尺寸试件抗压强度换算系数见表 3-8,并应在报告中注明。混凝土强度等级 ≥ C60 时,宜采用标准试件;使用非标准试件时,换算系数应由试验确定。

表 3-8 抗压强度换算系数表

试件尺寸(mm)	换算系数 k	集料最大粒径(mm)
100 × 100 × 100	0.95	30
150 × 150 × 150	1.00	40
200 × 200 × 200	1.05	60

按照国家标准《混凝土结构设计规范》(GB 50010—2010),混凝土立方体抗压强度应按立方体抗压强度标准值来划分。立方体抗压强度标准值是指按标准方法制作和养护的边长为 150 mm 的立方体试件,在 28 d 龄期用标准试验方法测得的具有 95% 保证率的抗压强度,以 f_{cu},k 表示。混凝土强度等级用符号"C"和"立方体抗压强度标准值"表示,例如"C40",表示混凝土立方体抗压强度标准值 f_{cu},k 为 40 MPa,其含义是按标准试验方法测得的混凝土立方体抗压强度的总体分布中大于等于 40 MPa 的概率不低于 95%,或强度低于 40 MPa 的概率不大于 5%。普通混凝土划分为 14 个强度等级:C15、C20、C25、C30、C35、C40、C45、C50、C55、C60、C65、C70、C75 和 C80。混凝土强度等级是混凝土结构设计、施工质量控制和工程验收的重要依据。

素混凝土结构的混凝土强度等级不应低于 C15;钢筋混凝土结构的混凝土强度等级不应低于 C20;当采用强度等级 400 MPa 及以上的钢筋时,混凝土强度等级不得低于 C25。承受重复荷载的钢筋混凝土构件混凝土强度等级不应低于 C30。预应力混凝土结构的混凝土强度等级不宜低于 C30,当采用钢绞线、钢丝、热处理钢筋作预应力筋时,混凝土强度等级不宜低于 C40。

① 混凝土的轴心抗压和抗拉强度:

a. 轴心抗压强度:为符合工程实际,在结构设计中混凝土受压构件的计算采用混凝土的轴心抗压强度作为评定强度等级的一个指标,但不能直接作为结构设计的依据。轴心抗压强度的测定采用 150 mm × 150 mm × 300 mm 棱柱体作为标准试件,在标准养护条件下,养护至规定龄期。以立方抗压强度试验相同的加荷速度,均匀而连续地加荷,当试件接近破坏而开始迅速变形时,应停止调整试验机油门,直至试件破坏,记录最大荷载。轴心抗压强度设计值以f_c表示，轴心抗压强度标准值以f_{ck}表示。

$$f_{ck} = \frac{F}{A} \qquad (3\text{-}4)$$

式中　f_{ck}——混凝土轴心抗压强度，MPa；

　　　F——极限荷载，N；

　　　A——受压面积，mm^2。

取 3 个试件试验结果的算术平均值作为该组混凝土轴心抗压强度。如任一个测定值与中值的差超过中值的 15% 时，则取中值为测定值；如有 2 个测定值与中值的差值均超过上述规定时，则该组试验结果无效，结果计算至 0.1MPa。采用非标准尺寸试件测得的轴心抗压强度，应乘以尺寸系数，对 200 mm × 200 mm 截面试件为 1.05，对 100 mm × 100 mm 截面试件为 0.95。试验表明，轴心抗压强度f_c比同截面的立方体强度值f_{cu}小，棱柱体试件高宽比 h/a 越大，轴心抗压强度越小，但当 h/a 达到一定值后，强度就不再降低。但是过高的试件在破坏前由于失稳产生较大的附加偏心，会降低其抗压的试验强度值。试验表明，在立方体抗压强度$f_{cu} = 10 \sim 55$ MPa 时，轴心抗压强度与立方体抗压强度之比为 0.70 ~ 0.80。

b. 轴心抗拉强度：混凝土是一种脆性材料，受拉时很小的变形就会导致开裂。混凝土的抗拉强度只有抗压强度的 1/20 ~ 1/10，且随着混凝土强度等级的提高，比值降低。混凝土在工作时一般不依靠其抗拉强度，但抗拉强度对于抗开裂性有重要意义，在结构设计中抗拉强度是确定混凝土抗裂能力的重要指标。有时也用它来间接衡量混凝土与钢筋的黏结强度等。

混凝土抗拉强度采用立方体劈裂抗拉试验来测定，称为劈裂抗拉强度f_{ts}。该方法的原理是在试件的两个相对表面的中线上，作用着均匀分布的压力，这样就能够在外力作用的竖向平面内产生均布拉伸应力，混凝土劈裂抗拉强度计算：

$$f_{ts} = \frac{2F}{\pi A} = 0637 \frac{F}{A} \qquad (3\text{-}5)$$

式中　f_{ts}——混凝土劈裂抗拉强度，MPa；

　　　F——破坏荷载，N；

　　　A——试件劈裂面面积，mm^2。

混凝土轴心抗拉强度可按劈裂抗拉强度f_{ts}换算得到，换算系数可由试验确定。

还需注意的是，相同强度等级的混凝土轴心抗压强度设计值f_c、轴心抗拉强度设计值f_t低于混凝土轴心抗压强度标准值f_{ck}、轴心抗拉强度标准值f_{tk}。

②混凝土的抗折强度

水泥混凝土抗折强度是水泥混凝土路面设计的重要参数。在水泥混凝土路面施工时，为了保证施工质量，也必须按规定测定抗折强度。

根据《普通混凝土力学性能试验方法标准》（GB/T 50081—2002）规定，试验机应能施加均匀、连续、速度可控的荷载，并带有能使两个相等荷载同时作用在试件跨度三分点处的抗折试验装置。

当试件尺寸为非标准试件时，应乘以尺寸换算系数 0.85。当混凝土强度等级 ≥ C60

时，宜采用标准试件；使用非标准试件时，尺寸换算系数应由试验确定。

试件在标准条件下，经养护 28 d 后，在净跨 450 mm、双支点荷载作用下按三分点加荷方式测定其抗折强度 f_{tf}，即

$$f_{tf} = \frac{FL}{bh_2} \tag{3-6}$$

式中 f_{tf}——混凝土的抗折强度，MPa；

  F——极限荷载，N；

  L——支座间距离，$L = 450$ mm；

  b——试件宽度，mm；

  h——试件高度，mm。

抗折强度测定值的计算及异常数据的取舍原则，与混凝土抗压强度测定值的取舍原则相同。如断面位于加荷点外侧，则该试件结果无效；如有两根试件结果无效，则该组结果作废。

（2）水泥混凝土强度早期推定

我国现行交通行业标准《公路工程水泥及水泥混凝土试验规程》（JTG E30—2005）规定可根据 1 h 促凝压蒸法，推定标准养护 28 d 龄期的混凝土抗压和抗折强度。测定压蒸试件的快硬强度可以按同样的方法测定和计算压蒸试件的快硬抗压和抗折强度。根据压蒸试件的快硬抗折和抗压强度，采用下列事先建立的强度关系式，分别推算标准养护 28 d 龄期混凝土的抗压与抗折强度的推定值。

$$f_{28} = a_1 + b_1 f_1 h \tag{3-7}$$
$$f_{b28} = a_2 + b_2 f_1 h$$

式中 f_{28}，f_{b28}——标准养护 28 d 混凝土试件抗压强度和抗折强度推定值，MPa；

  $f_1 h$——压蒸快硬混凝土试件抗压强度测定值，MPa；

  a_1，b_1，a_2，b_2——通过试验求系数（与混凝土组成材料性质和压蒸养护方法有关）。

用该试验推定混凝土标准养护 28 d 龄期的抗压与抗折强度，应事先建立同材料、同压蒸方法的混凝土强度推定公式，并经现场试用验证，证明其推定精度满足使用要求后，方可正式采用。

（3）影响混凝土强度的因素

混凝土的破坏有 3 种情形：一是集料破坏，多见于高强混凝土；二是水泥石破坏；三是集料与水泥石的黏结界面破坏，这是最常见的破坏形式。所以混凝土强度主要决定于水泥石强度及其与集料的黏结强度，而水泥石强度及其集料的黏结强度又与材料组成、水胶比、集料特性与水泥浆用量等有密切关系。此外，还受到施工质量、养护条件及龄期的影响。

①材料组成：混凝土的材料组成，即水泥、水、砂、石、掺合料及外加剂，是决定混凝土强度形成的内因，其质量及配合比对强度起着主要作用。

②水胶比：水泥混凝土的强度与起胶结作用的水泥石的质量密切相关，水泥石的质量则取决于水泥的特性和水胶比。水泥是混凝土中起胶结作用的组分，混凝土配合比一定，水泥强度越高，则配制的混凝土强度越高。

水泥品种及强度等级相同时，混凝土的强度主要取决于水胶比。因为水泥水化时所需的结合水，一般只占水泥质量的23%左右，但混凝土拌合物为了获得必要的流动性，常需用较多的水（占水泥质量的40%~70%），即采用较大的水胶比，当混凝土硬化后，多余的水分就残留在混凝土中形成水泡或蒸发后形成毛细孔通道，不仅提高了混凝土孔隙率，减少了混凝土抵抗荷载的有效断面，而且可能在孔隙周围产生应力集中。因此，在水泥强度等级相同的情况下，水胶比越小，水泥石的强度越高，与集料黏结力越大，混凝土的强度越高。但是，如果水胶比太小，拌合物过于干硬，在一定的捣实成型条件下，混凝土拌合物中将可能出现蜂窝孔洞，导致混凝土的强度下降。

根据各国大量工程实践及我国大量的试验资料统计结果，提出水胶比、水泥实际强度与混凝土28 d立方体抗压强度的关系式：

$$f_{cu,28} = \alpha_a f_b \left(\frac{B}{W} - \alpha_b \right) \tag{3-8}$$

式中　$f_{cu,28}$——混凝土28 d龄期的立方体抗压强度，MPa；

f_b——胶凝材料28 d胶砂抗压强度，可实测，且试验方法应按现行国家标准《水泥胶砂强度检验方法（ISO法）》（GB/T 17671—1999）执行，MPa；

B/W——胶水比，为水胶比的倒数；

α_a、α_b——回归系数，取决于卵石或碎石集料情况。

根据《普通混凝土配合比设计规程》（JGJ 55—2011）提供的α_a、α_b系数为：采用碎石$\alpha_a = 0.53$，$\alpha_b = 0.20$；采用卵石$\alpha_a = 0.49$，$\alpha_b = 0.13$。利用混凝土强度公式，可以根据所采用的水泥强度等级及水胶比来估计所配制的混凝土的强度，也可以根据水泥强度等级和要求的混凝土强度等级来计算应采用的水胶比。

上述经验公式一般只适用于流动性混凝土及低流动性混凝土，对于干硬性混凝土则不适用。对低流动性混凝土，也只是在原材料、工艺措施相同的条件下，α_a、α_b才可看作常数。如果原材料或工艺条件改变，则α_a、α_b也随之改变。因此实际工程应用时应结合工地的具体条件进行不同水胶比的混凝土强度试验，求出符合当地条件的α_a、α_b值，这样既能保证混凝土的质量，又能取得较好的经济效果。

③集料特性与水泥浆用量：

a. 集料强度、粒形及粒径对混凝土强度的影响：

i. 集料的强度不同，混凝土的破坏形态有所差别。如集料强度大于水泥石强度，则混凝土强度主要由界面强度及水泥石强度控制；如集料强度低于水泥石强度，则较低的集料强度会使混凝土强度降低。集料强度也不是越高越好，对于中低等级混凝土，过强过硬的集料可能在环境温度或湿度变化时，因集料与水泥石弹性模量、线膨胀系数等差异较大而使混凝土内部产生较大的应力而开裂，对混凝土的强度和耐久性不利。

ii. 集料粒形以接近球形或立方体为好，若使用扁平或细长颗粒，一方面影响混凝土混合料的流动性，对泵送施工带来不利影响，同时对硬化混凝土受力产生不利影响，增加了混凝土的薄弱环节，提高了混凝土的空隙率，导致混凝土强度降低。

iii. 适当采用较大粒径的集料，对混凝土强度有利。但过大的集料颗粒减少了其比表面积，使黏结强度下降，混凝土强度降低；过大的集料颗粒对限制水泥石收缩而产生的应力也较大，从而使水泥开裂或使水泥石与集料界面产生微裂缝。集料最大粒径必须满足混凝土泵送及浇注施工时相关规范的规定。

b. 水泥浆用量：水泥浆用量由强度、耐久性、工作性、成本几方面因素确定，选择时需兼顾。水泥浆用量不够时，水泥浆润滑不够，将会导致混凝土流动性降低、黏聚性变差、易离析，混凝土难以密实成型，硬化后混凝土强度低、耐久性差；若水泥浆用量过多，不仅混凝土硬化后收缩增大、裂缝增多，使混凝土强度和耐久性降低，也增加了混凝土的成本。

④ 养护条件：为了获得质量良好的混凝土，成型后必须在适宜的环境中进行养护。养护的目的是为了保证水泥水化过程的正常进行，它包括控制养护环境的温度与湿度。

a. 周围环境的温度：对水泥水化反应进行的速度有显著的影响，其影响的程度随水泥品种、混凝土配合比等条件而异。通常养护温度高，可以增大水泥早期的水化速度，混凝土的早期强度也高。但早期养护温度越高，混凝土后期强度的增进率越小。有研究表明，养护温度在 4 ~ 23 ℃ 的混凝土后期强度都较养护温度在 32 ~ 49 ℃ 的高。这是由于急速的早期水化，将导致水泥水化产物分布不均匀和包裹水泥颗粒周围，妨碍水化反应的持续进行，从而降低整体强度。在养护温度较低的情况下，由于水化缓慢，具有充分的扩散时间，从而使水化产物能在水泥石中均匀分布，使混凝土后期强度提高。一般来说，夏天浇筑的混凝土要较同样的混凝土在秋冬季浇筑的后期强度为低。但温度降至冰点以下，水泥水化反应停止进行，混凝土的强度停止发展，并因冰冻的破坏作用使已获得的混凝土微结构造成损伤，引起强度降低。

b. 湿度对水化反应的影响：湿度充分水泥水化便能顺利进行，混凝土强度能正常发展；如果环境湿度不够或混凝土保湿不充分，混凝土内部的水分就会逸出，水泥水化反应不能正常进行，严重时甚至使水化停止，这不仅严重降低混凝土强度，而且水分逸出时在混凝土内部形成大量毛细孔道，可能引起干缩裂缝，大大降低混凝土的抗渗性，影响混凝土的耐久性。因此应当根据水泥品种在浇灌混凝土以后，维持一段时间的湿保养护，才能保证水泥的正常水化，混凝土的强度才能正常发展。

⑤ 龄期：混凝土在正常养护条件下（保持适宜的环境温度与湿度），其强度将随龄期的增加而增长。一般初期增长比例较为显著，28 d 后增长开始变缓，但其强度仍随龄期增加在较长时间内保持增长，特别是掺加粉煤灰等掺合料的混凝土，后期强度增加较多。

为便于混凝土配合比设计和及时为施工单位提供指导，可根据混凝土早期强度推算后期强度，这对混凝土工程的拆模或预计承载应力也有重要意义，目前常采用单一龄期强度推算法进行推算。根据混凝土早期强度（$f_{c,a}$），假定混凝土强度随龄期按对数规律推算后期强度（$f_{c,n}$）：

$$\frac{f_{c,n}}{\lg_n} = \frac{f_{c,a}}{\lg_a} \tag{3-8}$$

式中　$f_{c,a}$——a 天龄期的混凝土抗压强度，MPa；

　　　$f_{c,n}$——n 天龄期的混凝土抗压强度，MPa。

可以利用混凝土的早期强度根据上式估算混凝土 28 d 的强度。因影响混凝土强度的因素很多，上式只适用于普通硅酸盐水泥（R 型水泥除外）。

关于混凝土强度的预测问题是混凝土工程中重要的研究课题，国内外很多学者曾进行过大量的研究，但由于影响因素较为复杂，并未得到准确的推算方法。目前多根据各地区积累的经验数据进行推算。

⑥ 试验条件和施工质量：材料组成相同，制备和养护条件完全一致的混凝土试件，其强度测试结果的大小还与试验条件有关。这些条件主要有：试件表面平整度，试件形状与尺寸，试件湿度，加载速度，支承条件及加载方式等。实际工程中，施工质量对混凝土的强度有一定的影响。施工质量包括配料的准确性、搅拌的均匀性、振捣效果等。

2）提高混凝土强度的措施

① 采用高强度水泥和特种水泥：为了提高混凝土强度，可采用高强度等级水泥，对于抢修工程、桥梁拼装接头、严寒的冬季施工以及其他要求早强的结构物，则可采用特种水泥配制的混凝土。

② 采用低水胶比和低浆集比：采用低的水胶比，可以减少混凝土中的游离水，从而减少混凝土中的空隙，改善混凝土的密实度和强度。另外适当降低浆集比，减薄水泥浆层的厚度，充分发挥集料的骨架作用，对抑制混凝土收缩、提高强度、改善混凝土耐久性也有一定帮助。

③ 掺加外加剂：在混凝土中掺加外加剂，可改善混凝土的技术性质。掺早强剂，可提高混凝土的早期强度；掺加减水剂，在流动性不变的条件下，可以较低水胶比振捣密实，从而提高混凝土的强度。

④ 采用湿热处理方法：包括蒸汽养护和蒸压养护。蒸汽养护是指浇筑好的混凝土构件经预养后，在90%以上的相对湿度、60 ℃以上的温度的饱和水蒸气中进行养护，以加速混凝土强度的发展。普通混凝土经过蒸汽养护后，其早期强度提高很快，一般经过24 h的蒸汽养护，混凝土的强度能达到设计强度的70%，但对后期强度增长有影响，所以普通水泥混凝土养护温度不宜太高，时间不宜太长，一般养护温度为60～80 ℃，恒温养护时间以5～8 h为宜。用火山灰水泥和矿渣水泥配制的混凝土，蒸汽养护的效果比普通水泥混凝土好。蒸压养护是将浇筑成型的混凝土构件静置8～10 h，放入蒸压釜内，通入高压（≥8个大气压）、高温（≥175 ℃）饱和蒸汽进行养护。在高温、高压的蒸汽养护下，水泥水化时析出的氢氧化钙不仅能充分与活性氧化硅结合，而且也能与结晶状态的氧化硅结合生成含水硅酸盐结晶，从而加速水泥的水化和硬化，提高混凝土的强度。此法比蒸汽养护的混凝土质量好，特别是对采用掺活性混合材料的水泥配制的混凝土及掺有磨细石英砂等非活性混合材料的硅酸盐水泥更为有效。

⑤ 采用机械拌和与振捣：混凝土拌合物在强力拌和与振捣的作用下，水泥浆的凝聚结构暂时受到破坏，降低了水泥浆的黏度和集料间的摩阻力，使拌合物更好地充满模型并均匀密实，从而使混凝土强度提高。

3.1.3.3 混凝土的变形

混凝土的变形包括非荷载作用下的变形和荷载作用下的变形。非荷载下的变形，分为混凝土的化学减缩、干湿变形及温度变形；荷载作用下的变形，分为短期荷载作用下的变形及长期荷载作用下的变形。

（1）非荷载作用下的变形

① 化学收缩（自生体积变形）：在混凝土硬化过程中，由于水泥水化物的固体体积比反应前物质的总体积小，从而引起混凝土的体积减小，称为化学收缩。化学收缩是伴随着水泥水化而进行的，一般在混凝土成型后 40 d 内化学收缩增长较快，以后就渐趋稳定。化学收缩是不能恢复的，收缩值较小，对混凝土结构没有破坏作用，但在混凝土内部可能产生原生的微细裂缝而影响承载状态及耐久性。

② 干湿变形（物理收缩）：干湿变形是指由于混凝土周围环境湿度的变化，引起混凝土的干湿变形，表现为"干缩湿胀"。混凝土湿胀产生的原因是：混凝土吸水后使水泥凝胶体粒子吸附水膜增厚，胶体粒子间的距离增大。混凝土干缩产生的原因是：混凝土在干燥过程中，毛细孔水分蒸发，使毛细孔中形成负压，产生收缩力，导致混凝土收缩；当毛细孔中的水蒸发完后，如继续干燥，则凝胶体颗粒间吸附水也发生部分蒸发，缩小凝胶体颗粒间距离，甚至产生新的化学结合而收缩。因此，干缩的混凝土再次吸水时，干缩变形一部分可恢复，也有一部分（30%~60%）不能恢复。混凝土干缩变形的大小用干缩率表示，它反映混凝土的相对干缩性，其值一般为 3×10^{-4}~5×10^{-4}。在一般工程设计中，混凝土干缩值通常取 1.5×10^{-4}~2×10^{-4}。即每米混凝土收缩 0.15~0.2 mm。

湿胀变形量很小，对混凝土性能基本上无影响。但干缩变形对混凝土危害较大，干缩能使混凝土表面产生较大的拉应力而导致开裂，降低混凝土的抗渗、抗冻、抗侵蚀等耐久性能。

干湿变形的影响因素有：

a. 水泥的用量、细度及品种：水胶比不变，水泥用量越多，干缩率越大；水泥颗粒越细，干缩率越大。水泥品种不同，混凝土的干缩率也不同。如使用火山灰水泥干缩最大，使用矿渣水泥比使用普通水泥的收缩大。

b. 水胶比：水泥用量不变，水胶比越大，干缩率越大。用水量越多，硬化后形成的毛细孔越多，其干缩也越大。水泥用量越多，混凝土中凝胶体越多，收缩量也较大，而且水泥用量多会使用水量增加，从而导致干缩偏大。

c. 集料：集料含量多的混凝土，干缩率较小。集料的弹性模量越高，混凝土的收缩越小，轻集料混凝土的收缩比普通混凝土大得多。

d. 施工质量：延长养护时间能推迟干缩变形的发生和发展；采用湿热法处理养护，可有效减小混凝土的干缩率。

③ 温度变形：混凝土与其他材料一样，也具有热胀冷缩的性质。温度变形是指混凝土随着温度的变化而产生热胀冷缩变形。混凝土的温度变形系数 α 为 1×10^{-5}~1.5×10^{-5}，即温度每升高 1 ℃，每 1 m 混凝土胀缩 0.01~0.015 mm。因此，大体积混凝土工程施工时，为防止开裂必须尽量设法减少水泥混凝土的发热量、降低混凝土内外温差，如采用低热水泥、减少水泥用量、掺加掺合料及缓凝剂、采用冰屑部分取代拌和用水、埋设冷却水管、原材料降温、表面覆盖保温以及在混凝土结构内配置温度钢筋等措施。对于超长的钢筋混凝土结构物，为防止在使用过程中由于温度变形带来的危害，应采取每隔一段长度设置伸缩缝以及设置温度钢筋等措施。

（2）荷载作用下的变形

① 混凝土在短期作用下的变形：混凝土是一种由水泥石、砂、石、游离水、气泡等组成的非匀质的多组分三相复合材料，为弹塑性体。受力时既产生弹性变形，又产生塑性变形，其应力—应变关系呈曲线。卸荷后能恢复的应变 ε 弹是由混凝土的弹性应变引起的，剩余的不能恢复的应变 ε 塑是由混凝土的塑性应变引起的。混凝土的变形模量是在应力—应变曲线上任一点的应力 σ 与其应变 ε 的比值，称为混凝土在该应力下的变形模量。影响混凝土变形模量的主要因素有混凝土的强度、集料的含量及其弹性模量、含气量以及养护条件等。

混凝土的变形模量与弹性材料不同，混凝土受压应力—应变关系是一条曲线，在不同的应力阶段，应力与应变之比的变形模量是一个变数。混凝土的变形模量有如下三种表示方法。即：混凝土的初始切线单性模量；b. 混凝土割线弹性模量和 c. 混凝土切线弹性模量。

② 混凝土在长期荷载作用下的变形——徐变：混凝土在持续荷载作用下，除产生瞬间的弹性变形和塑性变形外，还会沿作用力方向产生随时间增长的变形，称为徐变，如图 3-1 所示。

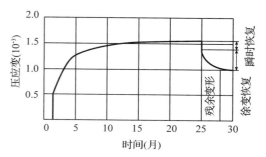

图 3-1　混凝土在长期荷载作用下的
变形——徐变

a. 徐变的特点：在加荷瞬间产生瞬时变形，随着时间的延长，又产生徐变变形。荷载初期，徐变变形增长较快，以后逐渐变慢并稳定下来。卸荷后，一部分变形瞬时恢复，其值小于在加荷瞬间产生的瞬时变形。在卸荷后的一段时间内变形还会继续恢复，称为徐变恢复。最后残存的不能恢复的变形，称为残余变形。

b. 徐变对结构物的影响：有利的影响是可消除钢筋混凝土内的应力集中，使应力重新分配，从而使混凝土构件中局部应力得到缓和，对大体积混凝土则能消除一部分由于温度变形所产生的破坏应力；其不利影响是徐变使钢筋的预应力受到损失（预应力减小），使构件刚度降低。

c. 影响徐变的因素：混凝土的徐变是由于在长期荷载作用下，水泥石中的凝胶体产生黏性流动，向毛细孔内迁移所致。影响混凝土徐变的因素有水胶比、水泥用量、集料种类、应力等。混凝土内毛细孔数量越多，徐变越大；加荷时混凝土的龄期越长，徐变越小；水泥用量和水胶比越小，徐变越小；所用集料弹性模量越大，徐变越小；所受应力越大，徐变越大。受荷前养护的温湿度越高，水泥水化作用越充分，徐变就越小。采用蒸汽养护可使徐变减少 20%～35%。

3.1.3.4　混凝土的耐久性

混凝土耐久性指的是混凝土抵抗环境介质作用并长期保持其良好的使用性能和外观完整性，从而维持混凝土结构的安全、正常使用的能力。混凝土工程多数是永久性的，因此必须研究在环境介质的作用下，保持其使用性能和外观完整性的能力，即研究混凝土耐久性的问题。

混凝土长期处在各种环境介质中，往往会造成不同程度的损害，甚至完全破坏。造成损害和破坏的原因有外部环境条件引起的，也有混凝土内部的缺陷及组成材料的特性引起的。前者如气候、极端温度、磨蚀、天然或工业液体或气体的侵蚀等；后者如碱—集料反应、混凝土的渗透性、集料和水泥石热性能不同引起的热应力等。

（1）混凝土的抗冻性

国家标准《普通混凝土长期性能和耐久性能试验方法标准》（GB/T 50082—2009）采用 3 种混凝土抗冻性能试验方法：慢冻法、快冻法和单面冻融法（盐冻法）。慢冻法所测定的抗冻标号是我国一直沿用的抗冻性能指标，目前在建工、水工碾压混凝土以及抗冻性要求较低的工程中还在广泛使用。近年来有以快冻法检验抗冻耐久性指标来替代的趋势，但是这个替代并不会很快实现。慢冻法采用的试验条件是气冻水融法，该条件对于并非长期与水接触或者不是直接浸泡在水中的工程，如对抗冻要求不太高的工业和民用建筑，以气冻水融"慢冻法"的试验方法为基础的抗冻标号测定法，仍然有其优点，其试验条件与该类工程的实际使用条件比较相符。

影响混凝土抗冻性的主要因素：

① 水胶比或孔隙率：水胶比大，则孔隙率大，导致吸水率增大，冰冻破坏严重，抗冻性差。

② 孔隙特征：连通毛细孔易吸水饱和，冻害严重。若为独立的封闭孔，则不易吸水，冻害就小。故加入引气剂能提高抗冻性。若为粗大孔洞，则混凝土一离开水面水就流失，冻害就小。故无砂大孔混凝土的抗冻性较好。

③ 吸水饱和程度：若混凝土的孔隙非完全吸水饱和，冰冻过程产生的压力促使水分向孔隙处迁移，从而降低冰冻膨胀应力，对混凝土破坏作用就小。

④ 混凝土的自身强度：在相同的冰冻破坏应力作用下，混凝土强度越高，冻害程度也就越低。此外还与降温速度和冰冻温度有关。

要提高混凝土抗冻性，关键是改善混凝土的密实性，即降低水胶比；加强施工养护，提高混凝土的强度和改善混凝土的密实性，同时也可掺入引气剂等改善孔结构。

（2）混凝土的抗渗性

混凝土本质上是一种多孔性材料，混凝土的抗渗性主要与其密度及内部孔隙的大小和构造有关。混凝土内部的互相连通的孔隙和毛细管通路，以及由于在混凝土施工成型时，振捣不实产生的蜂窝、孔洞都会造成混凝土渗水。

混凝土的抗渗性采用国家标准《普通混凝土长期性能和耐久性能试验方法标准》（GB/T 50082—2009）中抗水渗透试验，一种方法为渗水高度法，用于以测定硬化混凝土在恒定水压力下的平均渗水高度来表示混凝土抗水渗透性能；另一种方法为通过逐级施加水压力来测定以抗渗等级来表示的混凝土的抗水渗透性能。根据混凝土抗渗性的试验方法和混凝土的毛细孔结构特性，可知抗渗性是指混凝土抵抗水压力和毛细孔压力共同作用下渗透的性能。

影响混凝土抗渗性的主要因素：

① 水胶比和水泥用量：是影响混凝土抗渗透性能的最主要指标。水胶比越大，多余水

分蒸发后留下的毛细孔道就多，亦即孔隙率大，又多为连通孔隙，故混凝土抵抗水压力渗透性越差。特别是当水胶比大于 0.6 时，抵抗水压力渗透性急剧下降。因此，为了保证混凝土的耐久性，对水胶比必须加以适当限制。为保证混凝土耐久性，水泥用量的多少在某种程度上可由水胶比表示。因为混凝土达到一定流动性的用水量基本一定，水泥用量少，亦即水胶比大。

②集料含泥量：集料含泥量和数量高，则总表面积增大，混凝土达到同样流动性所需用水量增加，毛细孔道增多；同时含泥量大的集料界面黏结强度低，也将降低混凝土的抗渗性能。集料级配差则集料空隙率大，填满空隙所需水泥浆增大，同样导致毛细孔增加，影响抗渗性能。如水泥浆不能完全填满集料空隙，则抗渗性能更差。

③施工质量和养护条件：是混凝土抗渗性能的重要保证。如果振捣不密实，留下蜂窝、空洞，抗渗性就严重下降；如果温度过低产生冻害，或温度过高产生温度裂缝，抗渗性能严重降低；如果浇水养护不足，混凝土产生干缩裂缝，也严重降低混凝土抗渗性能。

此外，水泥的品种、混凝土拌合物的保水性和黏聚性等，对混凝土抗渗性能也有显著影响。提高混凝土抗渗性的措施，除了对上述相关因素加以严格控制和合理选择外，可通过掺入引气剂或引气减水剂提高抗渗性。其主要作用机理是引入微细闭气孔、阻断连通毛细孔道，同时降低用水量或水胶比。

（3）混凝土的碳化

混凝土碳化是指混凝土内水化产物 $Ca(OH)_2$ 与空气中的 CO_2 在一定湿度条件下发生化学反应，产生 $CaCO_3$ 和水的过程。碳化使混凝土的碱度下降，故也称混凝土中性化。碳化过程是二氧化碳由表及里向混凝土内部逐渐扩散的过程。因此，气体扩散规律决定了碳化速度的快慢。研究表明，碳化深度 (X) 与碳化时间 (t) 和 CO_2 浓度 (m) 的平方根成正比：

$$X = K\sqrt{m}\cdot\sqrt{t} \tag{3-9}$$

因为大气中 CO_2 浓度基本相同，因此上式变为：

$$X = K\sqrt{t} \tag{3-10}$$

式中　X——碳化深度，mm；

t——碳化时间，d；

K——碳化速度系数。

系数 K 与混凝土的原材料、孔隙率和孔隙构造、D_{max}（最大粒径）浓度、温度、湿度等条件有关。在外部条件（CO_2 浓度、温度、湿度）一定的情况下，它反映混凝土抗碳化能力的强弱。K 值越大，混凝土碳化速度越快，抗碳化能力越差。

碳化引起水泥石化学组成及组织结构的变化，从而对混凝土的化学性能和物理力学性能有明显的影响，主要是对碱度、强度和收缩的影响。碳化作用对混凝土的负面影响主要有两方面：一是碳化作用使混凝土的收缩增大，导致混凝土表面产生拉应力，从而降低混凝土的抗拉和抗折强度，严重时直接导致混凝土开裂，使得其他腐蚀介质更易进入混凝土内部，加速碳化作用，降低耐久性；二是碳化作用使混凝土的碱度降低，失去混凝土强碱环境对钢筋的保护作用，导致钢筋锈蚀膨胀，进一步加速碳化和腐蚀，严重影响钢筋混凝土结构的力学性能和耐久性能。同时，碳化作用生成的 $CaCO_3$ 能填充混凝土中的孔隙，使密实度提高；碳化作用释放出的水分有利于促进未水化水泥颗粒的进一步水化，能提高混凝土的抗压强度。但对混凝土结构工程而言，碳化作用造成的危害远远大于其对抗压强度提高的贡献。

影响混凝土碳化速度的主要因素：

① 混凝土的水胶比：水胶比大小主要影响混凝土孔隙率和密实度。因此水胶比大，混凝土的碳化速度就快。这是影响混凝土碳化速度的最主要因素。

② 水泥品种和用量：普通水泥水化产物中 $Ca(OH)_2$ 含量高，碳化同样深度所消耗的 CO_2 量要求多，相当于碳化速度减慢。而矿渣水泥、火山灰水泥、粉煤灰水泥、复合水泥以及高掺量混合材配制的混凝土，$Ca(OH)_2$ 含量低，故碳化速度相对较快。水泥用量大，碳化速度慢。

③ 施工工艺及养护条件：搅拌均匀、振捣成型密实、养护良好的混凝土碳化速度较慢。蒸汽养护的混凝土碳化速度相对较快。

④ 环境条件：空气中 CO_2 的浓度大，碳化速度加快。当空气相对湿度为 50%～75%时，碳化速度最快。当相对湿度小于 20%时，由于缺少水环境，碳化终止；相对湿度达 100%或水中混凝土，由于 CO_2 不易进入混凝土孔隙内，碳化也将停止。

从前述影响混凝土碳化速度的因素分析可知，提高混凝土抗碳化性能的关键是提高混凝土的密实性，改善孔结构以阻止 CO_2 向混凝土内部渗透。绝对密实的混凝土碳化作用也就自然停止。因此，提高混凝土碳化性能的主要措施为：根据环境条件合理选择水泥品种；水泥水化充分，改善密实度；加强施工养护，保证混凝土均匀密实；用减水剂、引气剂等外加剂控制水胶比或改善孔结构；必要时还可以采用表面涂刷石灰水等措施加以保护。

（4）混凝土的耐磨性

耐磨性是路面、机场跑道和桥梁混凝土的重要性能指标。作为高等级路面的水泥混凝土，必须具有较高的耐磨性能。桥墩、溢洪道表面、管渠、河坝等均要求混凝土具有较好的抗冲刷性能。根据现行标准《公路工程水泥及水泥混凝土试验规程》（JTG E 30—2005），混凝土的耐磨性采用 150 mm × 150 mm × 150 mm 的立方体试块，标准养护至 27 d，擦干表面水自然干燥 12 h，之后在 60℃ ±5℃条件下烘干至恒重。然后在带有花轮磨头的混凝土磨耗试验机上，外加 200 N 负荷磨削 30 转，然后取下试件刷净粉尘称重，记下相应质量 m_1，该质量作为试件的初始质量。然后在 200 N 负荷磨削 60 转，取下试件刷净粉尘称重，记下相应质量 m_2。计算磨损量：

$$G_c = \frac{m_1 - m_2}{0.012\ 5} \tag{3-11}$$

式中　G_c——单位面积磨损量，kg/m^2；

　　　m_1——试件的初始质量，kg；

　　　m_2——试件磨损后的质量，kg；

　　　0.012 5——试件磨损面积，m^2。

以 3 个试件磨损量的算术平均值作为试验结果，结果计算精确至 0.001 kg/m^2，当其中一个试件磨损量超过平均值 15%时，应予以剔除，取余下两个试件结果的平均值作为试验结果，如两个磨损量均超过平均值 15%时，应重新试验。

(5)混凝土的化学侵蚀

混凝土的抗侵蚀性与所用水泥的品种、混凝土的密实程度和孔隙特征有关。密实和具有独立封闭孔隙的混凝土，环境水不易侵入，其抗侵蚀性较强。所以，提高混凝土抗侵蚀性的措施主要是合理选择水泥品种、降低水胶比、提高混凝土的密实度和改善孔结构。

混凝土受侵蚀性介质的侵害随介质的化学性质不同而不同，混凝土受化学侵蚀的方式有：水泥石中某些组分被介质溶解；化学反应的产物易溶于水；化学反应产物发生体积膨胀等。混凝土常见的 4 种化学侵蚀作用及防护措施如下。

① 硫酸盐侵蚀：某些地下水常含有硫酸盐，如硫酸钠、硫酸钙、硫酸镁等。硫酸盐溶液和水泥石中的氢氧化钙及水化铝酸钙发生化学反应，生成石膏和硫铝酸钙，产生体积膨胀，使混凝土瓦解。

硫酸钠和氢氧化钙的反应式可写成：

$$Ca(OH)_2 + Na_2SO_4 \cdot 10H_2O \longrightarrow CaSO_4 \cdot 2H_2O + 2NaOH + 8H_2O$$

这种反应在流动的硫酸盐水里可以一直进行下去，直至 $Ca(OH)_2$ 完全被反应完。但如果 NaOH 被积聚，反应就可达到平衡。从氢氧化钙转变为石膏，体积增加为原来的 2 倍。

硫酸钠和水化铝酸钙的反应式为：

$$2(3CaO \cdot Al_2O_3 \cdot 12H_2O) + 3(Na_2SO_4 \cdot 10H_2O) \longrightarrow$$
$$3CaO \cdot Al_2O_3 \cdot 3CaSO_4 \cdot 32H_2O + 2Al(OH)_3 + 6NaOH + 16H_2O$$

硫酸钠只能与水化铝酸钙反应，生成水化硫铝酸钙。水化铝酸钙变成水化硫铝酸钙时体积也有增加。硫酸镁则除了能侵害水化铝酸钙和氢氧化钙外，还能和水化硅酸钙反应，其反应式为：

$$3CaO \cdot 2SiO_2 \cdot aq + MgSO_4 \cdot 7H_2O \longrightarrow CaSO_4 \cdot 2H_2O + Mg(OH)_2 + SiO \cdot aq$$

这一反应之所以能够进行完全，是因为氢氧化镁的溶解度很低而造成其饱和溶液 pH 值也低。氢氧化镁溶解度在每升水中仅为 0.01 g，它的饱和溶液 pH 值约为 10.5。这个数值低于使水化硅酸钙稳定所要求的数值，致使水化硅酸钙在有硫酸镁溶液存在的条件下不断分解出石灰，所以硫酸镁较其他硫酸盐具有更大的侵蚀作用。

硫酸盐侵蚀的速度随其溶液的浓度增加而加快。当混凝土的一侧受到硫酸盐水压力的作用而发生渗流时，水泥石中硫酸盐将不断得到补充，侵蚀速度更大。如果存在干湿循环，配合以干缩湿胀，则会导致混凝土迅速崩解。可见混凝土的渗透性也是影响侵蚀速度的一个重要因素。水泥用量少的混凝土将更快地被侵蚀。

混凝土遭受硫酸盐侵蚀的特征是表面发白，损害通常在棱角处开始，接着裂缝开展并剥落，使混凝土呈易碎、甚至松散的状态。

配制抗硫酸盐侵蚀的混凝土必须采用含 C_3A 低的水泥，如抗硫酸盐水泥。实际上已经发现，5.5%~7% 的 C_3A 的含量是评价水泥抗硫酸盐侵蚀性能好坏的大致界限。

采用火山灰质掺料，特别是当与抗硫酸盐水泥联合使用时，配制的混凝土对抗硫酸盐侵蚀有显著的效果。这是因为火山灰与氢氧化钙反应生成水化硅酸钙，减少游离的氢氧化钙，并在易被侵蚀的含铝化合物的表面形成晶体水化物，比常温下形成的水化硅酸盐要稳定得多，而铝酸三钙则水化成稳定的 $C_3A \cdot 6H_2O$ 的立方体，代替了活泼得多的 $C_4A \cdot 12H_2O$，变成低活性状态，改善了混凝土的抗硫酸盐性能。

②水及酸性水的侵蚀：淡水能溶解氢氧化钙，但是在静止不动水的溶解度很低，达到溶解平衡后就不再溶解，因此其腐蚀作用几乎可以忽略不计；但是在流动的淡水或者有压力的淡水条件下，溶解平衡很快被打破，淡水将持续溶解水泥混凝土中的氢氧化钙，甚至导致水化产物发生分解，直至形成一些没有黏结能力的 $SiO_2 \cdot nH_2O$ 及 $Al(OH)_3$，使混凝土强度降低。

当水中含有一些酸类时，水泥石除了受到上述的浸析作用外，还会反生化学溶解作用，使混凝土的侵蚀明显加速。1%的硫酸或硝酸溶液在数月内对混凝土的侵蚀能达到很深的程度，这是因为它们和水泥石中的 $Ca(OH)_2$ 作用，生成水和可溶性钙盐，同时能直接与硅酸盐、铝酸盐作用使之分解，使混凝土结构遭到严重的破坏。有些酸（如磷酸）与 $Ca(OH)_2$ 作用生成不溶性钙盐，堵塞在混凝土的毛细孔中，侵蚀速度可以减慢，但强度也不断下降，直到最后破坏。某些天然水因溶有 CO_2 及腐殖酸，所以也常呈酸性，对混凝土发生酸性侵蚀。例如，某些山区管道，混凝土表面的水泥石被溶解，暴露出集料，增加了水流的阻力，某些烟筒及火车隧道，长期在潮湿的条件下，也会出现类似的破坏。

防止混凝土遭受酸性水侵蚀，可用煤沥青、橡胶、沥青涂料等处理混凝土的表面，形成耐蚀的保护层。但对于预制混凝土制品来说，比较好的办法是用 SiF_4 气体在真空条件下处理混凝土，生成难溶解的氟化钙及硅胶的耐蚀保护层。这种气体和石灰的反应是：

$$2Ca(OH)_2 + SiF_4 \uparrow \longrightarrow 2CaF_2 + Si(OH)_4$$

矾土水泥因不存在氢氧化钙，同时铝胶包围了易与酸作用的氧化钙的化合物，所以耐酸性侵蚀的性能优于硅酸盐水泥。但在 pH 值低于 4.0 的酸性水中，也会迅速破坏。

③海水侵蚀：海水对混凝土的侵蚀作用可由以下原因引起：海水的化学作用；反复干湿的物理作用；盐分在混凝土内的结晶与聚集；海浪及悬浮物的机械磨损和冲击作用；混凝土内钢筋的腐蚀；在寒冷地区冻融循环的作用等。任何一种作用的发生，都会加剧其余种类的破坏作用。

海水是一种成分复杂的溶液，海水中平均总盐量约为 35 g/L，其中 NaCl 占盐量的77%，$MgCl_2$ 占12%，$MgSO_4$ 占9%，K_2SO_4 占2%，还有碳酸氢盐及其他微量成分。海水对混凝土的化学侵蚀主要是硫酸镁侵蚀。海水中存在大量的氯化物，提高了石膏和硫铝酸钙的溶解度，因此很少呈现膨胀破坏，而经常出现失去某些成分的浸析性破坏。但随着氢氧化镁的沉淀，减少了混凝土的透水性，这种浸析作用也会逐渐减少。

由于混凝土的毛细管作用，海水在混凝土内上升，并不断蒸发，于是盐类在混凝土中不断结晶和聚集，使混凝土开裂。干湿交替加速了这种破坏作用，因此在高低潮位之间的混凝土破坏得特别严重。而完全浸在海水中的混凝土，特别是在没有水压差的情况下，侵蚀却很小。此外，海水中的氯离子向混凝土内渗透，使低潮位以上反复干湿的混凝土中的钢筋发生严重锈蚀，结果体积膨胀，造成混凝土开裂。因此，海水对钢筋混凝土的侵蚀比对素混凝土更为严重。

根据海岸、海洋结构，各部分混凝土所受到的侵蚀作用不同，各部位可以采用不同的混凝土。例如，处在高低潮位之间的混凝土，由于干湿循环，同时遭受化学侵蚀和盐结晶的破坏作用，在严寒地区还受饱水状态下的冻融破坏。这个部位的混凝土必须足够密实，水胶比宜低，水泥用量应适当增加，可采用引气混凝土。对于浸在海水部位的混凝土，主要考虑防止化学侵蚀，除了要求混凝土足够密实外，可考虑采用矾土水泥、抗硫酸盐水泥、矿渣硅酸盐水泥或火山灰质硅酸盐水泥。

④ 碱类侵蚀：固体碱如碱块、碱粉等对混凝土无明显的作用，而熔融状碱或碱的浓溶液对水泥有侵蚀作用。但当碱的浓度不大（<15%以下）、温度不高（<50℃）时，影响很小。碱（NaOH）对混凝土的侵蚀作用主要包括化学侵蚀和结晶侵蚀两个因素。

化学侵蚀是碱溶液与水泥石组分之间起化学反应，生成胶结力不强、同时易为碱液浸析的产物。典型的反应式如下：

$$2CaO \cdot SiO_3 \cdot nH_2O + 2NaOH \longrightarrow 2Ca(OH)_2 + Na_2SiO_3 + mH_2O$$

$$3CaO \cdot Al_2O_3 \cdot 6H_2O + 2NaOH \longrightarrow 3Ca(OH)_2 + Na_2O \cdot Al_2O_3 + 4H_2O$$

结晶侵蚀是由于碱渗入混凝土孔隙中，在空气中的 CO_2 作用下形成含 10 个结晶水的碳酸钠晶体析出，体积比原有的苛性钠增加 2.5 倍，产生很大的结晶压力而引起水泥石结构的破坏。

（6）混凝土的碱—集料反应

碱—集料反应是指硬化混凝土中所含的碱（Na_2O 和 K_2O）与集料中的活性成分发生反应，生成具有吸水膨胀性的产物，导致混凝土开裂的现象。吸水后将产生 3 倍以上的体积膨胀，从而导致混凝土膨胀开裂而破坏。碱—集料反应的特征是，在破坏的试样里可以鉴定出碱-硅酸盐凝胶的存在，以及集料颗粒周围出现反应环。碱—集料反应引起的破坏，一般要经过若干年后才会发现，一旦发生则很难修复。一般总碱量（R_2O）常以等当量的 Na_2O 计，即（$Na_2O + 0.658 \times K_2O$）的百分数。只有水泥中的 R_2O 含量大于 0.6% 时，集料中含有活性 SiO_2 且在潮湿环境或水中使用的混凝土工程，才会与活性集料发生碱-集料反应而产生膨胀，必须加以重视。活性集料有蛋白石、玉髓、鳞石英、方石英、酸性或中性玻璃体的隐晶质火山岩，如流纹岩、安山岩及其凝灰岩等，其中蛋白石质的二氧化硅可能活性最大。大型水工结构、桥梁结构、高等级公路、机场跑道一般均要求对集料进行碱活性试验或对水泥的碱含量加以限制。

在一定意义上说，由一定活性集料配制的混凝土，碱—集料反应膨胀随水泥的碱含量增加而增大；一定碱量的水泥，则集料颗粒越小而膨胀越大。但是人们发现，加入活性氧化硅的细粉能使碱—集料反应膨胀减小或消除。在较低的活性氧化硅含量范围内，对一定的碱量，活性氧化硅含量越多，膨胀越大。但当活性氧化硅含量超过一定范围后，情形就相反了。这是因为，一方面降低了每个活性颗粒（集料）表面的碱的作用量，形成的凝胶很少；另一方面由于氢氧化钙的迁移率极低，在增加了活性集料总表面积的情况下，提高了集料周界处的氢氧化钙与碱的局部浓度比，这时碱—集料反应仅形成一种无害的（不膨胀的）石灰—碱—氧化硅络合物。引气也会减少碱—集料反应膨胀，这是因为反应产物能嵌入分散孔隙中，降低了膨胀压力。

混凝土只有含活性二氧化硅的集料、有较多的碱（Na_2O 和 K_2O）和有充分的水三个条件同时具备时才发生碱—集料反应。干燥状态是不会发生碱—集料反应的，所以混凝土的渗透性同样对碱—集料有很大的影响。

因此，可以采取以下措施抑制碱—集料反应：

① 选择无碱活性的集料。

② 在不得不采用具有碱活性的集料时，应严格控制混凝土中总碱量。

③ 掺用活性掺合料，如硅灰、矿渣、粉煤灰（高钙高碱粉煤灰除外）等，对碱—集料反应有明显的抑制效果。活性掺合料与混凝土中的碱起反应，反应产物均匀分散在混凝土中，而不是集中在集料表面，不会发生有害的膨胀，从而降低了混凝土的含碱量，起到抑制碱—集料反应的作用。

④ 控制进入混凝土的水分。碱—集料反应要有水分，如果没有水分，反应就会大为减少乃至完全停止。因此，要防止外界水分渗入混凝土以减轻碱—集料反应的危害。

3.1.4　其他普通混凝土

特殊性能混凝土一般使用某些或部分特殊材料和特别工艺条件生产，具有某些特殊性能，使用在特定场合和环境。随着社会的现代化发展和科技的进步，特殊性能混凝土的品种越来越多，主要种类有：高性能混凝土、纤维混凝土、聚合物混凝土、轻质混凝土、大体积混凝土、道路混凝土、喷射混凝土、水下浇筑混凝土、碾压混凝土、膨胀混凝土、重混凝土、防辐射混凝土、耐腐蚀混凝土、耐热混凝土和装饰混凝土等。

1）高性能混凝土

高性能混凝土（high performance concrete，HPC）是 20 世纪 80 年代末 90 年代初，一些发达国家基于混凝土结构耐久性设计提出的一种全新概念的高技术混凝土。所谓的高性能混凝土就是指混凝土具有高强度、高耐久性、高工作性等多方面（如体积稳定性等）的优越性能。其中，最重要的是高耐久性，同时考虑高性能混凝土的实用价值，还应兼顾高经济性；但必须注意其中的高强度并不是指混凝土的强度等级（即 28 d 强度）一定要高，而是指能够满足使用要求的强度等级和足够高的长期强度。高性能混凝土不仅适用于有超高强度要求的混凝土工程，而且同样适用于各种强度等级的混凝土工程。由于高性能混凝土的强度等级差别很大，高性能混凝土的孔结构也不会是完全相同的一种类型。按其孔结构类型，高性能混凝土可以进一步划分为超密实高性能混凝土、中密实高性能混凝土和引气型高性能混凝土 3 类。

高性能混凝土以耐久性作为设计的主要指标，针对不同用途要求，对下列性能重点予以保证：耐久性（这种混凝土有可能为基础设施工程提供 100 年以上的使用寿命）、工作性、适用性、强度、体积稳定性和经济性。其中，超密实高性能混凝土在配置上的特点是采用低水胶比，选用优质原材料，且必须掺加足够数量的矿物细掺料和高效外加剂。

高性能混凝土作为原建设部推广应用的十大新技术之一，是建设工程发展的必然趋势。发达国家早在 20 世纪 50 年代即已开始研究应用高性能混凝土，并在 20 世纪 90 年代提出高性能混凝土的概念。高性能混凝土在我国 20 世纪 80 年代初首先在轨枕和预应力桥梁中得到应用，在高层建筑中应用则始于 80 年代末，进入 90 年代以后，研究和应用增多。当前国内一些大型结构工程、铁路工程和市政工程中有很多已采用了 C60、C80 及 C100 的高性能混凝土，如北京国家大剧院工程中部分混凝土柱采用了 C100 的高性能混凝土。

随着国民经济的发展，高性能混凝土在建筑、道路、桥梁、港口、海洋、大跨度及预应力结构、高耸建筑物等工程中的应用将越来越广泛。

2）纤维增强混凝土

纤维混凝土又称为纤维增强混凝土（fiber reinforced concrete，FRC），是以水泥净浆、砂浆或混凝土作为基材，以非连续的短纤维或连续的长纤维作为增强材料，均匀地掺和在混凝土中形成的一种新型水泥基复合材料的总称。

20 世纪 70 年代，不仅钢纤维混凝土的研究发展很快，而且碳、玻璃、石棉等高弹性纤维混凝土，尼龙、聚丙烯、植物等低弹性纤维混凝土的研制也引起各国的关注。就目前情况看来，钢纤维混凝土在大面积混凝土工程中应用最为成功。混凝土中掺入其体积 2% 的钢纤维，抗弯强度可提高 2.5～3 倍，韧性可提高 10 倍以上，抗拉强度可提高 20%～30%，被越来越多地应用于桥梁面板、公路和飞机跑道的路面、采矿和隧道工程以及大体积混凝土的维护与补强等方面。

纤维混凝土性能的稳定性至今还没能达到理想的程度，研究还不够深入，而且纤维混凝土和易性较差，搅拌、浇筑、振捣时容易发生纤维成团和折断的现象，黏结性能也有待改善。此外，纤维价格较高，造成工程造价升高等，都是目前限制纤维混凝土推广应用的重要因素。随着科学技术的进步和纤维混凝土研究的不断深入，相信在不久的将来，纤维混凝土一定会在更多的应用范围内显示出其潜在的优越性。

3）聚合物混凝土

聚合物混凝土是由有机聚合物、无机胶凝材料、集料有效结合而形成的一种新型混凝土材料的总称。它克服了普通水泥混凝土抗拉强度低、脆性大、易开裂、耐化学腐蚀性差等缺点，扩大了混凝土的使用范围，是国内外大力研究和发展的新型混凝土。

（1）聚合物浸渍混凝土

聚合物浸渍混凝土（PIC）是以已硬化的水泥混凝土为基材，将聚合物填充其孔隙而成的一种混凝土聚合物复合材料，其中聚合物含量为复合体质量的 5%～15%。其工艺为先将基材作不同程度的干燥处理，然后在不同压力下浸泡在以苯乙烯或甲基丙烯酸甲酯等有机单体为主的浸渍液中，使之渗入基材孔隙，最后用加热、辐射或化学等方法，使浸渍液在其中聚合固化。在浸渍过程中，浸渍液深入基材内部并遍及全体的工艺称完全浸渍工艺，一般应用于工厂预制构件，各道工序在专门设备中进行；浸渍液仅渗入基材表面层的工艺称表面浸渍工艺，一般应用于路面、桥面等现场施工。

聚合物浸渍混凝土的原材料主要包括基材（被浸渍材料）和浸渍液（浸渍材料）。混凝土基材、浸渍液的成分和性能，对聚合物浸渍混凝土的性能有着直接的影响。另外，根据工艺和性能的需要，在基材和浸渍液中还可以加入适量的添加剂。

目前，国内外主要采用水泥混凝土和钢筋混凝土作为被浸渍基材，一般说来，凡是用无机胶结材料将集料固结起来的混凝土材料均可作为基材。

（2）聚合物胶结混凝土——树脂混凝土

聚合物胶结混凝土（PC）是一种以聚合物（或单体）全部代替水泥，作为胶结材料的聚合物混凝土。常用一种或几种有机物及其固化剂、天然或人工集料（石英粉、辉绿岩粉等）混合、成型、固化而成。常用的有机物有不饱和聚酯树脂、环氧树脂、呋喃树脂、酚醛树脂等，以及甲基丙烯酸甲酯、苯乙烯等单体。聚合物在此种混凝土中的含量为8%～25%。与水泥混凝土相比，它具有快硬、高强和显著改善抗渗、耐蚀、耐磨、抗冻融以及黏结等性能，可应用于混凝土工程快速修补、地下管线工程快速修建、隧道衬里等，也可在工厂预制。树脂混凝土和普通混凝土的区别在于所用的胶凝材料是合成树脂，不是水泥，但是其技术性能却大大优于普通混凝土。

（3）聚合物水泥混凝土

聚合物水泥混凝土（PCC）也称聚合改性混凝土，是指采用有机、无机复合手段，以聚合物（或单体）和水泥共同作为胶凝材料的聚合物混凝土。其制作工艺与普通混凝土相似，在加水搅拌时掺入一定量的有机物及其辅助剂，经成型、养护后，其中的水泥与聚合物同时固化，是利用聚合物对普通混凝土进行改性。

由于聚合物的引入，聚合物水泥混凝土改进了普通混凝土的抗拉强度、耐磨、耐蚀、抗渗、抗冲击等性能，并改善混凝土的和易性，可应用于现场灌筑构筑物、路面及桥面修补，混凝土贮罐的耐蚀面层，新老混凝土的黏结以及其他特殊用途的预制品。

用于制备聚合物水泥防水混凝土的聚合物可分3种类型：聚合物乳液、水溶性聚合物、液体树脂。其中最常用、改性效果最好的是聚合物乳液，主要组分是聚合物颗粒（0.1～1 μm）、乳化剂、稳定剂、分散剂等，其固相成分含量一般为40%～70%。聚合物颗粒在乳化剂作用下均匀地分散在水溶液中，形成乳液，并在分散剂和稳定剂的作用下使乳液保持较长时间不离析絮凝。此外，为避免乳液带入的气泡影响混凝土质量，一般在聚合物乳液内还加入一定的消泡剂。

聚合物掺加量一般为水泥质量的5%～20%。使用的聚合物一般为合成橡胶乳液，如氯丁胶乳（CR）、丁苯胶乳（SBR）、丁腈胶乳（NBR），或热塑性树脂乳液，如聚丙烯酸酯类乳液（PAE）、聚乙酸乙烯乳液（PVAC）等。此外，环氧树脂及不饱和聚酯类树脂也可用作聚合物。

聚合物水泥防水混凝土在未硬化状态下，因聚合物分散体系中所含的表面活性剂与分散体系本身的亲水性胶体作用，其流动性、泌水性得到不同程度的改善。硬化后，水泥水化产物与聚合物网络相互贯穿，形成与集料牢固结合的整体，因而其抗拉强度、断裂韧性提高，抗渗性、耐久性得到改善。聚合物水泥防水混凝土的性能主要取决于聚灰比、水胶比、灰砂比、聚合物种类等因素。

4）轻集料混凝土

轻集料混凝土（lightweight aggregate concrete）是用轻集料配制成的、容重不大于1 900 kg/m³的轻混凝土，也称多孔集料轻混凝土。

轻集料是堆积密度小于1 200 kg/m³的天然或人工多孔轻质集料的总称。根据集料粒径大小，轻集料分为轻粗集料与轻细集料，轻粗集料简称轻集料。一般的轻集料混凝土的粗集料使用轻集料，细集料采用普通砂或与轻砂混合使用，这样的混凝土称为砂轻混凝土；细集料全部采用轻砂，粗集料采用轻集料的混凝土称为全轻混凝土。

轻集料混凝土按轻集料的种类分为：天然轻集料混凝土（如浮石混凝土、火山渣混凝土和多孔凝灰岩混凝土等），人造轻集料混凝土（如黏土陶粒混凝土、页岩陶粒混凝土以及膨胀珍珠岩混凝土和用有机轻集料制成的混凝土等）和工业废料轻集料混凝土（如煤渣混凝土、粉煤灰陶粒混凝土和膨胀矿渣珠混凝土等）。

按其用途可分为以下 3 类：

① 保温轻集料混凝土：其表观密度小于 800 kg/m³，抗压强度小于 5 MPa，主要用于保温的围护结构和热工构筑物。

② 结构保温轻集料混凝土：其表观密度为 800 ~ 1 400 kg/m³，抗压强度为 5 ~ 20 MPa，主要用于配筋和不配筋的围护结构。

③ 结构轻集料混凝土：其表观密度为 1 400 ~ 1 900 kg/m³，抗压强度为 15 ~ 50 MPa，主要用于承重的构件、预应力构件或构筑物。

3.2 装饰混凝土

3.2.1 彩色混凝土

彩色混凝土是一种防水、防滑、防腐的绿色环保地面装饰材料，是在未干的水泥地面上加上一层彩色混凝土（装饰混凝土），然后用专用的模具在水泥地面上压制而成。彩色混凝土能使水泥地面永久地呈现各种色泽、图案、质感，逼真地模拟自然的材质和纹理，随心所欲地勾画各类图案，而且历久弥新，使人们轻松地实现建筑物与人文环境、自然环境和谐相处，融为一体的理想。

彩色混凝土构成材料及工具包括：脱模粉、彩色强化剂、保护剂、乳液、压模及纸模模具等。

彩色混凝土的工艺包括：

① 压模系列（压印地坪）：是指在铺设现浇混凝土的同时，采用彩色强化剂、脱模粉、保护剂来装饰混凝土表面，以混凝土表面的色彩和凹凸质感表现天然石材、青石板、花岗岩甚至木材的视觉效果。

② 纸模系列：指选好纸模模板式样，排列在新灌的水泥面上，喷撒彩色强化剂到铺好模板的区域，并铲平，干燥成形后，撤掉模板，清洗表面，然后上保护剂，便可历久弥新。

③ 喷涂系列：是采用喷涂方法将喷涂材料均匀地涂布到水泥表面，把灰暗的水泥表面变成光洁的，色彩明快的，有特殊纹理或图案的效果。该系列标准色可组合调制出无数种颜色，且价格低廉，施工方便，适于大面积使用。喷涂地面具有耐磨、耐久、防水、防滑等特性，其使用寿命很长，地面至少保用 20 年，墙面的寿命更长，而且，在日晒雨淋的情况下不会脱落、褪色，还可以为水泥墙面增添防水性能，并能解决游泳池的渗水问题。

彩色混凝土适用于装饰室外、室内水泥基等多种材质的地面、墙面、景点，如园林、广场、酒店、写字楼、居家、人行道、车道、停车场、车库、建筑外墙、屋面以及各种公用场所或旧房装饰改造工程，同时可根据业主需要，设计师的创作构思开发出独特而适用的彩色艺术混凝土制品。

3.2.2 清水装饰混凝土

清水混凝土（fair-faced concrete）是指直接利用混凝土成型后的自然质感作为饰面效果

的混凝土。可分为普通清水混凝土、饰面清水混凝土和装饰清水混凝土。

① 普通清水混凝土（standard fair-faced concrete）：是指表面颜色无明显色差，对饰面效果无特殊要求的清水混凝土。

② 饰面清水混凝土（decorative fair-faced concrete）：是指表面颜色基本一致，由有规律排列的对拉螺栓眼、明缝、蝉缝、假眼等组合形成的、以自然质感为饰面效果的清水混凝土。

③ 装饰清水混凝土（form lining fair-faced concrete）：表面形成装饰图案、镶嵌装饰片或彩色的清水混凝土。

清水混凝土是混凝土材料中最高级的表现形式，它显示的是一种最本质的美感，体现的是"素面朝天"的品位。清水混凝土具有朴实无华、自然沉稳的外观韵味，与生俱来的厚重与清雅是一些现代建筑材料无法效仿和媲美的。材料本身所拥有的柔软感、刚硬感、温暖感、冷漠感不仅对人的感官及精神产生影响，而且可以表达出建筑情感。因此建筑师们认为，这是一种高贵的朴素，看似简单，其实比金碧辉煌更具艺术效果。

世界上越来越多的建筑师采用清水混凝土工艺，如世界级建筑大师贝聿铭、安藤忠雄等都在他们的设计中大量地采用了清水混凝土。悉尼歌剧院、日本国家大剧院、巴黎史前博物馆等世界知名的艺术类公建，均采用这一建筑艺术工艺。

清水混凝土在我国是随着混凝土结构的发展不断发展的。20 世纪 70 年代，在内浇外挂体系的施工中，清水混凝土主要应用在预制混凝土外墙板反打施工中，取得了进展。后来，由于人们将外装饰的目光都投诸于面砖和玻璃幕墙中，清水混凝土的应用和实践几乎处于停滞状态。直至 1997 年，北京市设立了"结构长城杯"工程奖，推广清水混凝土施工，使清水混凝土重获发展。近些年来，一些高档建筑工程如海南三亚机场、首都机场、上海浦东国际机场航站楼、东方明珠的大型斜筒体等都采用了清水混凝土。

随着人们对绿色建筑的客观需求和环保意识的不断提高，返璞归真的自然思想的深入人心，我国对清水混凝土工程的需求已不再局限于道路桥梁、厂房和机场，在工业与民用建筑中也得到了一定的应用。由中建三局北京公司作为总承包商建设的联想研发基地，被建设部科技司列为"中国首座大面积清水混凝土建筑工程"，标志着我国清水混凝土已发展到了一个新的阶段，是我国清水混凝土发展历史上的一座重要里程碑。

在我国，清水混凝土尚处于发展阶段，属于新兴的施工工艺，真正掌握此类建筑设计和施工的单位不多。清水混凝土墙面最终的装饰效果，60% 取决于混凝土浇筑的质量，40% 取决于后期的透明保护喷涂施工，因此，清水混凝土对建筑施工水平是一种极大的挑战。

要想表现清水混凝土建筑风格的最佳效果，最重要的仍是混凝土墙体的浇筑、保养及处理。众所周知，混凝土表面吸水率较大，如不作任何保护，历经风吹雨打，混凝土在自然界的环境下会遭受来自阳光、酸雨、废气、油污等破坏，逐渐失去其本来面目，混凝土也会随着时间的推移而日趋被中性化和破坏，其表面效果将日趋污浊，影响观瞻。因此，对混凝土表面进行透明保护性喷涂，不仅能解决保护混凝土的问题，使其更加耐久，而且可以起到防止污染、保持清洁，不会因为吸水而颜色变深，使清水混凝土建筑在下雨中仍能保持颜色不变，而不像一些立交桥一样，每当下雨就色彩斑驳，因此它又被称为干性喷涂(dry coating)。

对清水混凝土的保护，主要是避免混凝土结构体长期显露自然，接触氧化物，二氧化碳、水分等物质，造成混凝土碱性值降低，进而破坏钢筋之钝化保护膜，致使钢筋腐蚀或混凝土表面开裂。

清水混凝土是名副其实的绿色混凝土

它主要体现在：

① 混凝土结构不需要装饰，舍去了涂料、饰面等化工产品。

② 有利于环保：清水混凝土结构一次成型，不剔凿修补、不抹灰，减少了大量建筑垃圾，有利于保护环境。

③ 消除了诸多质量通病：清水装饰混凝土避免了抹灰开裂、空鼓甚至脱落的质量隐患，减轻了结构施工的漏浆、楼板裂缝等质量通病。

④ 促使工程建设的质量管理进一步提升：清水混凝土的施工，不可能有剔凿修补的空间，每一道工序都至关重要，迫使施工单位加强施工过程的控制，使结构施工的质量管理工作得到全面提升。

⑤ 降低工程总造价：清水混凝土的施工需要投入大量的人力物力，势必会延长工期，但因其最终不用抹灰、吊顶、装饰面层，从而减少了维护费用，最终降低了工程总造价。

【实训 3-1】 砂石筛分析实验

一、实验设备

① 鼓风烘箱　能使温度控制在 105 ℃ ±5 ℃；

② 天平　称量 1 000 g，感量 1 g；

③ 方孔筛　孔径为 150 μm、300 μm、600 μm、1.18 mm、2.36 mm、4.75 mm 及 9.50 mm 的筛各一只，并附有筛底和筛盖；

④ 摇筛机；

⑤ 搪瓷盘；

⑥ 毛刷等。

二、试验步骤

① 称取试样 500 g(精确至 1 g)。将试样倒入按孔径大小从上到下组合的套筛(附筛底)上，然后进行筛分。

② 将套筛置于摇筛机上，摇 10 min；取下套筛，按筛孔大小顺序再逐个用手筛，筛至每分钟通过量小于试样总量 0.1% 为止。通过的试样并入下一号筛中，并和下一号筛中的试样一起过筛，顺序进行直至各号筛全部筛完为止。

③ 称出各号筛的筛余量(精确至 1 g)，试样在各号筛上的筛余量不得超过按下式计算的量，超过时应下列方法之一处理。

$$G = \frac{A \times d^{0.5}}{200} \tag{3-12}$$

式中　G——在一个筛上的筛余量，g；

A——筛面面积，mm^2；

d——筛孔尺寸，mm。

将该粒级试样分成少于按上式计算出的量，分别筛分，并以筛余量之和作为该号筛的筛余量。将该粒级及以下各粒级的筛余混合均匀，称出其质量，精确至 1 g、再用四分法缩分为大致相等的两份，取其中一份，称出其质量，精确至 1 g，继续筛分。计算该粒级及以下各粒级的分计筛余量时应根据缩分比例进行修正。

三、结果计算与评定

①计算分计筛余百分率　各号筛上的筛余量与试样总质量之比（精确至0.1%）；

②计算累计筛余百分率　该号筛的筛余百分率加上该号筛以上各筛余百分率之和（计算精确至0.1%）。筛分后，如每号筛的筛余量与筛底的剩余量之和同原试样质量之差超过1%，须重新试验。

③砂的细度模数 M_x 可按下式计算（精确至0.01）：

$$M_x = \frac{(A_2 + A_3 + A_4 + A_5 + A_6) - 5A_1}{100 - A_1} \tag{3-13}$$

式中　M_x——细度模数；

A_1、A_2、A_3、A_4、A_5、A_6——分别为 4.75 mm、2.36 mm、1.18 mm、600 μm、300 μm、150 μm 筛的累积筛余。

④累计筛余百分率取两次试验结果的算术平均值（精确至1%）。细度模数取两次试验结果的算术平均值（精确至0.1）；如两次试验的细度模数之差大于0.2时，须重新试验。

根据累计筛余百分率对照，确定该砂所属的级配区见表3-9。

表3-9　砂累计筛余百分率—级配区对照表

累计筛余(%)	级配区		
	1	2	3
9.50 mm	0	0	0
4.75 mm	0~10	0~10	0~10
2.36 mm	5~35	0~25	0~15
1.18 mm	35~65	10~50	0~25
600 μm	71~85	41~70	16~40
300 μm	80~95	70~92	55~85
150 μm	90~100	90~100	90~100

a. 砂的实际颗粒级配与表中所列数字相比，除 4.75 mm 和 600 μm 筛档外，可以略有超出，但超出总量应小于5%。

b. 1区人工砂中150 μm 筛孔的累计筛余可以放宽到85~100，2区人工砂中150 μm 筛孔的累计筛余可以放宽到80~100，3区人工砂中150μm 筛孔的累计筛余可以放宽到75~100。

【实训3-2】 普通混凝土拌合物拌和方法（人工拌和法）

一、主要仪器设备

① 磅秤；② 量筒；③ 拌板；④ 拌铲；⑤ 抹布。

二、实验步骤

① 按所定配合比计算每盘混凝土各材料用量后备料。

② 将拌板和拌铲用湿布润湿后，将砂倒在拌板上，然后加入水泥，用铲自拌板一端翻拌至另一端，如此重复，直至充分混合，颜色均匀，再加上粗骨料，翻拌至混合均匀为止。

③ 将干混合物堆成堆，在中间作一凹槽，将已称量好的水，倒一半左右在凹槽中（勿使水流出），然后仔细翻拌，并徐徐加入剩余的水，继续翻拌，每翻拌一次，用铲在拌合物上铲切一次，直到拌和均匀为止。

④ 拌和时要求动作敏捷，拌和时间从加水时算起，应大致符合下列规定：

a. 拌合物体积为 30 L 以下时，4～5 min；

b. 拌合物体积为 30～50 L 以下时，5～9 min；

c. 拌合物体积为 51～75 L 以下时，9～12 min。

⑤ 混凝土拌和好后，应根据试验要求，立即进行测试或成型试件。从开始加水时算起，全部操作须在 30min 完成。

【实训3-3】 普通混凝土拌合物和易性测定

一、主要仪器设备

① 坍落度筒；

② 漏斗；

③ 捣棒；

④ 铁铲；

⑤ 直尺；

⑥ 抹布。

二、实验步骤

（1）拌合物坍落度测定

① 用湿布湿润坍落度筒和漏斗。

② 将混凝土拌合物分三层装入坍落筒中，每装一层用捣棒沿螺旋线由边缘渐向中心插捣25次。

③ 将坍落筒表面混凝土刮平，把坍落度筒在5～10 s内平稳地垂直向上提起。

④ 量取拌合物的坍落度。

（2）拌合物黏聚性测定

用捣棒在已坍落的拌合物椎体侧面轻轻击打，如果椎体逐渐下沉，表示黏聚性良好；如果突然倒塌，部分崩裂或石子离析，即为黏聚性不好。

（3）拌合物保水性测定

提起坍落筒后如有较多的水泥浆从底部析出，椎体部分的拌合物也因失浆而骨料外露，则表明保水性不好。如无这种现象，则表明保水性良好。

（4）拌合物坍落度调整

① 实测坍落度大于设计坍落度时，保持砂率不变增加5%砂、石。

② 实验坍落度小于设计坍落度时，保持水灰比不变增加5%水泥、水。

【实训3-4】 混凝土立方体抗压强度实验

本实验包括试件的制备、试件的养护、抗压强度实验和实验结果计算四个方面的内容实验步骤如下所示。

一、试件的制作

① 每一组试件所用的拌合物根据不同要求应从同一盘或同一车运送的混凝土中取出，或在试验用机械或人工单独拌制。用以检验现浇混凝土工程或预制构件质量的试件分组及取样原则，应按有关规定执行。

② 试件制作前，应将试模擦拭干净并将试模的内表面涂以一薄层矿物油脂。

③ 坍落度不大于70 mm的混凝土宜用振动台振实。将拌合物一次装入试模。并稍有富余，然后将试模放在振动台上。开动振动台振动至拌合物表面出现水泥浆时为止。记录振动时间。振动结束后用镘刀沿试模边缘将多余的拌合物刮去，并随即用镘刀将表面抹平。

坍落度大于70 mm的混凝土，宜用人工捣实。混凝土拌合物分两层装入试模，每层厚度大致相等。插捣时按螺旋方向从边缘向中心均匀进行。插捣底层时，捣棒应达到试模底面，插捣上层时，捣棒应穿入下层深度约20~30 mm。插捣时捣棒保持垂直不得倾斜，并用抹刀沿试模内壁插入数次。以防止试件产生麻面。每层插捣次数见表3-10，一般每100 cm^{2}面积应不少于12次。然后刮除多余的混凝土，并用镘刀抹平。

表3-10 混凝土试件每层的插捣次数

试件尺寸 (mm)	骨料最大粒径 (mm)	每层插捣次数 (次)	抗压强度换算系数
100×100×100	30	12	0.95
150×150×150	40	25	1.0
200×200×200	60	50	1.05

二、试件的养护

① 采用标准养护的试件成型后应覆盖表面，以防止水分蒸发，并应在温度为20 ℃±5 ℃情况下静置24~48 h，然后编号拆模。

拆模后的试件应立即放在温度为20 ℃±3 ℃，温度为90%以上的标准养护室中养护。在标准养护室内试件应放在架上，彼此间隔为 10～20 mm，并应避免用水直接冲淋试件。

② 无标准养护室时，混凝土试件可在温度为 20 ℃ ±3 ℃ 的不流动水中养护。水的 pH 值不应小于 7.0。

③ 与构件同条件养护的试件成型后，应覆盖表面。试件的拆模时间可与实际构件的拆模时间相同。拆模后，试件仍需保持同条件养护

三、抗压强度试验

① 试件自养护室取出后，应尽快进行试验。将试件表面擦拭干净并量出其尺寸(精确至 1 mm)据以计算试件的受压面积 A(mm)。

② 将试件安放在下承压板上，试件的承压面应与成型时的顶面垂直。试件的中心应与试验机下压板中心对准。开动试验机，当上压板与试件接近时，调整球座，使接触均衡。

③ 加压时，应连续而均匀地加荷，加荷速度应为：当混凝土强度等级低于 C30 时，取每秒钟 0.3～0.5 MPa；当混凝土强度等级不低于 C30 时，取每秒钟 0.5～0.8 MPa。当试件接近破坏而开始迅速变形时，停止调整试验机油门，直至试件破坏。记录破坏荷载 P(N)。

四、试验结果计算

① 混凝土立方体试件的抗压强度按下式计算(精确至 0.1 MPa)：

$$f_{cu} = \frac{P}{A} \tag{3-14}$$

式中 f_{cu}——混凝土立方体试件抗压强度，MPa；

  P——破坏荷载，N；

  A——试件承压面积，mm^2。

② 以 3 个试件测值的算术平均值作为该组试件的抗压强度值(精确至 0.1 MPa)。如果三个测定值中的最小值或最大值中有一个与中间值的差异超过中间值的 15% 时，则把最大及最小值一并舍除，取中间值作为该组试件的抗压强度值。如最大和最小值与中间值相差均超过 15%，则该组试件试验结果无效。

③ 混凝土的抗压强度是以 150 mm×150 mm×150 mm 的立方体试件的抗压强度为标准，其他尺寸试件测定结果，均应换算成边长为 150 mm 立方体的标准抗压强度，换算时均应分别乘以表中的尺寸换算系数。

【实训3-5】 混凝土劈裂抗拉强度试验

一、试件的制作
同实训 3-4。

二、试件的养护
同实训 3-4。

三、抗拉强度实验

① 试件从养护室中取出后，应及时进行试验，在试验前试件应保持与原养护地点相似的干湿状态。

② 先将试件擦干净，在试件侧面中部划线定出劈裂面的位置，劈裂面应与试件成型时的顶面垂直。

③ 量出劈裂面的边长(精确至 1 mm)，计算出劈裂面面积(A)。

④ 将试件放在压力机下压板的中心位置。在上下压板与试件之间加垫层和垫条，使垫条的接触母线与试件上的荷载作用线准确对齐。

⑤ 加荷时必须连续而均匀地进行，使荷载通过垫条均匀地传至试件上，加荷速度为：混凝土强度等级低于 C30 时，取每秒钟 0.02～0.05 MPa；强度等级高于或等于 C30 时，取每秒钟 0.05～0.08 MPa。

⑥ 在试件临近破坏开始急速变形时，停止调整试验机油门，继续加荷直至试件破坏，记录破坏荷载(P)。

四、试验结果计算

① 混凝土劈裂抗拉强度按下式计算(计算至 0.01 MPa)：

$$f_{ts} = \frac{2P}{\pi A} = 0.637 \times \frac{P}{A} \tag{3-15}$$

式中　f_{ts}——混凝土劈裂抗拉强度 MPa；

P——破坏荷载，N；

A——试件劈裂面积，mm^2。

② 以 3 个试件测值的算术平均值作为该组试件的劈裂抗拉强度值(精确至 0.01 MPa)。如果三个测定值中的最小值或最大值中有一个与中间值的差异超过中间值的 15% 时，则把最大及最小值一并舍除，取中间值作为该组试件的抗压强度值。如最大和最小值与中间值相差均超过 15%，则该组试件试验结果无效。

③ 采用边长为 150 mm 的立方体试件作为标准试件，如采用边长为 100 mm 的立方体非标准试件时，测得的强度应乘以尺寸换算系数 0.85。

【实训3-6】 混凝土抗折(抗弯拉)强度试验

一、试件的制作
同实训 3-4。
二、试件的养护
同实训 3-4。
三、抗拉强度实验

① 试验前先检查试件，如试件中部 1/3 长度内有蜂窝(大于 $\Phi 7\ mm \times 2\ mm$)，该试件应立即作废，否则应在记录中注明。

② 在试件中部量出其宽度和高度，精确至 1 mm。

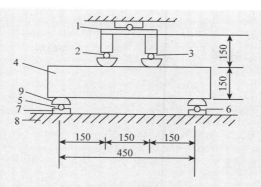

图 3-2 抗折实验装置图(单位 mm)

(1、2、6). 一个钢球 (3、5). 两个钢球 4. 试件

7. 活动支座 8. 机台 9. 活动船形垫块

③ 调整两个可移动支座,使其与试验机下压头中心距离为 225 mm,并旋紧两支座。将试件妥放在支座上,试件成型时的侧面朝上,几何对中后,缓缓加一初荷载(约 1 kN),而后以 0.5~0.7 MPa/s 的加荷速度,均匀而连续地加荷(低强度等级时用较低速度);当试件接近破坏而开始迅速变形,应停止调整试验机油门,直至试件破坏,记下最大荷载。

四、试验结果计算

① 当断面发生在两个加荷点之间时,抗折强度 f_f(MPa) 按下式计算:

$$f_f = \frac{FL}{bh^2} \tag{3-16}$$

式中 F——极限荷载,N;

L——支座间距离, $L = 450$ mm;

b——试件宽度,mm;

h——试件高度,mm。

① 以 3 个试件测值的算术平均值作为该组试件的抗折强度值。3 个测值中的最大值或最小值中如有一个与中间值的差值超过中间值的 15%,则把最大值和最小值一并舍除,取中间值为该组试件的抗折强度。如有两个测值与中间值的差均超过中间值的 15%,则该组试件的试验结果无效。

③ 如断面位于加荷点外侧,则该试件之结果无效,取其余两个试件试验结果的算术平均值作为抗折强度;如有两个试件之结果无效,则该组试验作废。

注:断面位置在试件断块短边一侧的底面中轴线上量得。

④ 采用 100 mm×100 mm×400 mm 非标准试件时,三分点加荷的试验方法同前,但所取得的抗折强度应乘以尺寸换算系数 0.85。

单元 4　建筑砂浆

学习目标

1. 了解建筑砂浆的组成与分类。
2. 掌握新拌砂浆和易性的评定及其对砂浆性质的影响，硬化后砂浆强度的确定。
3. 了解砌筑砂浆与抹面砂浆的区别。

用无机胶凝材料与细集料和水按比例拌和而成，也称灰浆。用于砌筑和抹灰工程，可分为砌筑砂浆和抹面砂浆，前者用于砖、石块、砌块等的砌筑以及构件安装；后者则用于墙面、地面、屋面及梁柱结构等表面的抹灰，以达到防护和装饰等要求。普通砂浆材料中还有的是用石膏、石灰膏或黏土掺加纤维性增强材料加水配制成膏状物，称为灰、膏、泥或胶泥。常用的有麻刀灰（掺入麻刀的石灰膏）、纸筋灰（掺入纸筋的石灰膏）、石膏灰（在熟石膏中掺入石灰膏及纸筋或玻璃纤维等）和掺灰泥（黏土中掺少量石灰和麦秸或稻草）。

根据组成材料，普通砂浆还可分为：① 石灰砂浆。由石灰膏、砂和水按一定配比制成，一般用于强度要求不高、不受潮湿的砌体和抹灰层；② 水泥砂浆。由水泥、砂和水按一定配比制成，一般用于潮湿环境或水中的砌体、墙面或地面等；③ 混合砂浆。在水泥或石灰砂浆中掺加适当掺合料如粉煤灰、硅藻土等制成，以节约水泥或石灰用量，并改善砂浆的和易性。常用的混合砂浆有水泥石灰砂浆、水泥黏土砂浆和石灰黏土砂浆等。

新拌普通砂浆应具有良好的和易性，硬化后的砂浆则应具有所需的强度和黏结力。砂浆的和易性与其流动性和保水性有关，一般根据施工经验掌握或通过试验确定。砂浆的抗压强度用砂浆标号表示，常用的普通砂浆标号有 4 号、10 号、25 号、50 号和 100 号等。对强度要求高及重要的砌体，才需要用 100 号以上的砂浆。砂浆的黏结力随其标号的提高而增强，也与砌体等的表面状态、清洁与否、潮湿程度以及施工养护条件有关。因此，砌砖之前一般要先将砖浇湿，以增强砖与砂浆之间的黏结力，确保砌筑质量。

建筑砂浆和混凝土的区别在于不含粗骨料，它是由胶凝材料、细骨料和水按一定的比例配制而成。按其用途分为砌筑砂浆和抹面砂浆；按所用材料不同，分为水泥砂浆、石灰砂浆、石膏砂浆和水泥石灰混合砂浆等。合理使用砂浆对节约胶凝材料、方便施工、提高工程质量有着重要的作用。

4.1　砂浆的技术要求

4.1.1　新拌砂浆的和易性

砂浆的和易性是指砂浆是否容易在砖石等表面铺成均匀、连续的薄层，且与基层紧密黏结的性质。包括流动性和保水性两方面含义。

1）流动性

影响砂浆流动性的因素，主要有胶凝材料的种类和用量，用水量以及细骨料的种类、颗粒形状、粗细程度与级配。除此之外，也与掺入的混合材料及外加剂的品种、用量有关。

通常情况下，基底为多孔吸水性材料，或在干热条件下施工时，应选择流动性大的砂浆。相反，基底吸水少，或湿冷条件下施工，应选流动性小的砂浆。砂浆流动性用砂浆稠度测定仪测定，以沉入度（mm）表示。沉入度越大，表示流动性越好。

2）保水性

保水性是指砂浆保持水分的能力。保水性不良的砂浆，使用过程中出现泌水，流浆，使砂浆与基底黏结不牢，且由于失水影响砂浆正常的黏结硬化，使砂浆的强度降低。

影响砂浆保水性的主要因素是胶凝材料种类和用量，砂的品种、细度和用水量。在砂浆中掺入石灰膏、粉煤灰等粉状混合材料，可提高砂浆的保水性。

砂浆的保水性可用分层度和保水率两个指标来衡量。分层度用砂浆分层度测量仪来测定，常作为衡量普通砌筑砂浆和抹面砂浆保水性好坏的参数，分层度是指根据需要加水搅拌好的砂浆，一部分利用稠度测定仪测得其初始稠度，另一部分根据相关标准放入分层度筒内静置 30 min，然后去掉分层度筒上部 20 cm 厚的砂浆，剩余部分砂浆重新拌和后，再利用稠度测定仪测定其稠度，前后两次稠度之差值。分层度越小，说明水泥砂浆的保水性就越好，稳定性越好；分层度越大，则水泥砂浆泌水离析现象严重，保水性差，稳定性差。一般而言，普通水泥砌筑砂浆的分层度要求在 10～30 mm 之间，而抹面砂浆则对保水性要求相对较高，分层度应不大于 20 mm。原因在于，分层度大于 30 mm 的砂浆由于产生离析，保水性差；而分层度只有几个毫米的砂浆，虽然上下无分层现象，保水性好，但这种情况往往是胶凝材料用量过多，或者砂子过细，砂浆硬化后会干缩很大，尤其不适宜用作抹面砂浆。

同稠度一样，普通商品砂浆的分层度也主要是受到水泥、矿物掺合料、集料、保水增稠材料以及用水量等组成的影响。

保水率是另外一个衡量砂浆保水性好坏的参数，多用于衡量除上述两种普通砂浆外的特种砂浆保水性好坏，是特种砂浆保水性的量化指标。砂浆保水率大，则砂浆保水性好；砂浆保水率小，则砂浆保水性差。相比较而言，分层度测量保水性相对较好的水泥砂浆时，灵敏度不够，常难以测得出差别；而保水率测试时，使用了具有良好吸水性的滤纸，即使砂浆保湿性很高，滤纸仍能吸附砂浆中的水分，而吸附水分的多少和砂浆保水性密切相关，因此保水率能够精确反映出砂浆的保水性。

4.1.2　硬化砂浆的强度

1）强度特征

砂浆强度不但受砂浆本身的组成材料及配比的影响，还与基层材料的吸水性能有关。

（1）用于密实不吸水基底的砂浆

密实基底（如致密的石材）几乎不吸水，砂浆中的水分保持不变，这时砂浆强度主要受水泥的强度和水灰比的影响，砂浆强度可表示为

$$f_m = Af_{ce}\left(\frac{C}{W} - B\right) \tag{4-1}$$

式中　f_m——砂浆 28 d 抗压强度值，MPa；

f_{ce}——水泥 28 d 实测强度值，MPa；

$\frac{C}{W}$——砂浆的水灰比；

A，B——统计常数，无统计资料时，可取 0.29 和 0.4。

（2）用于多孔吸水基底的砂浆

多孔基底（如烧结黏土砖）有较大的吸水性，砂浆摊铺后，其中的水分会被基底所吸

收。吸水后，砂浆中保留水分的多少主要取决于其本身的保水性，而与初始水灰比关系不大。砂浆强度与水泥强度、水泥用量的关系：

$$f_m = \frac{\alpha f_{ce} Q_c}{1000} - \beta \tag{4-2}$$

式中　f_m——砂浆 28 d 抗压强度值，MPa；

　　　f_{ce}——水泥 28 d 实测强度值，MPa；

　　　Q_c——每立方米砂浆的水泥用量，kg/m³；

　　　α，β——统计常数，通常可取 3.03 和 -15.09。

2）强度检验

砂浆的抗压强度是以边长为 70.7 mm 的立方体试块，一组 3 块，在标准条件下养护 28 d 后，测得的抗压强度的平均值而定的。对用于不吸水基底的砂浆，采用有底试模；对于吸水基底的砂浆，采用无底试模，并衬垫所砌块材和透水隔离纸。

4.1.3　砂浆的黏结力

砂浆的黏结力是影响砌体抗剪强度、耐久性和稳定性，乃至建筑物抗震能力和抗裂性的基本因素之一。通常，砂浆的抗压强度越高，其黏结力越大。砂浆的黏结力还与基层材料的表面状况、清洁程度、润湿情况及施工养护等条件有关。在润湿、粗糙、清洁的表面上使用且养护良好的砂浆与表面黏结较好。

4.1.4　砂浆的变形性

砂浆在承受荷载、温度和湿度变化时，会产生变形，如果变形过大或不均匀，会降低砌体的质量，引起砌体的沉降或开裂，如墙板接缝开裂、瓷砖脱落等现象。若使用轻集料制砂浆或掺合料过多，会引起砂浆收缩变形过大。

4.1.5　砂浆的抗冻性

寒冷地区经常与水接触的建筑，砂浆应有较好的抗冻性。通常，强度大于 2.5 MPa 的砂浆，才有一定的抗冻性，可用于受冻融影响的建筑部位。当设计中对冻融循环有要求时，必须进行冻融循环试验。经冻融循环试验后，试件的抗压强度损失率不大于 25%，且质量损失率不大于 5%。

4.2　砌筑砂浆

4.2.1　砌筑砂浆的组成材料

砌筑砂浆中常有水泥、细集料、掺加料（如石灰膏、电石膏、粉煤灰、粒化高炉矿渣粉等）、外加剂和水等材料。目前，随着砌筑砂浆性能要求的提高以及商品砂浆的发展，砌筑砂浆还常用到保水增稠材料。

1）水泥

水泥是砂浆的主要胶凝材料，水泥宜采用通用硅酸盐水泥或砌筑水泥，且应符合现行国家标准《通用硅酸盐水泥》(GB 175—2007)和《砌筑水泥》(GB/T 3183—2003)的规定。水泥强度等级应根据砂浆品种及强度等级的要求进行选择。M15 及以下强度等级的砌筑砂浆宜选用 32.5 级的通用硅酸盐水泥或砌筑水泥；M15 以上强度等级的砌筑砂浆宜选用 42.5 级通用硅酸盐水泥。

2）细集料

水泥砂浆常用的细集料是天然砂。由于砂浆层较薄，对砂子的粗细程度有限制。砂宜选用中砂，即可满足和易性要求，又可节约水泥。毛石砌体宜选用粗砂。砂浆中选用的砂应符合现行行业标准《普通混凝土用砂、石质量及检验方法标准》(JGJ 52—2006)的规定，且应全部通过 4.75 mm 的筛孔。

3）掺加料

掺加料是在施工现场为改善砂浆和易性而加入的无机材料。

① 石灰膏：生石灰熟化成石灰膏时，应用孔径不大于 3 mm × 3 mm 的网过滤，熟化时间不得少于 7 d；磨细生石灰粉的熟化时间不得少于 2 d。沉淀池中贮存的石灰膏，应采取防止干燥、冻结和污染的措施。严禁使用脱水硬化的石灰膏。

② 电石膏：制作电石膏的电石渣应用孔径不大于 3 mm × 3 mm 的网过滤，检验时应加热至 70 ℃ 后至少保持 20 min，并应待乙炔挥发完后再使用。

③ 无机矿物掺合料：砂浆中使用粉煤灰、粒化高炉矿渣、硅灰、天然沸石粉应分别符合国家标准《用于水泥和混凝土中的粉煤灰》(GB/T 1596—2017)于（即将 2018 年 6 月 1 日实施）、《用于水泥和混凝土中的粒化高炉矿渣粉》(GB/T 18046—2008)、《高强高性能混凝土用矿物外加剂》(GB/T 18736—2017)的规定。

4）外加剂

为使砂浆具有良好的和易性和其他施工性能，还可以在砂浆中掺入外加剂（如引气剂、早强剂、缓凝剂、防冻剂等），但外加剂的品种和掺量及物理力学性能都应符合国家现行有关标准的规定，引气型外加剂还应有完整的形式检验报告。

5）水

拌制砂浆用水基本质量要求与混凝土一样，应符合现行行业标准《混凝土用水标准》(JGJ 63—2006)的规定。

4.2.2 砌筑砂浆的技术性质

1）强度

砌筑砂浆的砌体力学性能应符合现行国家标准《砌体结构设计规范》(GB 50003—2011)的规定。水泥砂浆及预拌砌筑砂浆的强度等级可分为 M5、M7.5、M10、M15、M20、M25、M30；水泥混合砂浆的强度等级可分为 M5、M7.5、M10、M15。

2）稠度

砌筑砂浆的稠度宜在 50~90 mm 范围内。预拌砌筑砂浆的稠度限定了 50 mm、70 mm 和 90 mm 三个范围，稠度实测值与规定稠度之差应在 ±10 mm 内；也可根据要求，限定稠度和稠度偏差的范围。不同砌体材料应选用不同稠度范围的砌筑砂浆。

3）分层度

砌筑砂浆的分层度应不大于 30 mm，一般以 10~30 mm 为宜。

4）保水率

砌筑砂浆的保水率要求见表 4-1。

表 4-1　砌筑砂浆的保水率

砂浆种类	保水率（%）
水泥砂浆	≥80
水泥混合砂浆	≥84
预拌砌筑砂浆	≥88

5）抗冻性

有抗冻性要求的砌体工程，砌筑砂浆应进行冻融试验。砌筑砂浆的抗冻性应符合表 4-2 的要求，且当设计对抗冻性有明确要求时，还应符合设计规定。

表 4-2　砌筑砂浆的抗冻性

使用条件	抗冻指标	质量损失率（%）	强度损失率（%）
夏热冬暖地区	F15		
夏热冬冷地区	F25	≤5	≤25
寒冷地区	F35		
严寒地区	F50		

6）水泥及掺合料用量要求

水泥砂浆中，水泥用量不小于 200 kg/m³；水泥混合砂浆中水泥和掺合料总量不小于 350 kg/m³。

4.3　装饰砂浆

4.3.1　抹面砂浆

抹面砂浆也称抹灰砂浆。凡涂抹在建筑物或土木工程构件表面的砂浆，可统称为抹面砂浆。抹面砂浆的作用包括保护基层、满足使用要求和增加美观等方面。

抹面砂浆一般对强度要求不高，主要要求是其应有良好的和易性，施工时容易涂抹成均匀的薄层，并与基层具有良好的黏结力，在长期使用过程中不会出现开裂、脱落等现象。处于潮湿环境或易受外力作用时(如地面、墙裙等),还应具有较高的强度等。

根据抹面砂浆功能的不同,一般可将抹面砂浆分为普通抹面砂浆、装饰砂浆、防水砂浆和具有某些特殊功能的抹面砂浆(如绝热、耐酸、放射线砂浆)等。

抹面砂浆的组成材料与砌筑砂浆基本相同。但为了防止砂浆层开裂,有时需要加一些纤维材料(如纸筋、麻刀等)。抹面砂浆需要具有某些特殊功能时,还需加入特殊集料、掺合料或者化学外加剂等。

普通抹面砂浆的功能是保护结构主体免遭各种侵蚀,提高结构的耐久性,改善结构的外观。常用的抹面砂浆有石灰砂浆、水泥混合砂浆、麻刀石灰浆(简称麻刀灰)、纸筋石灰浆(简称纸筋灰)等。

为了提高抹面砂浆的黏结力,其胶凝材料(包括掺加料)的用量比砌筑砂浆多,常常加入适量有机聚合物(占水泥质量的10%),如聚乙烯醇缩甲醛(俗称107胶)或聚醋酸乙烯等。为了提高抗拉强度,防止抹面砂浆的开裂,常加入麻刀、纸筋、稻草、玻璃纤维等纤维材料。

为了保证抹灰层表面平整,避免裂缝和脱落,常采用分层薄涂的方法,一般分为三层施工。底层起黏结作用,中层起抹平作用,面层起装饰作用。各层抹灰要求不同,所以每层所用的砂浆也不一样。用于砖墙的底层抹灰,常为石灰砂浆,有防水防潮要求时用水泥砂浆。用于混凝土基层的底层抹灰,常为水泥混合砂浆。中层抹灰常用水泥混合砂浆或石灰砂浆。面层抹灰常用水泥混合砂浆、麻刀灰或纸筋灰。

不同抹面层应选用不同稠度范围的抹面砂浆,可参考表4-3。常用普通抹面砂浆配合比及应用范围,可参考表4-4。

表4-3　抹面砂浆稠度及最大粒径选用范

抹面层	抹面砂浆稠度(mm)	砂的最大粒径(mm)
底层	100 ~ 120	2.5
中层	70 ~ 90	2.5
面层	70 ~ 80	1.2

表4-4　常用普通抹面砂浆配合比及应用范围

抹面砂浆品种	材料	配合比(v/v)	应用范围
石灰砂浆	石灰:砂	1:2 ~ 1:4	砖石墙面(檐口、女儿墙、勒脚及潮湿房间除外)
石灰黏土砂浆	石灰:黏土:砂	1:1:4 ~ 1:1:3	干燥环境墙表面
石灰石膏砂浆	石灰:石膏:砂	1:0.4:2 ~ 1:1:3	不潮湿房间的墙及预埋
石灰石膏砂浆	石灰:石膏:砂	1:2:2 ~ 1:2:3	不潮湿房间的线脚及其他装饰工程
水泥混合砂浆	石灰:水泥:砂	1:2:2 ~ 1:2:4	壁口、墙脚、女儿墙,以及比较潮湿的部位
水泥砂浆	水泥:砂	1:3 ~ 1:2.5	浴室、潮湿车间等墙裙,勒脚或地面基层
水泥砂浆	水泥:砂	1:2 ~ 1:5	墙面、天棚或墙面层
水泥砂浆	水泥:砂	1:0.5 ~ 1:1	混凝土墙面随时压光

（续）

抹面砂浆品种	材料	配合比(v/v)	应用范围
水泥混合砂浆	水泥:石膏:砂:锯末	1:1:3:5	吸声粉刷
水泥砂浆	水泥:白石子	1:2~1:1	水磨石(打底用1:2.5水泥砂浆)
水泥砂浆	水泥:白石子	1:1.5	斩假石(打底用1:2~1:2.5水泥砂浆)
麻刀石灰浆	石灰膏:麻刀	100:2.5(质量化)	板条天棚底层
麻刀石灰浆	石灰膏:麻刀	100:1.3(质量化)	板条天棚底层
纸筋石灰浆	纸筋:石灰浆	石膏1 m³ 纸筋3.6 kg	较高级墙板、天棚

4.3.2 装饰砂浆

装饰砂浆是指用作建筑物饰面的砂浆。它除了具有抹面砂浆的功能外，还兼有装饰的效果。装饰砂浆可分两类，即灰浆类和石渣类。

装饰性砂浆的组成材料有以下几种：

胶凝材料胶凝材料可采用石膏、石灰、白水泥、彩色水泥、高分子胶凝材料、硅酸盐系列水泥。

集料可采用石英砂、普通砂、彩釉砂、着色砂、大理石或花岗石加工而成的石渣等。

着色剂装饰性砂浆的着色剂应选用较好的耐候性的矿物颜料。常用的着色剂有氧化铁红、氧化铁黄、氧化铁棕、氧化铁黑、氧化铁紫、铬黄、铬绿、甲苯胺红、群青、钴蓝、锰黑、炭黑等。

1）灰浆类装饰砂浆

灰浆类装饰砂浆是用各种着色剂使水泥砂浆着色，或对水泥砂浆表面形态进行艺术处理，获得一定色彩、线条、纹理质感的表面装饰砂浆。装饰性抹面砂浆底层和中层多与普通抹面砂浆相同，只改变面层的处理方法。常用的灰浆类装饰砂浆有以下6种。

①拉毛灰：拉毛灰是用拉毛工具将罩面灰轻压后顺势用力拉去，形成很强的凹凸质感的装饰性砂浆面层。拉毛灰不仅具有装饰作用，而且具有吸声作用，一般用于外墙及影剧院等公共建筑的室内墙壁和天棚的饰面。

②甩毛灰：甩毛灰是用竹丝刷等工具将罩面灰浆甩在墙面上，形成大小不一而又有规律的云状毛面装饰性砂浆。

③假面砖：假面砖是在掺有着色剂的水泥砂浆抹面的墙面上，用特制的铁钩和靠尺，按设计要求的尺寸进行分格处理，形成表面平整，纹理清晰的装饰效果，多用于外墙装饰。

④喷涂：喷涂是用挤压式砂浆泵或喷斗将掺有聚合物的少量砂浆喷涂在墙面基层或底面上，形成装饰性面层，为了提高墙面的耐久性和减少污染，再在表面上喷一层甲基硅醇钠或甲基硅树脂疏水剂。喷涂一般用于外墙装饰。

⑤弹涂：弹涂是将掺有107胶的各种水泥砂浆，用电动弹力器，分次弹涂到墙面上，形成1~3 mm的圆状的带色斑点，最后刷一道树脂面层，起到防护作用。弹涂可用于内外墙饰面。

⑥拉条：拉条是在面层砂浆抹好后，用一凹凸状的轴辊在砂浆表面由上而下滚压出条纹。拉条饰面立体感强，适用于会场、大厅等内墙装饰。

2）石渣类装饰砂浆

石渣类装饰性砂浆有以下4种：

（1）水刷石

水刷石是将水泥和石渣按适当的比例加水拌和配制成石渣浆，在建筑物表面的面层抹灰后，待水泥浆初凝后，用毛刷刷洗，或用喷枪以一定的压力水冲洗，冲掉石渣表面的水泥浆，使石渣露出来，达到饰面的效果。一般用于外墙饰面。

（2）干黏石

干黏石是将石渣、彩色石子等黏在水泥或107胶的砂浆黏结层上，再拍平压实而成。施工时，可采用手工甩黏或机械甩喷，施工时注意石子一定要黏结牢固，不掉渣，不露浆，石渣的2/3应压入砂浆内。一般用于外墙饰面。

（3）水磨石

水磨石是由水泥、白色大理石石渣或彩色石渣、着色剂按适当的比例加水配制，经搅拌、浇筑、养护，待其硬化后，在其表面打磨，洒草酸冲洗，干燥后上蜡而成。水磨石可现场制作，也可预制。一般用于地面、窗台、墙裙等。

（4）斩假石

斩假石又称剁斧石。以水泥、石渣按适当的比例加水拌制而成。砂浆进行面层抹灰，待其硬化到一定的强度时，用斧子或凿子等工具在面层上剁斩出纹理。一般用于室外柱面、栏杆、踏步等的装饰。

4.3.3 其他品种装饰砂浆

1）防水砂浆

防水砂浆是用作防水层的砂浆。它是用特定的施工工艺或在普通水泥中加入防水剂等以提高砂浆的密实性或改善抗裂性，使硬化后的砂浆层具有防水、抗渗等性能。

防水砂浆根据施工方法可分为两种。

①利用高压喷枪将砂浆以100 m/s的高速喷到建筑物的表面，砂浆被高压空气压实，密实度大，抗渗性好，但由于施工条件的限制，目前应用还不广泛。

②人工多层抹压法，将砂浆分几层压实，以减少内部的连通孔隙，提高密实度，达到防水的目的。这种防水层的做法，对施工操作的技术要求很高。

随着防水剂产品的不断增多和防水剂性能的不断提高，在普通水泥砂浆内掺入一定量的防水剂而制成的防水砂浆，是目前应用最广泛的防水砂浆品种。

防水砂浆配合比为水泥∶砂≤1∶2.5，水灰比应为0.50～0.60，稠度不应大于80 mm。水泥宜选用32.5强度等级以上的水泥，砂子应选用洁净的中砂。防水剂的掺量按生产厂推荐的最佳掺量掺入，进行试配，最后确定适宜的掺量。

由防水砂浆构筑的刚性防水层适用于不受震动和具有一定刚度的混凝土或砖石的表面，如地下室、水池等。

2）保温砂浆

保温砂浆是以水泥、灰膏、石膏等胶凝材料与轻质集料（珍珠岩砂、浮石、陶粒等）按一定的比例配制的砂浆。它具有轻质、保温等特性。

常用的保温砂浆有水泥膨胀珍珠岩砂浆、水泥膨胀蛭石砂浆、水泥石灰膨胀蛭石砂浆等。水泥膨胀珍珠岩砂浆用 42.5 强度等级的普通水泥配制，其体积比为水泥:膨胀珍珠岩砂 = 1:(12~5)，水灰比为 1.5~2.0，热导率为 0.067~0.074 W/(m·K)，可用于砖及混凝土内墙表面抹灰或喷涂。水泥石灰膨胀蛭石砂浆的体积配合比为水泥:石灰膏:膨胀蛭石 = 1:1:(5~8)。其热导率为 0.076~0.105 W/(m·K)，一般用于平屋顶保温层及顶棚、内墙抹灰。

3）耐酸砂浆

用水玻璃和氟硅酸钠加入石英砂、花岗岩砂、铸石按适当的比例配制的砂浆，具有耐酸性。可用于耐酸地面和耐酸容器的内壁防护层。

4）防辐射砂浆

在水泥中加入重晶石粉和重晶石砂可配制具有防 X 射线的砂浆。其配合比一般为水泥:重晶石粉:重晶石砂 = 1:0.25:(4~5)。配制砂浆时加入硼砂、硼酸可制成具有防中子辐射能力的砂浆。此类砂浆用于射线防护工程。

5）吸声砂浆

用水泥、石膏、砂、锯末等可以配制成吸声砂浆。轻集料配成的保温砂浆一般也具有吸声性。如果在吸声砂浆内掺入玻璃纤维、矿物棉等松软的材料能获得更好的吸声效果。吸声砂浆用于室内的墙面和顶棚的抹灰。

单元 5　墙体材料

学习目标

1. 掌握各种墙体材料的品种、主要技术性能及应用范围。
2. 了解墙体材料的发展趋势。

5.1 砌墙砖

砌墙砖是指以黏土、水泥或工业废料等为主要原料，以不同工艺制成，在建筑工程中用于承重或非承重墙体的砖。砌墙砖是当前主要的墙体材料，具有原料易得、生产工艺简单、物理力学性能优异、价格低廉、保温绝热和耐久性较好等优点。一般按生产工艺分为两类：一类是通过焙烧工艺制得的，称为烧结砖；而通过蒸养、蒸压或自养等工艺制得的，称为免烧砖。砌墙砖按孔洞率的大小形式又分为实心砖、多孔砖和空心砖。实心砖无孔洞或孔洞率小于15%；多孔砖的孔洞率不小于25%，孔的尺寸小且数量多；空心砖的孔洞率不小于40%，孔的尺寸大且数量少。

5.1.1 烧结砖

以黏土、页岩、粉煤灰、煤矸石为主要原料，经焙烧而制成的砖称为烧结砖。根据生产原料分为黏土砖(N)、页岩砖(Y)、煤矸石砖(M)和粉煤灰砖(F)。

烧结砖的生产工艺包括原料开采、泥料制备、制坯、焙烧等工序。其中，焙烧是生产工艺中最重要的环节之一。在焙烧过程中，窑内焙烧温度的分布难以绝对均匀，因此，在烧制过程中除了正火砖外，不可避免会出现欠火砖和过火砖。欠火砖是由于烧成温度过低而造成，这种砖色浅、声哑、孔隙率大、强度低、耐久性差；过火砖由于烧成温度过高，产生软化变形，严重出现局部烧结成大块的现象，这种砖色深、声清脆、吸水率低、强度高；这两种砖均属于不合格产品。砖的焙烧温度因所用原料不同而不同，黏土砖烧结温度为950℃左右，页岩砖和粉煤灰砖为1 050℃左右，煤矸石砖为1 100℃左右。

1)烧结普通砖

烧结普通砖是指公称尺寸为240 mm×115 mm×53 mm的实心烧结砖。

(1)主要技术性质

烧结普通砖的各项技术性能指标应满足国家标准《烧结普通砖》(GB 5101—2003)规定的尺寸偏差、外观质量、强度等级、抗风化性能、泛霜和石灰爆裂等要求，且产品中不得含有欠火砖、酥砖和螺纹砖。强度和抗风化性能合格的砖，根据尺寸偏差、外观质量、强度等级、泛霜和石灰爆裂等分为优等品(A)、一等品(B)、合格品(C)三个质量等级。

烧结普通砖的检验方法按照国家标准《砌墙砖实验方法》(GB/T 2542—2012)规定执行。

①尺寸偏差和外观质量：各质量等级砖的尺寸偏差和外观质量要求见表5-1和表5-2。

表 5-1　烧结普通砖的尺寸偏差

公称尺寸（mm）	优等品（mm）		一等品（mm）		合格品（mm）	
	样本平均偏差	样本极差≤	样本平均偏差	样本极差≤	样本平均偏差	样本极差≤
240	±2.0	6	±2.5	7	±3.0	8
115	±1.5	5	±2.0	6	±2.5	7
53	±1.5	4	±1.6	5	±2.0	6

表 5-2　烧结普通砖的外观质量

项　目		优等品（mm）	一等品（mm）	合格品（mm）
两条面高度差 ≤		2	3	4
弯曲 ≤		2	3	4
杂质突出高度 ≤		2	3	4
缺棱掉角的三个破坏尺寸不得同时大于		15	20	30
裂纹长度 ≤	大面上宽度方向及其延伸至条面的长度	70	70	110
	大面上宽度方向及其延伸至顶面的长度或条顶面上水平裂纹的长度	100	100	150
	宽整面不得少于	一条面和一顶面	一条面和一顶面	
颜色		基本一致		

② 强度等级：烧结普通砖的强度等级是通过取 10 块砖试样进行抗压强度试验，根据抗压强度平均值和强度标准值划分为 MU30、MU25、MU20、MU15、MU10 共 5 个强度等级。各等级的强度标准见表 5-3。

表 5-3　烧结普通砖的强度等级

强度等级	抗压强度平均值 f ≥	变异系数 ≤0.21 强度标准 f_k	变异系数 >0.21 单块最小抗压强度 f_{min} ≥
MU30	30.0	22.0	25.0
MU25	25.0	18.0	22.0
MU20	20.0	14.0	16.0
MU15	15.0	10.0	12.0
MU10	10.0	6.5	7.5

③ 抗风化性能：抗风化性能是指在干湿变化、温度变化、冻融变化等物理因素作用下，材料不破坏，仍能保持其原有性质的能力。砖的抗风化性能与砖的使用寿命密切相关，它是烧结普通砖耐久性的重要指标。该性能除了与自身性质有关外，还与所处的环境的风化指数有关。风化指数是指日气温从正温降至负温或从负温升至正温的每年平均天数，与每年从霜冻之日起至消失霜冻之日止这一期间降雨总量（以 mm 计）的平均值的乘积。风化指数大于 12 700 为严重风化区（我国的东北、华北、西北等地区），小于 12 700 为非严重风化区（我国的华东、华南、华中、西南等地区）。砖的抗风化性能是一项综合指标，主要用吸水率、饱和系数和抗冻性等指标判别。用于严重风化地区中的黑龙江、吉林、辽宁、内蒙古和新疆等地区的烧结普通砖的抗冻性能必须符合国家标准《烧结普通砖》（GB 5101—2003）的规定；用于其他地区的烧结普通砖，如果 5 h 沸煮吸水率和饱和系数符合《烧结普通砖》（GB 5101—2003）的规定，可以不做冻融试验。见表 5-4。

表5-4　烧结普通砖的抗风化性能指标

砖的种类	严重风化地区				非严重风化地区			
	5 h 沸煮吸水率(%) ≤		饱和系数 ≤		5 h 沸煮吸水率(%) ≤		饱和系数 ≤	
	平均值	单块最大值	平均值	单块最大值	平均值	单块最大值	平均值	单块最大值
黏土砖	18	20	0.85	0.87	19	20	0.88	0.90
粉煤灰砖	21	23			23	25		
页岩砖	16	18	0.74	0.77	18	20	0.78	0.88
煤矸石砖								

注：粉煤灰掺入量(体积比)小于30%时，按黏土砖规定判定。

在严重风化的黑龙江、辽宁、吉林、内蒙古及新疆等地区必须按照标准《烧结普通砖》(GB 5101—2003)做砖的抗冻性试验，其抗冻性应满足表5-5的要求；其他严重或非严重风化地区的烧结普通砖，如果各项指标符合表5-5的规定，可以认为其抗风化性合格，不必进行冻融试验。

表5-5　严重风化地区的用砖的抗冻性指标

强度等级	抗压强度等于平均值(MPa) ≥	单块砖的干质量损失(%) ≤
MU30	23.0	2.0
MU25	19.0	
MU20	14.0	
MU15	10.0	
MU10	6.5	

④烧结普通砖的泛霜和爆裂：泛霜是指可溶性盐类如硫酸盐等在砖的使用过程中，随着砖内水分的蒸发在砖的表面逐渐析出的一层白霜。泛霜不仅影响建筑物的外观，还会造成砖表面分化与脱落，破坏砖与砂浆的黏结，导致建筑物墙体抹灰层剥落，严重的还可能降低墙的承载力。

当生产黏土砖的原料中含有石灰时，在焙烧中石灰石会煅烧成石灰留在砖内，这些生石灰吸收外界水分后，会引其熟化而造成体积膨胀，导致砖因发生局部膨胀而破坏，这种现象称为石灰爆裂。石灰爆裂对墙体的危害很大，轻者影响外观，缩短使用寿命，严重者会使砖砌体强度下降，危及建筑物的安全。

烧结普通砖对泛霜和石灰爆裂的要求应符合表5-6中的规定。

表5-6　烧结普通砖对泛霜和石灰爆裂的要求

项　目	优等品(A)	一等品(B)	合格品(C)
泛霜	无泛霜现象	无中等泛霜现象	无严重泛霜现象
石灰爆裂	不允许出现最大破坏尺寸 >2 mm 的保裂区域	(1)最大破坏尺寸 >2 mm，且≤10 mm 的爆裂区域，每组样砖不得多于15处；(2)不允许出现最大破坏尺寸10 mm 的爆裂区域	(1)最大破坏尺寸 >2，且≤15 mm 的爆裂区域，每组样砖不得多于15处，其中 >10 mm 的不得多于7处；(2)不允许出现最大破坏尺寸10 mm 的爆裂区域

（2）烧结普通砖的应用

烧结普通砖具有较高的强度，良好的绝热性、透气性和体积稳定性，较好的耐久性及隔热、隔声、价格低廉等优点，是应用最为广泛的砌体材料之一。在建筑工程中主要用作墙体材料，其中，优等品可用于清水墙和墙体装饰，一等品、合格品用于混水墙，而中等泛霜的砖不能用于潮湿部位。烧结普通砖也可用于砌筑柱、拱、烟囱、基础等，还可以与轻混凝土、加气混凝土等隔热材料混合使用，或者中间填充轻质材料做成复合墙体；在砌体中适当配置钢筋或钢丝网制作柱、过梁作为配筋砌体，代替钢筋混凝土柱或过梁等。

黏土砖的制作一般采取的是毁田取土，会导致农田被大量破坏；而且黏土砖具有自重较大、烧砖能耗高、尺寸小、施工效率低、施工成本高、性能单一、抗震性差等缺点。因此，我国自 20 世纪 90 年代开始，大力推广新型墙体材料，以空心砖、工业废渣砖及砌块、轻质板材等替代实心黏土砖。

2）烧结多孔砖和多孔砌块、烧结空心砖和空心砌块

烧结多孔砖和多孔砌块、烧结空心砖和空心砌块的原料和生产工艺与烧结普通砖基本相同，但对原料的可塑性要求更高。烧结多孔砖和多孔砌块、烧结空心砖和空心砌块具有块体尺寸大、自重较轻、隔热保温性好等优点。与烧结普通砖相比，可节约黏土 20%～30%，节约燃煤 10%～20%，且砖坯焙烧均匀，烧成率高，造价降低 20%。砌筑墙体时，可提高施工效率 20%～50%，节约砂浆 15%～60%，减轻自重 1/3 左右，同时还能改善墙体的隔热和隔声功能。它们是烧结普通砖的替代产品，属新型墙体材料。

（1）烧结多孔砖和砌块

烧结多孔砖和砌块是以黏土、页岩、煤矸石、粉煤灰、淤泥以及固体废物等为主要原料，经焙烧制成主要用于建筑物承重部位的多孔砖和多孔砌块（图 5-1）。国家标准《烧结多孔砖和多孔砌块》（GB 13544—2011）同样也规定尺寸偏差、外观质量、密度等级、强度等级、抗风化性能、泛霜和石灰爆裂等要求，并规定了产品中不得含有欠火砖（砌块）、酥砖（砌块）。

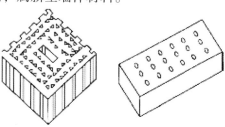

图5-1　多孔砖和多孔砌块

① 砖和砌块的长度、宽度、高度尺寸应符合下列要求：砖规格尺寸（mm）：290、240、190、180、140、115、90。砌块规格尺寸（mm）：490、440、390、340、290、240、190、180、140、115、90。

② 强度等级：根据抗压强度分为 MU30、MU25、MU20、MU15、MU10 共 5 个强度等级。

③ 密度等级：砖的密度等级分为 1 000、1 100、1 200、1 300 四个等级。砌块的密度等级分为 900、1 000、1 100、1 200 共 4 个等级。

④ 产品标记：砖和砌块的产品标记按产品名称、品种、规格、强度等级、密度等级和标准编号顺序编写。标记示例：规格尺寸 290 mm×140 mm×90 mm，强度等级 MU25，密度 1200 级的黏土烧结砖，其标记为：烧结多孔砖 N290×140 MU25，参见《烧结多孔砖和

多孔砌块》（GB 13544—2011）。

⑤ 技术要求

a. 尺寸允许偏差：尺寸允许偏差应符合表5-7的规定。

表 5-7　尺寸允许偏差要求

尺寸（mm）	样本平均偏差（mm）	样本极差（mm）≤	尺寸（mm）	样本平均偏差（mm）	样本极差（mm）≤
>400	±3.0	10.0	100～200	±2.0	7.0
300～400	±2.5	9.0	<100	±1.5	6.0
200～300	±2.5	8.0			

b. 外观质量：砖和砌块的外观质量应符合表5-8的规定。

表 5-8　外观质量要求

项　目	指　标
1. 完整面，不得少于	一条面和一顶面
2. 缺棱掉角的三个破坏尺寸，不得同时大于	30
3. 裂纹长度	
① 大面（有孔面）上深入孔壁15 mm以上宽度方向及其延伸到登门的长度，不大于	80
② 大面（有孔面）上深入孔壁15 mm以上长度方向及其延伸到登门的长度，不大于	100
③ 条顶面上的水平裂纹，不大于	100
4. 杂质在砖或砌块面上造成的凸出高度，不大于	0

注：凡有下列缺陷之一者，不能称为完整面：

① 缺损在条面或顶面上造成的破坏面尺寸同时大于 20 mm×30 mm。

② 条面或顶面上裂纹宽度大于 1 mm，其长度超过 70 mm。

③ 压陷、焦化、黏底在条面或顶面上的凹陷或凸出超过 2 mm，区域最大投影尺寸同时大于 20 mm×50 mm。

c. 强度等级：强度等级应符合表5-9的规定。

表 5-9　强度等级

强度等级	抗压强度平均值（MPa）≥	强度标准值（MPa）≥	强度等级	抗压强度平均值（MPa）≥	强度标准值（MPa）≥
MU30	30.0	22.0	MU15	15.0	10.0
MU25	25.0	18.0	MU10	10.0	6.5
MU20	20.0	14.0			

d. 孔型、孔结构及孔洞率：孔型、孔结构及孔洞率应符合表5-10的规定。

空心砌块是指空心率不小于25%的砌块。

e. 耐久性：烧结多孔砖和砌块的耐久性主要包括抗风化性能、泛霜和石灰爆裂。其要求应符合《烧结多孔砖和多孔砌块》（GB 13544—2011）的规定。

f. 放射性核素：限量砖和砌块的放射性核素限量应符合《建筑材料放射性核素限量》（GB 6566—2010）的规定。

表 5-10　孔型、孔结构及孔洞率要求

| 孔　型 | 孔洞尺寸（mm） | | 最小壁厚（mm） | 最小肋厚（mm） | 孔洞率（%） | | 1. 所有孔宽应相等，孔采用单向或双向交错排列；
2. 孔洞排列上下、左右应对称，分布均匀，爬孔的长度方向尺寸必须平行于砖的条面 |
	孔宽度尺寸 b	孔长度尺寸 L			砖	砌块	
矩形条孔或矩形孔	≤13	≤40	≤12	≥5	≥28	≥33	

注：①矩形孔的孔长 L、孔宽 b 满足 $L \geq 36$ 时，为矩形条孔。

②孔四个角应做成过渡圆角，不得做成直尖角。

③如没有砌筑砂浆槽，则砌筑砂浆槽不计算在孔洞率内。

④规格大的砖和砌块应设置手抓孔，手抓孔尺寸（30~40）mm×（75~85）mm。

（2）烧结空心砖和空心砌块

烧结空心砖是以黏土、页岩、煤矸石为主要原料，经焙烧而成的孔洞率不小于40%，孔洞平行于大面和条面，且孔的尺寸大而数量少的砖，如图5-2。烧结空心砖尺寸应满足：长度（L）不大于 365 mm，宽度（b）不大于 240 mm，高度（h）不大于 140 mm，壁厚不小于 10 mm，肋厚不小于 7 mm。在砂浆的结合面（即大面与条面）上应增设增加结合力的深 1~2 mm 的凹线槽。烧结空心砖按其表观密度分为 800、900、1 000、1 100 四个等

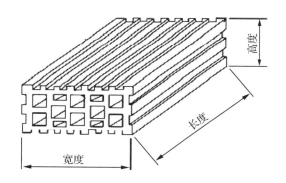

图 5-2　烧结空心砖

级，国家标准《烧结空心砖和空心砌块》（GB 13545—2014）对每个密度级的空心砖，根据孔洞及其排数、尺寸偏差、外观质量、强度等级、抗风化性能、泛霜和石灰爆裂等要求，分为优等品（A）、一等品（B）、合格品（C）三个质量等级。其尺寸偏差、外观质量和强度等级具体要求见表 5-11 至表 5-13。耐久性要求与烧结多孔砖基本相同。

烧结空心砖和空心砌块自重轻、强度较低，多用于非承重墙，如多层建筑内隔墙和框架结构的填充墙、围墙等。

表 5-11　尺寸偏差要求　　　　　　　　　　　　　　单位：mm

| 尺　寸 | 尺寸允许偏差 | | |
	优等品	一等品	合格品
>200	±4	±5	±7
100~200	±3	±4	±5
<100	±3	±4	±4

表5-12　外观质量要求

项　目		优等品	一等品	合格品
弯曲≤		3	4	5
缺棱掉角的三个破坏尺寸，不得同时大于		15	30	40
未贯穿裂纹长度≤	大面上宽度方向及延伸到条面的长度	不允许	100	140
	大面上长度方向或条面上水平方向的长度	不允许	120	160
贯穿裂纹长度≤	大面上宽度方向及延伸到条面的长度	不允许	60	80
	壁、肋延长度方向、宽度方向及水平方向的长度	不允许	60	70
壁、肋内残缺长度≤		不允许	60	80
完整面≤		一条面和一大面	一条面和一大面	
欠火砖和酥砖		不允许	不允许	不允许

表5-13　强度等级要求

强度等级	抗压强度（MPa）			密度等级范围（kg/m³）
	抗压强度平均值 f ≥	变异系数≤0.21	变异系数>0.21	
		强度标准值 f_a ≥	单块最小值抗压强度 f_{min} ≥	
MU10.0	10.0	7.0	.0	≤1 100
MU7.5	7.5	5.0	5.8	≤1 100
MU5.0	5.0	3.5	4.0	
MU3.5	3.5	2.5	2.8	
MU2.5	2.5	1.5	1.8	

3）烧结页岩砖

以泥质页岩或炭质页岩为主要原料，经粉碎、成型、干燥和焙烧而成的普通砖称为烧结页岩砖。生产这种砖可以完全不用黏土，且配料调制时用水量少，利于砖坯干燥。这种砖抗压强度为7.5~15 MPa，吸水率为20%左右，其表观密度为1 500~2 750 kg/m³，比普通黏土砖大，为减轻自重，也可烧制成空心烧结页岩砖。页岩砖的质量标准和检测方法及应用范围与烧结普通砖相同。

4）烧结煤矸石砖

以煤矸石为主要原料，经选料、粉碎、成型、干燥、焙烧而成的普通砖称为烧结煤矸石砖。煤矸石的主要成分和黏土相似。经粉碎后，根据其含碳量和可塑性进行适当配料，焙烧时基本不需要外投煤。这种砖比单靠外部燃料烧的砖可节省用煤量50%~60%，并可节省大量的黏土。烧结煤矸石砖抗压强度为10~20 MPa，抗折强度为2.3~5.0 MPa，吸水率为15%左右，其表观密度为1 400~1 650 kg/m³，也可烧制成空心砖。在一般的工业与民用建筑中，可完全代替普通砖使用。

5）烧结粉煤灰砖

以粉煤灰为主要原料，掺入煤矸石或黏土等胶结砖料，经配料、成型、干燥和焙烧而成的普通砖称为烧结粉煤灰砖。配料时，粉煤灰的用量可达 50%。这类砖属于半内燃砖，表观密度小，为 1 300~1 400 kg/m³，颜色淡红到深红，抗压强度为 10~15 MPa，抗折强度为 3.0~40 MPa，吸水率为 20% 左右，能满足砖的抗冻性要求。烧结粉煤灰砖可代替普通砖在工业与民用建筑中使用。

5.1.2 非烧结砖

不经焙烧制成的砖均为非烧结砖，如免烧免蒸砖、蒸压蒸养砖、碳化砖等。目前应用较广的是蒸养（压）砖，这类砖是以钙质材料（石灰、水泥、电石渣等）和硅质材料（砂、粉煤灰、煤矸石、矿渣、炉渣等）为主要原料，经坯料制备、压制成型，在自然条件下或人工蒸养（压）条件下，发生化学反应，生成以水化硅酸钙、水化铝酸钙为主要胶结产物的硅酸盐建筑制品。

非烧结砖主要品种有灰砂砖、粉煤灰砖、煤渣砖等。与烧结普通砖相比，非烧结砖能节约土地资源和燃煤，且能充分利用工业废料，减少环境污染。其规格尺寸与烧结普通砖相同。

1）蒸压灰砂砖

以砂和石灰为主要原料，可掺入颜料和外加剂，经坯料制备、压制成型和高压蒸汽养护而成的砖称为灰砂砖。

根据国家标准《蒸压灰砂砖》（GB 11945—1999）的规定，灰砂砖按照抗压强度和抗折强度分为 MU25、MU20、MU15、MU10 共 4 个强度等级。根据产品的尺寸偏差、外观质量、强度和抗冻性分为优等品（A）、一等品（B）、合格品（C）3 个等级。其强度指标和抗冻性指标应符合表 5-14 的规定。

灰砂砖主要用于工业与民用建筑中。MU25、MU20 和 MU15 可用于基础和其他建筑；MU10 可用于防潮层以上的建筑。灰砂砖（水化产物氢氧化钙、碳酸钙等）不耐酸、不耐热，因此，不得用于长期高于 200℃ 及急冷急热和有酸性介质侵蚀的建筑部位，如不能砌筑烟囱和炉衬等；也不宜用于有流水冲刷的部位。

表 5-14　灰砂砖强度指标和抗冻性指标

强度等级	抗压强度（MPa）		抗折强度（MPa）		抗冻性（15 次冻融循环）	
	平均值 ≥	单块值 ≥	平均值 ≥	单块值 ≥	冻后抗压强度平均值（MPa）≥	单块砖的干质量损失（%）≤
MU25	25.0	20.0	5.0	4.0	20.0	2.0
MU20	20.0	16.0	4.0	3.2	16.0	2.0
MU15	15.0	12.0	3.3	2.6	12.0	2.0
MU10	10.0	8.0	2.5	2.0	8.0	2.0

2）蒸压粉煤灰砖

以粉煤灰、石灰和水泥为主要原料，掺入适量的石膏和集料，经坯料制备、压制成型和高压蒸汽养护或自然养护而成的砖称为粉煤灰砖。

根据行业标准《粉煤灰砖》(JC 239—2014)的规定，粉煤灰砖按照抗压强度和抗折强度分为 MU30、MU25、MU20、MU15、MU10 五个强度等级。根据产品的尺寸偏差、外观质量、强度等级、干燥收缩分为优等品(A)、一等品(B)、合格品(C)三个等级。其强度指标和抗冻性指标应符合表 5-15 的规定。

蒸压粉煤灰的干缩率较大，所以标准规定，优等品及一等品的干燥收缩率应不大于 0.65 mm/m，合格品的干燥收缩率应不大于 0.75 mm/m。

表 5-15　蒸压粉煤灰砖强度指标

强度等级	抗压强度(MPa)≥		抗折强度(MPa)≥		15 次冻融循环后的抗冻性	
	10 块平均值	单块最小值	10 块平均值	单块最小值	10 块抗压强度(MPa)≥	单块质量损失率(%)≤
MU30	30.0	24.0	6.2	5.0	24.0	
MU25	25.0	20.0	5.0	4.0	20.0	
MU20	20.0	16.0	4.0	3.2	16.0	2.0
MU15	15.0	12.0	3.3	2.6	12.0	
MU10	10.0	8.0	2.5	2.0	8.0	

3）蒸压炉渣砖

我国自 20 世纪 20 年代上海开始生产炉渣砖，到 20 世纪 60 年代之后的一段时间发展较快，曾因消纳工业废渣而得到国家新型建材鼓励政策的扶持和推广，目前因受城市燃煤锅炉规模减小和燃煤收尘方式的改进，炉渣集中供应量降低，生产量逐渐减少。

蒸压炉渣砖以炉渣为主要原料，加入适量的石灰和少量石膏，经过配料、加水搅拌、陈化、轮碾、成型和蒸汽或蒸压养护制得，产品标准为《炉渣砖》(JC/T 525—2007)，一般为实心砖，尺寸规格与烧结普通砖相同，强度为 10 ~ 25 MPa，表观密度 1.5×10^3 ~ 2.0×10^3 kg/m³，根据强度和碳化性能分为 20 MPa、15 MPa、10 MPa、7.5 MPa 四个强度等级，见表 5-16。当用于基础、易受冻、干湿循环等环境或防潮层以下部位时，必须采用 15 MPa 以上的砖。

表 5-16　蒸压炉渣砖强度指标

强度等级	抗压强度(MPa)		抗折强度(MPa)		碳化性能
	10 块平均值	单块最小值	10 块平均值	单块最小值	平均抗压强度(MPa)≥
20MPa	20.0	15.0	4.0	3.0	14.0
15MPa	15.0	11.0	3.2	2.4	10.5
10MPa	10.0	7.5	2.5	1.9	7.0
7.5MPa	7.5	5.6	2.0	1.5	5.2

对生产原料的要求，炉渣含碳量小于20%，破碎筛分后粒径在 20 ~ 10 mm 的颗粒要低于10%，生石灰须经过磨细，过 0.08 mm 方孔筛的筛余不大于20%，石膏中三氧化硫含

量大于 35% 。以质量计，生石灰用量一般为 8%~12%，采用电石渣、消石灰时用量应适当增加，以保证混合料中有效氧化钙含量为 6%~10%；石膏用量 1%~3%；用水量与混合料的消化及砖坯的成型方式有关，用水过多对强度不利，过少则混合料松散，成型困难。采用蒸汽养护时的恒温温度为 95~100 ℃。

5.2 砌块

砌块是指比普通尺寸大的块材，实际工程中多采用高度为 18~350 mm 的小型砌块，一般采用当地的工农业固体废弃物制作，由于其施工速度快、效率高、能够改善墙体的功能，所以是我国政策推广的新型墙体材料，近年来发展迅速。其品种规格很多，主要包括混凝土空心砌块(含小型和中型砌块两类)、蒸压加气混凝土砌块、轻集料混凝土砌块、粉煤灰砌块、煤矸石砌块、石膏砌块、菱镁砌块、大孔混凝土砌块等。其中，混凝土小型砌块、蒸压加气混凝土砌块、粉煤灰硅酸盐砌块和石膏砌块等在实际中的应用较多。由于砌块体积较大，不便于通过砍削来补充其错缝时在端头留下的不规则缺口，所以，在我国实际应用中常采用普通砖与其配合使用。

5.2.1 蒸压加气混凝土砌块

蒸压加气混凝土砌块是用钙质材料(如石灰、水泥等)、硅质材料(如石英砂、粉煤灰、粒化高炉矿渣等)和发气剂(铝粉等)为原料，经加水搅拌、浇筑成型、化学反应发气膨胀、预养切割和高压蒸汽养护等工艺制成的轻质多孔硅酸盐砌块。

1)主要技术指标

(1)强度及强度等级

根据国家《蒸压加气混凝土砌块》(GB 11968—2006)的规定，按砌块的抗压强度 1.0 MPa、2.0 MPa、2.5 MPa、3.5 MPa、5.0 MPa、7.5 MPa、10.0 MPa，蒸压加气混凝土砌块分为 A1.0、A2.0、A2.5、A3.5、A5.0、A7.5 和 A10.0 七个级别。各等级砌块的立方体抗压强度不得小于表 5-17 的规定，各强度级别砌块应符合表 5-18 的规定。

表 5-17 砌块的立方体抗压强度

强度等级	立方体抗压强度(MPa)		强度等级	立方体抗压强度(MPa)	
	平均值不小于	单组最小值不小于		平均值不小于	单组最小值不小于
A1.0	1.0	0.8	A5.0	5.0	4.0
A2.0	2.0	1.6	A7.5	7.5	6.0
A2.5	2.5	2.0	A10.0	10.0	8.0
A3.5	3.5	2.8			

表 5-18　砌块的强度级别

干密度级别		B03	B04	B05	B06	B07	B08
强度等级	优等品（A）	A1.0	A2.0	A3.5	A5.0	A7.5	A1.00
	合格品（B）			A2.5	A3.5	A5.0	A7.5

（2）干体积密度

根据国家《蒸压加气混凝土砌块》（GB 11968—2006）的规定，按砌块的干体积密度 300 kg/m³、400 kg/m³、500 kg/m³、600 kg/m³、700 kg/m³、800 kg/m³ 相应分为 B03、B04、B05、B06、B07、B08 六个级别。各级别的干体积密度值应符合表 5-19 的规定。

表 5-19　砌块的干密度

干密度级别		B03	B04	B05	B06	B07	B08
干密度	优等品（A）≤	300	400	500	600	700	800
	合格品（B）≤	325	425	525	625	725	825

加气混凝土砌块的干燥收缩、抗冻性、导热、隔热等有要求，具体应符合表 5-20 的规定。

表 5-20　砌块的干燥收缩、抗冻性、导热率

干密度级别		B03	B04	B05	B06	B07	B08
干燥收缩值①	标准法（mm/m）≤			0.50			
	快速法（mm/m）≤			0.80			
抗冻性	质量损失（%）≤			5.0			
		0.8	1.6	2.8	4.0	6.0	8.0
				2.0	2.8	4.0	6.0
热导率（干态）[W·(m·K)]≤		0.10	0.12	0.14	0.15	0.18	0.20

　　① 规定采用标准法、快速法测定砌块干燥收缩值，若测定结果发生矛盾不能判定时，则以标准法测定的结果为准。

（3）外观质量

蒸压加气混凝土砌块按照表 5-21 中的质量指标划分为优等品（A）和合格品（B）两个等级。

表 5-21　砌块的尺寸偏差和外观

项　　目				指　　标	
				合格品（A）	合格品（B）
尺寸允许偏差（mm）	长度		L	±3	±4
	宽度		B	±1	±2
	高度		H	±1	±2
缺棱掉角	最小尺寸（mm）≤			0	30
	最大尺寸≤（mm）≤			0	70

（续）

项　目		指　标	
		合格品（A）	合格品（B）
裂纹长度	贯穿一棱二面的裂纹长度不得大于裂纹所在面的裂纹方向尺寸总和的（%）	0	1.3
	任一面上的裂纹长度不得大于裂纹方向尺寸的（%）	0	1.2
	大于以上尺寸的裂纹条数（条）≤	0	2
爆裂、黏膜和损坏深度（mm）≤		10	30
平面弯曲		不允许	
表面疏松、层裂		不允许	
表面油污		不允许	

2）应用

加气混凝土砌块的质量只有黏土砖的 1/3，所以其质量轻，高温隔热性能好，易于加工，施工方便快捷。B03、B04、B05 级别的砌块通常用于非承重结构的维护和填充墙，也可用于屋面保温，B06、B07、B08 级别的砌块可用于 6 层及以下建筑的承重墙。

在处于表面温度高于 80 ℃ 或长期受干湿循环或酸碱侵蚀的环境中，或者在标高线 ±0 以下且有长期浸水条件的环境中，不允许使用蒸压加气混凝土砌块。加气混凝土砌块在出蒸压釜以后的初期一段时间内，收缩值比较大，如果很快应用于建筑中，很容易产生墙体的裂纹、裂缝，所以在其出厂前应有足够的陈化期，以保证其充分的体积稳定性。

3）砌筑工程

砌筑前应先浇水润湿，采用切锯工具而不得用刀砍斧凿方式切砖，墙上不得留手脚印，底层靠近地面至少 200 mm 以内宜采用耐水性好的烧结普通砖或多孔砖等代替加气混凝土砌块，除此以外，不得与其他类型或不同密度、强度等级的砖、砌块混砌；与承重墙衔接处应在承重墙中预埋拉结钢筋，临时间断处应留斜槎。

5.2.2　普通混凝土小型空心砌块

混凝土小型空心砌块是以普通水泥、砂石为原料，加水搅拌、振动加压成型，经养护而成，并且有一定空心率的砌块。其主规格尺寸为 390 mm × 190 mm × 190 mm，其孔数有单排孔、双排孔。最小外壁厚应不小于 30 mm，最小肋厚应不小于 25 mm。其空心率为 25%～50%。

混凝土小型空心砌块按其强度等级分为 MU3.5、MU5.0、MU7.5、MU10.0、MU15.0、MU20.0 六个强度等级。按其尺寸偏差、外观质量分为优等品（A）、一等品（B）及合格品（C）。

混凝土小型空心砌块按产品名称（代号 NHB）、强度等级、外观质量等级和标准编号的顺序进行标记。例如，强度等级为 MU7.5，外观质量为优等品（A）的砌块，其标记为：NHB MU7.5A，参见《普通混凝土小型砌块》（GB 8239—2014）。

1）普通混凝土小型空心砌块的技术要求

（1）强度等级

普通混凝土小型空心砌块的抗压强度应符合《普通混凝土小型砌块》（GB/T 8239—2014）的规定，见表5-22。

表5-22 普通混凝土小型空心砌块的抗压强度

强度等级	砌块抗压强度		强度等级	砌块抗压强度	
	平均值≥	单块最小值≥		平均值≥	单块最小值≥
MU3.5	3.5	2.7	MU10.0	10	8
MU5.0	5	4	MU15.0	15	12
MU7.5	7.5	6	MU20.0	20	16

（2）抗渗性

对用于清水墙的砌块，其抗渗性应满足表5-23的规定。

表5-23 抗渗性

项目名称	指　标
水面下降高度	三块中任一块≤10 mm

（3）抗冻性

普通混凝土小型空心砌块的抗冻性应符合表5-24的规定。

表5-24 抗渗冻性

使用环境条件		抗冻标号	指　标
非采暖地区		不规定	
采暖地区	一般环境	D15	强度损失≤25%
	干湿交替环境	D25	质量损失≤5%

注：非采暖地区指最冷月份平均气温高于−5℃的地区；采暖地区指最冷月份平均气温低于或等于−5℃的地区。

2）普通混凝土小型空心砌块的应用

普通混凝土小型空心砌块具有强度较高、自重较轻、耐久性好、外表尺寸规整等优点，部分类型的混凝土砌块还具有美观的饰面以及良好的保温隔热性能，适用于建造各种居住、公共、工业、教育、国防和安全性质的建筑，包括高层与大跨度的建筑，以及围墙、挡土墙、桥梁、花坛等市政设施，应用范围十分广泛。混凝土砌块施工方法与普通烧结砖相近，在产品生产方面还具有原材料来源广泛、不毁坏良田、能利用工业废渣、生产能耗较低、对环境的污染程较小、产品质量容易控制等优点。

混凝土砌块在19世纪末起源于美国，经历了手工成型、机械成型、自动振动成型等阶段。混凝土砌块有空心和实心之分，有多种块型，在世界各国得到广泛应用，许多发达国家已经普及了砌块建筑。我国从20世纪60年代开始对混凝土砌块的生产和应用进行探索。1974年，原国家建材局开始把混凝土砌块列为积极推广的一种新型建筑材料。20世纪 80 年代，我国开始研制和生产各种砌块生产设备，有关混凝土砌块的技术立法工作也不断取得进展，并在此基础上建造了许多建筑。在 20 多年的时间中，我国混凝土砌块的生产和应用虽然取得了一些成绩，但仍然存在许多问题，例如，空心砌块存在强度不高、块体较重、易产生收缩变形、保温性能差、易破损、不便砍削加工等缺点，这些问题亟待解决。

5.3 墙用板材

5.3.1 薄板类墙用板材

薄板类墙用板材有纸面石膏板、GRC 平板、蒸压硅酸钙板、水泥刨花板、水泥木屑板等。

1) 纸面石膏板

纸面石膏板是以建筑石膏为胶凝材料，并掺入适量添加剂和纤维作为板芯，以特制的护面纸作为面层的一种轻质板材。纸面石膏板具有质量轻、隔声、隔热、加工性能强、施工方法简便的特点。根据用途不同可分为普通纸面石膏板、防火纸面石膏板和防水纸面石膏板 3 个品种。根据形状不同，纸面石膏板的板边有矩形（PJ）、45°倒角形（PD）、楔形（PC）、半圆形（PB）和圆形（PY）五种。

普通纸面石膏板适用于建筑物的围护墙、内隔墙和吊顶。在厨房、厕所以及空气相对湿度经常大于 70% 的潮湿环境使用时，必须采用相应的防潮措施。

防水纸面石膏板的纸面经过防水处理，而且石膏芯材也含有防水成分，因而适用于湿度较大的房间墙面。由于它有石膏外墙衬板、耐水石膏衬板两种，可用于卫生间、厨房、浴室等贴瓷砖、金属板、塑料面砖墙的衬板。

耐火纸面石膏板主要用于对防火有较高要求的房屋建筑中。

2) GRC 平板

GRC 平板全名为玻璃纤维增强低碱度水泥轻质板，由耐碱玻璃纤维、低碱度水泥、轻集料与水为主要原料制成。GRC 平板具有密度低、韧性好、耐水、不燃、隔声、易加工等特点。

GRC 平板分为多孔结构及蜂巢结构，适用于工业与民用建筑非承重结构内隔断墙。主要用于民用建筑及框架结构的非承重内隔墙，如高层框架结构建筑、公共建筑及居住建筑的非承重内隔墙、浴室、厨房、阳台、栏板等。

3) 条板类墙用板

条板类墙用板材是长度为 2 500 ~ 3 000 mm、宽度为 600 mm、厚度在 50 mm 以上的一类轻质板材，轻质板材可独立用作内隔墙。主要有蒸压加气混凝土条板、轻质陶粒混凝土条板、石膏空心条板等。

蒸压加气混凝土板条是以水泥石灰和硅质材料为基本原料，以铝粉为发气剂，配以钢筋网片，经过配料、搅拌成型和蒸压养护等工艺制成的轻质板材。

蒸压加气混凝土板条具有密度小，防火和保温性能好，可钉、可锯、容易加工等特点。主要适用于工业与民用建筑的外墙和内隔墙。

5.3.2 复合墙板

复合墙板是一种工业化生产的新一代高性能建筑内隔板，由多种建筑材料复合而成，代替了传统的砖瓦，它具有环保节能无污染，轻质抗震、防火、保温、隔音、施工快捷的明显优点。

复合墙板产品特点有：强度高、重量轻、环保、保温、隔热、隔音、防火、防潮及安装快捷等综合优点，是现代建筑理想的节能型墙体材料。

复合墙板采用普通硅酸盐水泥、沙和粉煤灰或其他工业废弃物如水渣、炉渣等作为细骨料，再加入聚苯乙烯颗粒和少量的无机化学助剂，配合全自动高效率强制轻集料专用搅拌系统，在搅拌过程中引入空气形成芯层蜂窝状稳定气孔进一步来减轻产品容重，既降低了材料成本，又能达到理想的保温和隔音效果。聚苯颗粒和气孔均匀地分布在产品的里面，使得混凝土形成圆形蜂窝状骨架，从而相互支撑，增加抗压能力。加入粉煤灰不仅提高了混凝土浆料的和易性，最重要是增强了水泥后期强度，从而增强了产品养护完成后的强度，抗折强度增加 80%，断裂模量增加 50% 以上，使用粉煤灰还享受国家节能减排的税收优惠政策，企业数年免税等一系列优惠。

钢丝网架水泥夹芯板是由三维空间焊接的钢丝网骨架和聚苯乙烯泡沫塑料板或半硬质岩棉板构成网架芯板，两面再喷抹水泥砂浆面层后形成的一种复合式墙板。钢丝网架水泥夹芯板在墙体中有 3 种应用方法：非承重内隔墙、钢筋混凝土框架的围护墙、绝热复合外墙。钢丝网架水泥夹芯板近年来得到了迅速发展，该板具有强度高、质量轻、不碎裂、隔热、隔声、防火、抗震、防潮和抗冻等优良性能。

钢丝网架水泥夹芯板有集合式和整体式两种。两种形式均是用连接钢筋把两层钢丝网焊接成一个稳定的、性能优越的空间网架体系。

按照结构形式的不同及所采用保温材料的不同，可将钢丝网架水泥夹芯板分为以下种类。

① 泰柏板：泛指采用聚苯乙烯泡沫板作为保温芯板的钢丝网架水泥夹芯板。

② GY 板：指钢丝网架中起保温作用的芯板，是岩棉半硬板。岩棉半硬板具有导热率小、不燃、价格低廉（原材料可采用工业废渣）等许多优点。

单元 6 建筑金属材料

学习目标

1. 掌握建筑金属材料的分类和性能。
2. 掌握铜和铜合金制品、铝和铝合金制品的技术性质及应用。
3. 熟悉钛金属板和钛锌金属板的特点和应用。

金属装饰材料分为黑色金属和有色金属两大类。黑色金属包括铸铁和钢材，其中的钢材主要是作房屋、桥梁等的结构材料，只有钢材的不锈钢用作装饰使用。有色金属包括有铝及铝合金、铜及铜合金、金、银等，它们被广泛地用于建筑装饰装修中。现代金属装饰材料用于建筑物中更是多种多样，丰富多彩。这是因为金属装饰材料具有独特的光泽和颜色作为建筑装饰材料，金属庄重华贵，经久耐用，均优于其他各类建筑装饰材料。现代常用的金属装饰材料包括有铝及铝合金、不锈钢、铜及铜合金。

6.1　建筑钢材

6.1.1　建筑钢材概述

1）钢材的冶炼

铁元素在自然界中一般以化合物的形式存于铁矿石中。将铁矿石、焦炭、石灰石（助熔剂）在高炉中加热，使焦炭与矿石中的氧化铁发生还原反应和造渣反应而使得铁和氧分离的过程称为炼铁。这种方法得到的铁中含有大量的碳和其他如硫、磷等杂质，其中碳的含量为 $2.06\% \sim 6.67\%$，因而使铁的性能较为脆硬，没有塑性，不能进行加工和使用。炼钢实质上就是将铁在足够的氧气中进一步熔炼，通过高温氧化作用除去大部分碳和杂质而得到含碳量低于 2.06% 的铁碳合金的过程。钢在强度、韧性等方面都优于铁，因此得到了广泛的应用。

按冶炼设备不同，炼钢的方法基本分为 3 种：平炉炼钢法、氧气转炉炼钢法和电炉炼钢法。目前较为普遍和常用的是氧气转炉炼钢法，具有冶炼速度快、生产效率高、成本低、钢质量好等优点。电炉法由于具有流程短、容积小、能耗低、投资少、控制严格、钢质量好、对环境污染小以及利用废旧物等优点，因而具有较大的发展空间。而平炉炼钢由于其成本高、投资大、冶炼时间长等缺点基本被淘汰。

2）钢材的分类

（1）按化学成分分类

① 碳素钢：碳素钢是指含碳量在 $0.02\% \sim 2.06\%$ 的钢。其化学成分主要是铁，其次是碳，还有少量的硅、锰、硫、磷等微量元素。按照含碳量的多少，又把碳素钢分为低碳钢（含碳量低于 0.25%）、中碳钢（含碳量 $0.25\% \sim 0.60\%$）、高碳钢（含碳量高于 0.60%）和超高碳钢（含碳量超过 1.0%）。低碳钢在土木工程中应用较多。

② 合金钢：合金钢是指在炼钢的过程中加入了一定量的合金元素使钢材的某些性能发生改变。常用的合金元素有锰、钒、铌、铬等。这些合金元素的加入大大地改善了钢材的使用、加工等性能。按照合金元素总量的不同，又将合金钢分为低合金钢（合金元素总含量小于 5%）、中合金钢（合金元素总含量在 $5\% \sim 10\%$）和高合金钢（合金元素总含量大于 10%）。

（2）按脱氧程度分类

① 镇静钢：用硅、铝等脱氧时，脱氧完全，同时还有去除硫的作用，钢液注入锭模时

能平静充满整个模具，基本无 CO 气泡产生，故称为镇静钢。这种钢均匀密实、性能稳定、质量较好，但其成本较高，因而一般用于承受冲击荷载或重要的结构中。

② 沸腾钢：用锰铁脱氧时，脱氧不完全，在钢液浇注后，冷却过程中氧化亚铁与碳化合生成 CO 气体，引起钢渣呈沸腾状，因而称为沸腾钢。由于沸腾钢内部有大量气泡和杂质，使得成分分布不均、密实度差、强度低、韧性差、质量差，但其成本低、产量高，因而又被广泛应用于一般建筑结构中。

③ 半镇静钢：指脱氧程度和性能都介于镇静钢和沸腾钢之间的钢。

（3）按杂质含量分类

根据钢中杂质的多少又可以把钢分为以下 4 类。

① 普通钢：含磷量不大于 0.045%；含硫量不大于 0.050%。

② 优质钢：含磷量不大于 0.035%；含硫量不大于 0.035%。

③ 高级优质钢：含磷量不大于 0.025%；含硫量不大于 0.025%。

④ 特级优质钢：含磷量不大于 0.025%；含硫量不大于 0.015%。

另外按功能和用途又可分为结构钢、工具钢、特殊钢。

3）钢材的化学成分及其对钢材性能的影响

钢材中所含元素很多，除 Fe 之外，还含有 C、Si、Mn、Ti、V、Nb、Cr、P、S、N、O 等元素，这些元素虽然含量较低，但它们对钢材的性能和质量有很大的影响。

（1）C

C 是决定钢材性能的重要元素，因为 C 含量的多少直接影响钢材的晶体组织。在含 C 低于 0.8% 时，常温下钢材的基本组织为铁素体和珠光体，随着 C 含量的增加，珠光体相对含量增大，铁素体相应减少，所以钢材强度和硬度增大，塑性和韧性减小。但当 C 含量超过 1.0% 时，随 C 含量的增加，呈网状分布于珠光体表面的渗碳体使钢材变脆，钢材表现出强度、塑性和韧性降低，耐蚀性和可焊性也变差，冷脆性和时效敏感性增大。

（2）Si

Si 是在炼钢过程中作为脱氧剂被加入而残留下来的，大部分溶于铁素体中，它是一种有益的元素，因为当钢材中含 Si 的量在低于 1% 时，Si 的加入，能够显著地提高钢材的机械强度，且对钢材的塑性、韧性、无明显影响。故 Si 是我国钢筋用钢材的主加合金元素。

（3）Mn

Mn 也是在炼钢过程中作为脱氧剂和脱硫剂被加入的，Mn 溶于铁素体中，同 Si 元素一样，也是一种有益元素。它能消减由硫和氧引起的钢材的热脆性。Mn 是钢材的重要的元素，它有助于生成纹理结构，增加钢材的坚固性、强度及耐磨损性能。其含量为 1%~2% 时，它溶于铁素体中使其强化，并将珠光体细化增强。当 Mn 的含量为 11%~14% 时，称为高锰钢，具有较高的耐磨性。

（4）Ti、V、Nb、Cr

Ti、V、Nb、Cr 都是炼钢时的强脱氧剂，能细化晶粒，提高钢材的性能。Ti 与 N 有非常强的亲和力，两者相结合可以形成 TiN，这种物质能够固定住钢材中的氮元素，并在钢材中以细小的质点均匀分布来控制晶粒的大小，故能够有效地提高钢的强度，改善钢的韧性、可焊性，但会稍降低塑性。V 能增强钢的抗磨损性能和延展性。Nb 的加入能降低钢的过热敏感性及回火脆性，提高强度，但塑性和韧性有所下降。Cr 在结构钢和工具钢中，能显著提高钢的强度、硬度和耐磨性，同时又能提高钢的抗氧化性和耐腐蚀性，因而是不锈钢、耐热钢的重要合金元素。

（5）P

P 是钢中有害杂质之一，它是原料中带入的，溶于铁素体中起强化作用。由于 P 的偏析倾向较严重，所以含磷较多的钢，在室温或更低的温度下使用时，容易脆裂，称为冷脆。钢中含碳越高，由磷引起的脆性越严重。在一般情况下，P 能增加钢的冷脆性、降低钢的焊接性、塑性及冷弯性。因此钢中 P 的含量要求低于 0.045%，优质钢中含量要求更少。

（6）S

S 是有害元素，它是原料中带入的，多以 FeS 的形式存在。由于其熔点低，易使钢产生热脆性，同时降低钢的延展性、韧性和耐腐蚀性，在锻造和轧制时形成裂纹，对焊接性能也造成不利影响。所以建筑钢材中 S 的含量要求小于 0.045%。

（7）N、O

N、O 都是有害元素，都会严重降低钢材的塑性、韧性和可焊性，增加时效敏感性，所以要控制它们在钢材中的含量。通常要求钢中 O 含量不能大于 0.03%，N 含量不能超过0.008%。

6.1.2　建筑钢材的技术要求与应用

1）钢材的技术性质

（1）力学性能

① 拉伸性能：拉伸性能是钢材最重要的使用性能。钢材在受拉时，在产生应力的同时也会相应地产生应变。应力和应变的关系能反映出钢材的主要力学特征。低碳钢受拉时的应力—应变曲线（图6-1）可以清楚地显示出钢材在拉伸过程中经历了 4 个阶段。

第一阶段：弹性阶段（OA 段）

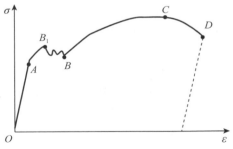

图 6-1　低碳钢受拉时的应力—应变曲线图

从图 6-1 中可以看出，在此阶段，应力较小，应力与应变呈正比例关系增加。若此时卸去荷载，试件将能完全恢复到原来的状态，无残余变形，所以这一阶段称为弹性阶段。最高点 A 对应的应力称为弹性极限 σ_p。在 OA 段图 6-1 低碳钢受拉时的应力—应变图内，应力与应变的比值为常数，称为弹性模量，用 E 表示，即 $E = \sigma/\varepsilon$。弹性模量能够反映钢材的抗变形性能，即刚度，它是钢材在受力条件下计算结构变形的重要指标。一般土木工程中常用的低碳钢的弹性模量 E 为 $2.0 \times 10^5 \sim 2.1 \times 10^5$ MPa。

第二阶段：屈服阶段（AB 段）

当应力超过比例极限后，应变的增长速度会超过应力的增长速度，应力—应变不再呈现出比例关系，此时，试件不但产生弹性变形，而且开始产生塑性变形。当应力达到 B_1

点后，塑性变形迅速增加，应力—应变曲线出现一个波动的小平台，这时称为屈服阶段。B_1 是这一段应力的最高点，称为上屈服点，而 B 是这一段应力的最低点，称为下屈服点。因为下屈服点较为稳定容易测得，所以取下屈服点为钢材的屈服强度 σ_s。

钢材受力达屈服点后，变形会迅速增长，尽管其还没有断裂，但已不能满足使用要求，故结构设计中以屈服强度作容许应力取值的依据。

第三阶段：强化阶段(BC 段)

当钢材屈服到一定程度后，由于试件内部组织即晶格扭曲、晶粒破碎等原因，抵抗变形能力又重新提高，故称为强化阶段。从图 6-1 中可以看到，随着变形的增大，应力也在不断地增加。对应于最高点 C 的应力称为极限抗拉强度 σ_b，它是钢材所能承受的最大的拉应力。

抗拉极限强度不能作为钢材最大拉力来进行设计，但是抗拉强度与屈服强度之比(强屈比)σ_b/σ_s，却是反映钢材的利用率和结构安全可靠程度的指标。强屈比越大，钢材的可靠性越大，结构安全性越大，但强屈比太大，钢材强度的利用率偏低，浪费材料。因而要合理地选用强屈比，在保证安全可靠的前提下，尽量提高钢材的利用率。钢材的强屈比一般不低于 1.2，用于抗震结构的普通钢筋实测的强屈比不应低于 1.25。

第四阶段：颈缩阶段(CD 段)

图 6-1 中 CD 段为颈缩阶段。试件受力达到最高点 C 以后，其抵抗变形能力明显降低，试件薄弱处的断面显著减小，塑性变形急剧增加，试件被拉长，直到断裂。

拉断后的试件在断裂处对接到一起，尽量使其轴心线位于同一条直线上，如图 6-2 所示，测量断后标距 L_1，标距的伸长值与原始标距 L_0 比值的百分率称为钢材的伸长率，以 δ 表示。

$$\delta = \frac{L_1 - L_0}{L_0} \times 100\% \tag{6-1}$$

式中　L_0——试件原始标距长度，mm；

　　　L_1——断裂拼合后标距长度，mm。

伸长率是衡量钢材塑性的重要技术指标，伸长率越大，说明钢材的拉伸性能越好，塑性越大。由于钢材在拉伸过程中塑性变形的不均匀性，使得颈缩处的变形较大，因此原始标距与原直径比值越大，颈缩处的伸长值占总伸长值的比例越小，计算得出的伸长率 δ 也就越小。一般钢材取原标距长度 L_0 为 $5d_0$ 或 $10d_0$，其伸长率分别为 δ_5 和 δ_{10}，对于同一钢材而言 δ_5 要大于 δ_{10}。

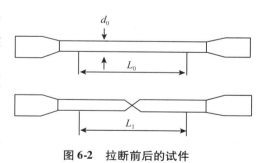

图 6-2　拉断前后的试件

钢材的塑性变形还可以用断面收缩率 φ 来表示。

$$\varphi = \frac{A_0 - A_1}{A_0} \times 100\% \tag{6-2}$$

式中　A_0——试件原始截面面积，mm^2；

　　　A_1——试件断后颈缩处截面面积，mm^2。

　　伸长率和断面收缩率均表示钢材断裂前经受塑性变形的能力。但伸长率越大或断面收缩率越高，说明钢材的塑性越大。钢材塑性大，不仅便于进行各种加工，而且能保证钢材在建筑上的安全使用。因为钢材的塑性变形能调整局部高峰应力，使之趋于平缓，以免引起建筑结构的局部破坏及其所导致的整个结构的破坏；钢材在塑性破坏前，有很明显的变形和较长的变形持续时间，便于人们及早发现和采取补救措施。

　　② 冲击韧性：冲击韧性是指钢材抵抗冲击荷载的能力，冲击韧性值 σ_k 用标准试件以摆锤从一定高度自由落下冲断"V"形试件时单位面积所消耗的功来表示(图6-3)。

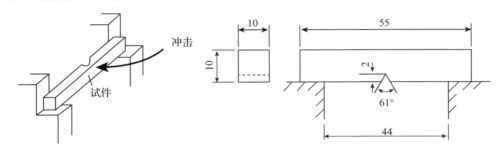

图6-3　冲击韧性试验示意

$$\sigma_k = \frac{W}{A} \tag{6-3}$$

式中　　W——冲击试件所消耗的功，J；

　　　　A——试件在缺口处的横截面积，cm^2。

　　σ_k 越大，钢材的冲击韧性越好，抵抗冲击作用的能力越强，受脆性破坏的危险性越小。钢材冲击韧性 σ_k 的影响因素很多，如化学成分、冶炼轧制质量、内部组织状态、温度等。钢材中硫、磷含量高，含有非金属夹杂物，焊接中有微裂纹等都会使 σ_k 降低。温度对钢材的冲击韧性 σ_k 影响较大。钢材的冲击韧性会随着温度的降低而下降，这种下降不是平缓的，如图6-4所示。从图6-4上可以看出，温度在降至某一温度之前，钢材的冲击韧性 σ_k 随温度的降低下降不大，但当温度降超过这一温度后，冲击韧性 σ_k 会急剧降低而呈现出脆性，这种现象称为钢材的冷脆性，这时的临界温度称为脆性转变温度。脆性转变温度越低，钢材的低温冲击韧性越好。因此，在负温下使用的结构，应选用脆性转变温度低于使用温度的钢材，并满足相应规范的规定。

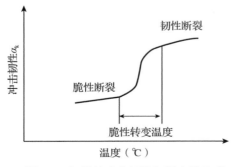

图6-4　钢材的冲击韧性与温度的关系

　　③ 硬度：钢材的硬度是指钢材抵抗外物压入其表面的能力。它既可理解为是钢材抵抗弹性变形、塑性变形或破坏的能力，也可表述为其抵抗残余变形和反破坏的能力。硬度不是一个简单的物理概念，而是材料弹性、塑性、强度和韧性等力学性能的综合表述性指标。钢材硬度的测定方法有布氏法、洛氏法和维氏法3种。常用的是布氏法和洛氏法。它们的硬度指标分别为布氏硬度(HB)和洛氏硬度(HR)。洛氏法一般测定的是硬度较高的钢材；

布氏法一般测定未经淬火的钢材、铸铁、有色金属及质软的轴承合金材料；而维氏法一般用来测定铝、铝合金及薄板金属材的硬度。

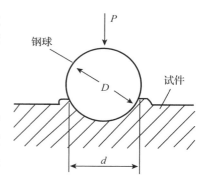

图 6-5　布氏硬度试验示意

布氏硬度是用一定直径 D(mm) 的钢球或硬质合金球，以规定的试验力 F(N) 压入试样表面，经规定保持时间后，卸除试验力，测试试件表面压痕直径 d(mm)，如图 6-5 所示。以试验力除以压痕球表面积所得的应力值即为布氏硬度值 HB，此值无单位。硬度的大小反映了钢材的软硬程度。布氏硬度用于测定退火件、正火件、调质件以及铸件和锻件的硬度，对于成品件不宜采用。洛氏硬度同布氏硬度一样，都是压痕试验方法，但洛氏硬度测定的是压痕的深度。这种方法简单，且弥补了布氏硬度的不足，可测定由极软到极硬的金属批量成品件及半成品件的硬度，但其准确度要低于布氏硬度。维氏硬度法虽然具有布氏硬度和洛氏硬度法的优点，但由于其操作麻烦，且主要测定小件、薄件硬度，所以在钢材中很少应用。

钢材的布氏硬度与其力学性能之间有着较好的相关性，可以近似地估计钢材的抗拉强度。例如，对于 HB < 175 的碳素钢，其抗拉强度 $\sigma_b \approx 3.6$ HB；对于 HB > 175 碳素钢，其抗拉强度 $\sigma_b \approx 3.5$ HB。由此，当已知钢材的硬度时，可估算出钢材的抗拉强度。

④耐疲劳性：钢材在交变荷载长期作用下，局部高应力区形成微小裂纹，再由微小裂纹逐渐扩展以致发生突然的脆性断裂的现象，称为疲劳破坏。可以看出，疲劳破坏发生的主要原因是材料内部结构并不均匀，从而造成应力传递的不平衡，在薄弱部位产生应力集中，进而产生微裂纹，不断累加扩大而最终导致钢材突然断裂。由于疲劳破坏在时间上是突发性的，位置是局部的，应力是较低的，环境和缺陷敏感度是较小的，故疲劳破坏不易被及时发现，因而常常会造成灾难性的事故。钢材疲劳破坏的指标以疲劳强度来表示，它是指疲劳试验时试件在交变应力作用下，在规定的周期基数内不发生断裂所能承受的最大应力。设计承受反复荷载且需要进行疲劳验算的结构时，影响钢材疲劳性能的因素主要有加工工艺、载荷性质、结构和材质等。为了减小或消除这种危害，可以通过在金属材料中添加各种"维生素"来提高金属的抗疲劳性。例如，在金属中加进万分之几或千万分之几的稀土元素，就可以大大提高金属抗疲劳性，延长金属的使用寿命；也可以采用"金属免疫疗法"、减少金属薄弱环节、增加金属表面光洁度等措施来改善。

（2）工艺性能

①冷弯性能：冷弯性能是指钢材在常温下承受弯曲变形的能力，是钢材的重要工艺性能。它以弯曲角度(α)和弯心直径(d)与材料厚度(a)的比值 d/a 来表示，α 越大或 d/a 越小，则钢材的冷弯性能越好。钢材的冷弯试验是将钢材按规定弯曲角度与弯心直径进行弯曲后检查受弯部位的外表面，肉眼观察无裂纹、起层或断裂即为合格，如图 6-6 所示。

建筑结构或构件在加工和制造过程中，常要把钢材弯曲到一定的形状，这就要求钢材要具有较好的冷弯性能。冷弯是钢材处于不利变形条件下的塑性变形，这种变形在一定程度上比在均匀变形下的伸长率更能反映钢材内部组织的不均匀、内应力、微裂纹及夹杂物等的缺陷。一般来说，钢材的塑性越大，其冷弯性能越好。冷弯试验对焊接质量是也是一

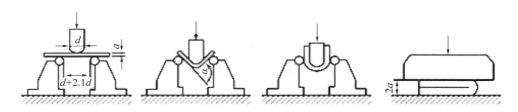

图 6-6　钢材冷弯试验

种检验，它能反映出焊件接口处的未熔合、夹杂物等缺陷。

②焊接性能：焊接性能是指两块钢材在局部快速加热条件下使结合部位迅速熔化或半熔化，从而牢固地结合成为一个整体的性能。在土木工程中，钢材间的连接大多数还是采用焊接方式来完成的，这就要求钢材要具有良好的焊接性能。可焊性好的钢材，焊缝处性质与钢材基本相同，焊接牢固可靠。在焊接中，由于高温和焊接后急剧冷却作用，焊缝及附近的过热区将发生晶体组织及结构变化，产生局部变形及内应力，使焊缝周围的钢材产生硬脆倾向，降低了焊接的质量。钢材的化学成分可影响其焊接性能。含碳量越高，可焊性越低。含碳量小于 0.25% 的碳素钢具有良好的可焊性，但含碳量超过 0.3% 时钢材的可焊性就会较差。另外，钢材中硫、磷以及加入合金元素都会降低其可焊性。

2）钢材的冷加工与热处理

（1）钢材的冷加工与时效处理

①冷加工强化：将钢材在常温下进行冷拉、冷拔和冷轧，使其产生塑性变形，从而提高其屈服强度、降低塑性韧性的过程称为钢材的冷加工强化。

a. 冷拉：是指在常温条件下，用冷拉设备以超过原来钢筋屈服强度的拉应力强行对钢筋进行拉伸，使其产生塑性变形以达到提高钢筋屈服强度和节约钢材的目的。将热轧钢筋用冷拉设备加力进行张拉，经冷拉时效后可使屈服强度提高 20%~25%，可节约钢材 10%~20%。

b. 冷拔：是指将光圆钢筋通过拔丝模孔强行拉拔。此工艺比纯冷拉作用更为强烈，钢筋不仅受拉，同时还受到挤压。经过一次或多次冷拔后得到的冷拔低碳钢丝屈服强度可提高 40%~60%，但塑性降低、脆性增大。

c. 冷轧：是以热轧钢卷为原料，经酸洗去除氧化层后经过冷连轧后轧成断面形状规则的钢筋。这样不仅提高了钢筋自身的强度，而且也提高了其与混凝土之间的黏结力。

冷加工是依靠机械使钢筋在塑性变形时位错交互作用增强、位错密度提高和变形抗力增大，这些方面相互促进而导致钢材强度和硬度都提高。在建筑工程中常使用大量的冷加工强化钢筋，以达到节约钢材的经济目的，但由于其安全贮备小，尤其是冷拔钢丝，在强调安全性的重要建筑物施工现场中，钢筋的冷加工车间已越来越难见到了。

②时效处理：经过冷加工强化处理后的钢筋，在常温下存放 15~20 d 或加热到 100~200 ℃并保持 2~3 h 后，其屈服强度、抗拉强度及硬度都进一步提高，塑性及韧性继续降低，弹性模量基本恢复的这个过程称为时效处理。前者称为自然时效，后者称为人工时效。对在低温或动载荷条件下的钢材构件，为了避免脆性破坏对其进行时效处理，以消除残余应力，稳定钢材组织和尺寸，改善机械性能，尤为重要。

钢材的冷拉时效前后性能变化可由拉伸试验的应力—应变图中看出，如图6-9所示。将钢材以大于其屈服强度的拉力对其进行冷拉后卸载，使钢材产生一定的塑性变形即得到了冷拉钢筋。钢材的屈服强度会由原来的σ_s提高到σ_c，这说明了冷加工对钢材的屈服强度产生了影响。如果卸载后立即再拉伸，钢材的极限强度不会有所变化，但如果卸载后经过一段时间再对

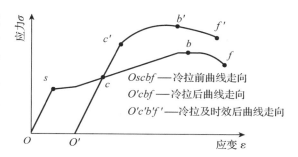

图6-7　钢材的冷拉时效前后应力—应变图

钢材进行拉伸，钢材的屈服强度σ_c会再次提高至σ'_c，同时极限抗拉强度也会由原来的σ_b提高至σ'_b，这表明经过时效后钢材的屈服强度和抗拉强度都会增强。

（2）热处理

热处理是指将固态下的钢材以一定的方式，在一定的介质内进行加热、保温，然后采取合适的方式进行冷却，通过改变材料表面或内部的组织结构得到所需要的性能的一种工艺。热处理是机械制造中的重要工艺之一，与其他加工工艺相比，热处理一般不改变原有形状和整体的化学成分，而是通过改变其内部显微组织或表面化学成分而改善其使用性能。这种改善是内在质量的改善，一般肉眼是看不到的。钢材的显微组织复杂，可以通过热处理予以控制，以改善钢材使用性能和工艺性能。

① 退火：是指将钢材加热到发生相变或部分相变的温度并保持一段时间后使其随炉慢慢冷却的一种热处理工艺。退火是为了改善组织、消除缺陷、细化晶粒，使成分均匀化，提高钢材的力学性能，减少残余应力，防止变形开裂。在钢筋冷拔过程中经常需要退火来提高其塑性和韧性。

② 正火：是将钢材加热到临界点以上的适当温度，保持一定时间后在空气中自然冷却的热处理方法。正火是退火的一种特例，仅是在冷却的速度上有所不同。正火能消除网状渗碳体结构，细化晶格，提高钢材的综合力学性能，对要求不高的零件采用正火代替退火是较为经济的。

③ 淬火：是将钢加热到临界温度以上，保温一段时间后迅速将其置入淬火剂中，使其温度突然降低以达到急速冷却的热处理方法。淬火能增加钢的强度和硬度，降低塑性和韧性。淬火中常用的淬火剂有水、油、碱水和盐溶液等。

④ 回火：是将经过淬火的钢材加热到临界点后再用符合要求的方法对其进行冷却，以获得所需要的组织和性能的热处理工艺。回火的目的是为了消除淬火产生的内应力，降低硬度和脆性，以取得预期的力学性能。回火一般与淬火、正火配合使用。

3）常用钢材的标准与选用

（1）钢结构用钢材

① 普通碳素结构钢：又称为普通碳素钢，其含碳量小于0.38%，属于低碳钢，是由氧气转炉、平炉或电炉冶炼，一般热轧成钢板、钢带、型材和棒材。

按照《碳素结构钢》（GB/T 700—2006）的规定，碳素结构钢的牌号由代表屈服强度的字母（Q）、屈服强度数值、质量等级符号（A、B、C、D）、脱氧方法符号（F沸腾钢、Z镇

静钢、TZ 特殊镇静钢)4 个部分按顺序组成。有牌号表示时 Z 和 TZ 可以省略。例如，Q215BF 表示屈服强度为 215 MPa 的 B 级沸腾钢。按屈服强度的大小可以将其分为 Q195、Q215、Q235、Q275 四个牌号。

根据《碳素结构钢》(GB/T 700—2006)规范，碳素结构钢的化学成分、力学性能及冷弯性能应分别符合表 6-1、表 6-2 和表 6-3 的规定。

表 6-1　碳素结构钢的牌号、化学成分

牌号	等级	厚度或直径（mm）	脱氧方法	化学成分质量分数（%）≤				
				C	Si	Mn	P	S
Q195	—	—	F、Z	0.12	0.30	0.50	0.035	0.040
Q215	A	—	F、Z	0.15	0.35	1.20	0.045	0.050
	B	—	F、Z					0.045
Q235	A	—	F、Z	0.22	0.35	1.40	0.045	0.050
	B	—	F、Z	0.20				0.045
	C	—	Z	0.17			0.040	0.040
	D	—	TZ				0.035	0.035
Q275	A	—	F、Z	0.24	0.35	1.50	0.045	0.050
	B	≤40	Z	0.21			0.045	0.045
		>40		0.22				
	C	—	Z	0.20			0.040	0.040
	D	—	TZ				0.035	0.035

表 6-2　碳素结构钢的力学性能

牌号	等级	屈服强度[1] KeH（N/mm²）≥						抗拉强度[2] RM（N/mm²）	断后伸长率 A（%）≥					冲击试验（V 形缺口）	
		厚度或直径（mm）							厚度或直径（mm）					温度（℃）	纵向冲击吸收功（J）≥
		≤16	>16~40	>40~60	>60~100	>100~150	>150~200		≤40	~60	~100	~150	~200		
Q195	—	195	185	—	—	—	—	315~430	33	—	—	—	—	—	—
Q215	A	215	205	195	185	175	165	335~430	31	30	29	27	26	—	—
	B													+20	27
Q235	A	235	225	215	215	195	185	315~430	26	25	24	22	21	—	—
	B													+20	27[3]
	C													0	
	D													-20	
Q275	A	275	265	255	245	225	215	315~430	22	21	20	18	17	—	—
	B													+20	27
	C													0	
	D													-20	

注：① Q195 的屈服强度值仅供参考，不作交货条件。

② 厚度大于 100 mm 的钢材，抗拉强度下限允许降低 20 N/mm²，宽带钢(包括剪切钢板)抗拉强度上限不作交货条件。

③ 厚度小于 25 mm 的 Q235B 级钢材，如供方能保证冲击吸收功值合格，经需方同意，可不做检验。

表 6-3　碳素结构钢的弯曲性能

牌号	试样方向	冷弯试验180° B = 2 a①	
		钢材厚度或直径②(mm)	
		≤460	>60 ~ 100
		弯芯直径 d	
195	纵	0	—
	横	0.5 a	
Q215	纵	0.5 a	1.5 a
	横	a	0.5 a
Q235	纵	a	2 a
	横	1.5 a	2.5 a
Q275	纵	1.5 a	2.5 a
	横	2 a	3 a

注：① B 为试样宽度，a 为试样厚度(或直径)。

② 钢材厚度(或直径)大于 100 mm 时，弯曲试验由双方协商确定。

碳素结构钢牌号越大，含碳量越高，其强度也越大，塑性和韧性也就较低。Q195、Q215 钢材由于其强度低，塑性和韧性好，易于加工，因此广泛用于制作低碳钢丝、钢丝网、屋面板、焊接钢管、地脚螺栓和铆钉等。Q235 钢材具有较好的强度，并具有良好的塑性和韧性，而且易于成型和焊接，所以这种钢材多用作钢筋和钢结构件，也用于作铆钉、铁路道钉和各种机械零件，如螺栓、拉杆、连杆等。强度较高的 Q275 钢材因其强度高，塑性、韧性和可焊性差，不易冷加工，故常用于制作各种农业机械，也可用作钢筋和铁路鱼尾板。受动荷载作用以及在低温下工作的结构和构件，都不能选用 A、B 质量等级钢和沸腾钢。

② 优质碳素结构钢：优质碳素结构钢是含碳小于 0.8% 的碳素钢，这种钢中所含的硫、磷及非金属夹杂物比碳素结构钢少，机械性能较为优良。在工程中一般用于生产预应力混凝土用钢丝、钢绞线、锚具，以及高强度螺栓、重要结构的钢铸件等。

依据《优质碳素结构钢》(GB/T 699—2015)国家标准，优质碳素结构钢按冶金质量等级可分为优质钢、高级优质钢 A 和特级优质钢 E。按使用加工方法可以分为两类：压力加工用钢 UP 和切削加工用钢 UC。按含碳量的不同可分为三类：低碳钢(C ≤ 0.25%)、中碳钢(C = 0.25% ~ 0.60%)和高碳钢(C > 0.60%)。

优质碳素钢共有 31 个牌号，其牌号由代表平均碳含量万分数的数字和代表锰含量、冶金质量等级、脱氧程度的字母组成。含锰量较高时，在钢号后要加注"Mn"；在优质碳素钢中，有三个钢号属于沸腾钢，应在钢号后加"F"进行标注，其余均为镇静钢。例如，25Mn 表示平均含碳为 0.25% 的较高含锰量的镇静钢。

　　优质碳素结构钢产量大，用途广，不同牌号钢作用也不同。如 20 号钢常用来制造螺钉、螺母、垫圈、小轴以及冲压件、焊接件，有时也用于制造渗碳件。45 号钢强度高、硬度大，塑性和韧性良好，故在机械结构中用途最广，常用来制造轴、丝杠、齿轮、连杆、套筒、键、重要螺钉和螺母等。60Mn 号钢强度较高，多用于制造各种扁圆弹簧、弹簧环和片以及冷拔钢丝和发条等。65 ~ 80 号钢用于生产预应力混凝土用钢丝和钢绞线等。

　　（2）钢筋混凝土结构用钢材

　　① 钢筋混凝土用热轧钢筋：热轧钢筋是经热轧成型并自然冷却的成品钢筋，是土木建筑工程中使用量最大的钢材品种之一。按外形可分为光圆钢筋和带肋钢筋，带肋钢筋的肋分有纵肋、无纵肋、等高肋、月牙肋（螺旋形、人字纹、月牙形）等。钢筋在混凝土中主要承受拉应力。带肋钢筋由于肋的存在，因而使钢筋与混凝土有较大的黏结力，能更好地承受外力的作用。钢筋广泛用于各种建筑结构，特别是大型、重型、轻型薄壁和高层建筑结构中。

　　热轧光圆钢筋：经热轧成型，横截面通常为圆形，表面光滑的成品钢筋称为热轧光圆钢筋。

　　热轧光圆钢筋（hot rolled plain bars）的牌号由英文缩写 HPB 和其屈服强度特征值构成，可分为 HPB235 和 HPB300 两个牌号。目前，低强度的 HPB235 正在淘汰，以 HPB300 来逐步代替。

　　依据《钢筋混凝土用钢第 1 部分：热轧光圆钢筋》（GB/T 1499.1—2017）标准（即将于 2018 年 9 月 1 日实施），热轧光圆钢筋牌号及化学成分、力学性能及工艺性能应分别符合表 6-4、表 6-5 的规定。

　　钢筋按表 6-5 弯曲后受弯部位表面不产生裂纹，这样才算冷弯性能合格。

　　热轧光圆钢筋属于低强度钢筋，它具有塑性好，伸长率高，易于弯折、焊接等特点。它的应用范围较广，不但可用作构件的箍筋，钢、木等结构的拉杆，而且也可作为中、小型钢筋混凝土结构的主要受力钢筋。圆盘条钢筋还可作为冷拔低碳钢丝和双钢筋的原料。

表 6-4　热轧光圆钢筋牌号及化学成分

牌　号	化学成分质量分数（%）≤				
	C	Si	Mn	P	S
HPB235	0.22	0.30	0.65	0.045	0.050
HPB300	0.25	0.55	1.50		

表 6-5　热轧光圆钢筋力学性能及工艺性能

牌　号	屈服强度 K_d（MPa）	抗拉强度 R_a（MPa）	断后伸长率 A（%）	最大力总伸长率 A_{gt}（%）	冷弯试验180° （d 为弯芯直径， a 为钢筋公称直径）
	不小于				
HPB235	235	370	25	10	$d = a$
HPB300	300	420			

　　热轧带肋钢筋是经热轧成型，横截面通常为圆形，且表面带肋的混凝土结构用钢材。

它分为普通热轧钢筋和细晶粒热轧钢筋两种。

热轧带肋钢筋(hot rolled ribbed bars)的牌号由英文缩写 HRB(HRBF)和其屈服强度特征值构成,牌号带 F(Fine)的为细晶粒热轧钢筋,一般用在主要结构构件的纵筋、箍筋等。对于有较高抗震要求的结构构件,其牌号是在原有钢筋牌号后加 E(如 HRBF400E、HRB500E)。

依据《钢筋混凝土用钢第 2 部分:热轧带肋钢筋》(GB/T 1499.2—2018)(即将于 2018 年 11 月 1 日实施)标准,热轧带肋钢筋的牌号及其化学成分、力学及弯曲性能分别应符合表 6-6 和表 6-7 的规定。

表 6-6 热轧带肋钢筋的牌号及其化学成分

牌　号	化学成分质量分数(%)≤					
	C	Si	Mn	P	S	C_{aq}
HRB335 HRBF335	0.25	0.80	1.60	0.045	0.045	0.52
HRB400 HRBF400						0.54
HRB500 HRBF500						0.55

注:碳当量 $C_{aq} = C + Mn/6 + (Cr + V + Mo)/5 + (Cu + Ni)/15$。

钢筋按表 6-7 规定的弯芯直径弯曲 180°后,钢筋弯曲部位表面不得产生裂纹。

表 6-7 热轧带肋钢筋的力学及弯曲性能

牌号	公称直径 d(mm)	屈服强度 R_d(MPa)	抗拉强度 R_a(MPa)	断后伸长率 A(%)	最大力总伸长率 A_{cg}(%)	冷弯 180° 弯芯直径
		不小于				
HRB335 HRBF335	6 ~ 25	335	455	17		3 d
	28 ~ 40					4 d
	>40 ~ 50					5 d
HRB400 HRBF400	6 ~ 25	400	540	16	7.5	4 d
	28 ~ 40					5 d
	>40 ~ 50					6 d
HRB500 HRBF500	6 ~ 25	500	630	15		6 d
	28 ~ 40					7 d
	>40 ~ 50					8 d

注:对于直径 28 ~ 40 mm 各牌号钢筋的断后伸长率 A 可降低 1%;直径大于 40 mm 各牌号钢筋的断后伸长率 A 可降低 2%。

对于牌号后带 E 的钢筋,除应满足上述性能外,还应满足以下要求:

① 钢筋实测抗拉强度与实测屈服强度之比 $R_{\circ}^{\circ}/R_{ad}^{\circ}$ 不小于 1.25。

② 钢筋实测屈服强度与本表中规定的屈服强度特征值之比 $R_{\circ}^{\circ}/R_{ad}$ 不大于 1.30。

③ 钢筋的最大力总伸长率 R_{gt} 不小于 9%。

随着国内高层建筑的不断增加，为了确保建筑物的安全，在结构设计中对钢筋的要求不断提高。HRB335 钢筋能耗高、性能低、浪费钢材，所以国家提倡使用 HRB400 钢筋代替 HRB335 钢筋。HRBB400、HRB500 钢筋性能稳定、黏结性好、强度高、塑性和可焊性好、工艺性能优良，因而被广泛应用于房屋建筑、桥梁、铁路、公路等诸多土建工程建设领域。HRB400、HRB500 钢筋在一般气候条件下可裸露使用，即使在 600℃时，其屈服强度下降也不大于规定室温强度标准的 1/3，在工程上应用这种钢筋，可减少污染、缩短工期、降低成本、减少甚至不必进行防腐维护等。HRB500 钢筋强度高，塑性和韧性稍差，主要用作预应力钢筋。

② 冷加工钢筋：冷拔低碳钢丝是由低碳钢热轧圆盘条或热轧光圆钢筋经一次或多次冷拔制成的光圆钢丝。冷拔低碳钢丝的牌号定名为 CDW（cold-drawn wire），如 CDW550，即冷拔低碳钢丝强度标准值为 550 MPa。依据《冷拔低碳钢丝应用技术规程》（JGJ 19—2010），冷拔低碳钢丝的力学及弯曲性能应符合表 6-8 的规定。

表 6-8　冷拔低碳钢丝的力学及弯曲性能

钢丝直径 （mm）	抗拉强度 $R_m \geqslant$ （N/mm）	伸长率 A（%） $\geqslant$	180°反复弯曲次数 $\geqslant$	弯曲半径（mm）
3		2.0		7.5
4		2.5		10
5	550		4	15
6		3.0		15
7				20
8				20

注：① 抗拉强度试样应取未经机械调直的冷拔低碳钢丝。
② 冷拔低碳钢丝伸长率测量标距对直径 3~6 mm 的钢丝为 100 mm，对直径 7 mm、8 mm 的钢丝为 150 mm。

由于冷拔低碳钢丝具有宜于取材、加工方便、焊接质量易保证、性价比高等优点，结合工程实际情况，在条件允许的情况下因地制宜地采用冷拔低碳钢丝可获得较好的经济效果。目前，冷拔低碳钢丝在混凝土结构、砌体结构中有较多的应用，如混凝土结构中混凝土保护层厚度较大时配置的构造网片、配筋砌体中的受力网片、墙体圈梁及构造柱的箍筋、混凝土小型空心砌墙体中的网片拉结筋、建筑保温和防水层中的构造网片、混凝土结构及砌体结构加固中的受力及构造网片、基坑支护边坡中喷射混凝土面层的构造网片等。单根的冷拔低碳钢丝由于表面光滑、锚固性能差，不推荐作为受力钢筋使用。作为箍筋使用时，冷拔低碳钢丝的直径不宜小于 5 mm，间距不应大于 200 mm，构造应符合国家现行相关标准的有关规定。采用冷拔低碳钢丝的混凝土构件，混凝土强度等级不应低于 C20。钢丝的混凝土保护层厚度不应小于 15 mm。作为砌体结构中夹心墙、叶墙间的拉结钢筋或拉结网片使用时，冷拔低碳钢丝应进行防腐处理。

冷轧带肋钢筋指热轧圆盘条经冷轧后，在其表面带有沿长度方向均匀分布的三面或两面横肋的钢筋。高延性冷轧带肋钢筋指经回火处理后，具有较高伸长率的冷轧带肋钢筋。冷轧带肋钢筋的牌号由 CRB（cold rolled ribbed bar）和钢筋的抗拉强度最小值构成。冷轧带肋钢筋有 CRB550、CRB600H、CRB650、CRB650H、CRB800、CRB800H 和 CRB970 这几个牌号，带 H 的为高延性冷轧带肋钢筋。依据《冷轧带肋钢筋混凝土结构技术规程》(JGJ 95—2011)、《冷轧带肋钢筋》(GB/T 13788—2017)标准，冷轧带肋钢筋力学性能和工艺性能应符合表 6-9、表 6-10 的规定。

表 6-9　冷轧带肋钢筋力学性能和工艺性能

牌号	R(MPa) ≥	抗拉强度 R_m(MPa) ≥	伸长率(%) ≥		弯曲试验 180°	反复弯曲次数	应力松弛初始应力应相当于公称抗拉强度的70% 100 h 松弛率(%)≤
			$A_{11.3}$	A_{100}			
CRB550	500	550	8.0	—	$D=3d$	—	—
CRB650	585	650	—	4		3	8
CRB800	720	800	—	4		3	8
CRB970	875	970	—	4		3	8

注：表中 D 为圆心直径，d 为钢筋公称直径。

表 6-10　高延性二面肋钢筋力学性能和工艺性能

牌号	直径 (mm)	f_{pk} (MPa)	f_{prk} (MPa)	δ_5 (%)	δ_{100} (%)	δ_g (%)	弯曲试验180°	反复弯曲次数	应力松弛初始应力应相当于公称抗拉强度的70% 100h 松弛率(%)≤
				≥					
CRB600H	5~12	520	600	14.0	—	5.0	$D=3d$	—	—
CRB650H	5~6	585	650	—	7.0	4.0		4	5
CRB800H	5~6	720	800	—	7.0	4.0		4	5

注：①f_{pk} 为钢筋混凝土用冷轧带肋钢筋强度标准值；f_{prk} 为预应力混凝土用冷轧带肋钢筋强度标准值。
②表中 D 为弯芯直径，d 为钢筋公称直径；反复弯曲试验的弯曲半径为 15 mm。
③表中的 δ_5、δ_{100}、δ_g 分别相当于相关冶金产品标准中的 A_5，A_{100}，A_{80}。

　　CRB550、CRB600H 钢筋宜用作钢筋混凝土结构中的受力钢筋、钢筋焊接网、箍筋、构造钢筋以及预应力混凝土结构构件中的非预应力筋。CRB650、CRB650H、CRB800、CRB800H 和 CRB970 钢筋宜用作预应力混凝土结构构件中的预应力筋。冷轧带肋钢筋除应应用于钢筋混凝土结构和预应力混凝土构件外，在水管、电线杆等混凝土制品中也得到较多应用。冷轧带肋钢筋制成焊接网和焊接骨架在高速铁路预制箱梁顶部的铺装层、双块式轨枕及轨道板底座的配筋中已经得到应用。冷轧带肋钢筋在砌体结构中也可作为拉结筋、拉结网片使用。

　　冷轧扭钢筋指低碳钢热轧圆盘条经专用钢筋冷轧扭机调直、冷轧并冷扭(或冷滚)一次成型，具有规定截面形式和相应节距的连续螺旋状钢筋。冷轧扭钢筋的牌号由 CTB(cold-rolled and twisted bars)和钢筋的抗拉强度最小值构成，如 CTB550、CTB650。依据《冷轧扭钢筋混凝土构件技术规程》(JGJ 115—2006)，冷轧扭钢筋的力学性能应符合表 6-11 的规定。

表 6-11　冷轧扭钢筋的力学性能

强度级别	型号	标准直径 （mm）	抗拉强度f_{ab} （N/mm²）	伸长率 $A(\%)$	180°弯曲 （弯心直径 = 3d）
CTB550	I	6.5 8 10 12	≥550	$A_{11.0} \geqslant 4.5$	受弯曲部位钢筋表面不得产生裂纹
	II	6.5 8 10 12	≥550	$A \geqslant 10$	
	III	6.5 8 10	≥550	$A \geqslant 12$	
CTB650	预应力 III	6.5 8 10	≥650	$A_{100} \geqslant 4$	

注：① d 为冷轧圈钢筋标志直径。

② A、$A_{11.0}$ 分别表示以标距 5.65 $\sqrt{S_0}$ 或 11.3 $\sqrt{S_0}$（S_0 为试样原始截面面积）的试样拉断伸长率；A_{100} 表示标距为 100mm 的试样拉断伸长率。

冷轧扭钢筋具有良好的塑性和较高的抗拉强度，其螺旋状外形又大大提高了它与混凝土的握裹力，改善了构件受力性能，从而使得混凝土构件具有承载力高、刚度好等特点，同时由于冷轧扭钢筋的生产与加工合二为一，因此与 I 级钢相比又可节约钢材 30% ~ 40%。冷轧扭钢筋可用于制作现浇和预制楼板、次梁、楼梯、基础及其他构造钢筋，II、III 型冷轧扭钢筋还可用于梁、柱箍筋、墙体分布筋和其他构造钢筋的制作。预制构件的吊环严禁采用冷轧扭钢筋制作。

预应力混凝土用钢绞线是由圆形断面钢丝捻成的做预应力混凝土结构、岩土锚固等用途的钢绞线。它可以分为 3 种：标准型钢绞线、刻痕钢绞线和模拔型钢绞线。标准型钢绞线（standard strand）指由冷拉光圆钢丝捻制成的钢绞线。刻痕钢绞线（indented strand）指由刻痕钢丝捻制成的钢绞线。模拔型钢绞线（compact strand）指捻制后再经冷拔成的钢绞线。钢绞线按结构分为五类：用两根钢丝捻制的钢绞线（代号 1×2）；用三根钢丝捻制的钢绞线（代号 1×3）；用三根刻痕钢丝捻制的钢绞线（代号 1×3 I）；用七根钢丝捻制的标准型钢绞线（代号 1×7）；用七根钢丝捻制又经模拔的钢绞线 [代号（1×7）C]。钢绞线标记应包含预应力钢绞线、结构代号、公称直径、强度级别、标准号。例如，预应力钢绞线 1×3I-8.74-1670，表示公称直径为 8.74 mm，强度级别为 1670 MPa 的三根刻痕钢丝捻制的钢绞线。

预应力混凝土用钢绞线主要应用在大跨度、大负荷的钢筋混凝土结构中，特别是公用大跨度建筑梁、柱、屋架等。它可以大幅度减小梁的挠度，同时运用无黏结预应力工艺，还可省去灌浆的麻烦，因此在土木工程中得到了广泛的应用。

4）钢材的锈蚀与防止

（1）钢材的锈蚀

钢材的锈蚀是指钢材的表面与周围介质如潮湿的空气、土壤、工业废气等发生化学反应或电化学反应而遭到侵蚀破坏的过程。依据《涂覆涂料前钢材表面处理表面清洁度的目视评定　第1部分：未涂覆过的钢材表面和全面清除原有涂层后的钢材表面的锈蚀等级和处理等级》（GB/T 8923.1—2011）标准，将钢材表面锈蚀分为 A、B、C 和 D 四个等级。A 级是指全面地覆盖着氧化皮而几乎没有铁锈的钢材表面。B 级是指已发生锈蚀，并且部分氧化皮已经剥落的钢材表面。C 级是指氧化皮已因锈蚀剥落，或者可以刮除，并且有少量点蚀的钢材表面。D 级是指氧化皮已因锈蚀而全面剥离，并且已普遍发生点蚀的钢材表面。当钢材的锈蚀达到 B 级以上时，不仅使钢材有效截面面积减小，性能降低，而且会形成程度不等的锈坑、锈斑，从而使结构或构件因应力集中而加速其破坏。

根据锈蚀作用的机理，钢材的锈蚀可分为化学锈蚀和电化学锈蚀两类。

① 化学锈蚀：化学锈蚀是指钢材直接与周围介质发生化学反应而产生的锈蚀。这种锈蚀通常是由氧化反应引起的，即周围介质直接同钢材表面的铁原子相互作用形成疏松氧化铁。在常温下，钢材表面能形成一层薄氧化保护膜，能有效防止钢材的锈蚀。因此，在干燥环境下，钢材的锈蚀进展很慢，但在高温和潮湿的环境条件下，锈蚀速度会大大加快。

② 电化学锈蚀：电化学锈蚀是指钢材在存放和使用过程中与潮湿气体或电解质溶液发生电化学作用而产生的锈蚀。在潮湿空气中，钢材表面被一层电解质水膜覆盖。钢材中含有铁、碳等多种成分，这些成分的电极电位不同，因而在钢材表面会形成许多个以铁为阳极、碳化铁为阴极的微电池，使钢材不断地被锈蚀。

在钢材表面，两极作用中，微电池的两极反应如下。

阴极反应：

$$Fe - 2e^- = Fe^{2+}$$

阳极反应：

$$2H^+ + 2e^- = H_2$$

从电极反应中所逸出的离子在水膜中的反应如下：

$$Fe + 2H^+ = Fe^{2+} + H_2 \uparrow$$

$$Fe^{2+} + 2OH^- = Fe(OH)_2$$

在中性或碱性溶液中，$Fe(OH)_2$ 与水中溶解的氧发生下列反应：

$$4Fe(OH)_2 + O_2 + 2H_2O = 4Fe(OH)_3$$

从钢材锈蚀的作用机理可以看出，不管是化学腐蚀还是电化学腐蚀，其实质都是铁原子被氧化成铁离子的过程。电化学锈蚀是建筑钢材在存放和使用中发生锈蚀的主要形式。

（2）防止钢材锈蚀的措施

① 喷、涂保护层法：在钢材表面喷或涂上保护层使其与周围介质隔离从而达到防锈蚀的目的。这种方法最常用的就是在钢材表面喷或涂刷底涂料和面涂料。对于薄壁型钢材可采用热浸镀锌等措施。对于一些特殊行业用的高温设备用钢材还可采用硅氧化合结构的耐高温防腐涂料。这种方法效果最好，但价格较高。

② 电化学保护法：是根据电化学原理，在钢材上采取措施使之成为锈蚀微电池中的阴

极，从而防止钢材锈蚀的方法。这种方法主要用于不易或不能覆盖保护层的位置。一般用于海船外壳、海水中的金属设备、巨型设备以及石油管道等的防护。

③改善环境：能减少和有效防止钢材的锈蚀。例如，减少周围介质的浓度、除去介质中的氧、降低环境温湿度等。同时也可以采用在介质中添加阻锈剂等来防止钢材的锈蚀。

④在钢材中添加合金元素：钢材的组织及化学成分是引起钢材锈蚀的内因，因此，通过添加铬、钛、铜、镍等合金元素来提高钢材的耐蚀性也是防止或减缓钢材锈蚀的一种方法。

根据不同的条件采用不同的措施对钢材进行防锈是非常必要的。一般来说，埋在混凝土中的钢筋，因其在碱性环境中会形成碱性保护膜，故不易被锈蚀。但由于一些外加剂中含有氯离子，它会破坏保护膜，从而使钢材受到腐蚀。另外，由于混凝土不密实、养护不当、保护层厚度不够以及在荷载作用下混凝土产生裂缝等都会引起混凝土内部钢筋的锈蚀。因此要根据钢筋混凝土结构的性质和所处环境条件等减少或防止钢筋的锈蚀。尤其是预应力钢筋，由于其含碳量高，又经变形加工，因而其对锈蚀破坏更为敏感，国家规范规定，重要的预应力承重结构不但不能掺用氯盐，同时还要对原材料进行严格检验和控制。

6.1.3　建筑装饰用钢材制品

现代建筑装饰工程中，钢材制品得到广泛应用。常用的主要有不锈钢钢板和钢管、彩色不锈钢钢板、彩色涂层钢板和彩色涂层压型钢板，以及镀锌钢卷帘门板及轻钢龙骨等。

（1）不锈钢及其制品

不锈钢是指含铬量在12%以上的铁基合金钢。由于铬的性质比铁活泼，铬首先与环境中的氧化物生成一层与钢材基体牢固结合的致密氧化膜层，称为钝化膜，保护钢材不致锈蚀。铬含量越高，钢的抗腐蚀性越好。

（2）彩色涂层钢板

彩色涂层钢板是在冷轧镀锌薄板表面喷涂烘烤了不同色彩或花纹的涂层。这种板材表面色彩新颖、附着力强、抗锈蚀性和装饰性好，并且可进行剪切、弯曲、钻孔、铆接、卷边等加工。

彩色涂层钢板耐热、耐低温性能好，耐污染、易清洗，防水性、耐久性好，可用作建筑外墙板、屋面板、护壁板、拱复系统等。

彩钢板的强度取决于基板材料和厚度，耐久性取决于镀层（镀锌量 318 g/m²）和表面涂层，涂层有聚酯、硅性树脂、氟树脂等，涂层厚度达 25 μm 以上，涂层结构有二涂一烘、二涂二烘等，免维护使用年限根据环境大气不同可为 20~30 年。

（3）彩色压型钢板

彩色压型钢板是以镀锌钢板为基材，经轧辊压制成"V"形、梯形或者水波纹等形状，表面再涂敷各种耐腐蚀涂料，或喷涂彩色烤漆而制成的轻型围护结构材料。它的特点是自重轻、色彩鲜艳、耐久性好、波纹平直坚挺、安装施工方便、速度快、效率高，适用于工业与民用建筑屋面、墙面等围护结构，或用于表面装饰。

（4）轻钢龙骨

轻钢龙骨是镀锌钢带或薄钢板由特制轧机经多道工艺轧制而成的，断面有"U"形、

"C"形、"T"形和"I"形。主要用于装配各种类型的石膏板、钙塑板、吸声板等，用作室内隔墙和吊顶的龙骨支架。与木龙骨相比，具有强度高、防火、耐潮、便于施工安装等特点。

6.2　有色金属材料

6.2.1　铝及铝合金制品

1）铝的特性

铝属于有色金属中的轻金属，强度低，但塑性好，导热、电热性能强。铝的化学性质很活泼，在空气中易和空气反应，在金属表面生成一层氧化铝薄膜，可阻止其继续被腐蚀。铝的缺点是弹性模量低、热膨胀系数大、不易焊接、价格较高。

铝具有良好的可塑性（伸展率可达 50%），可加工成管材、板材、薄壁空腹型材，还可压延成极薄的铝箔（$6 \times 10^{-3} \sim 25 \times 10^{-3}$ mm），并具有极高的光、热反射比（87%~97%）。但铝的强度和硬度较低（$\sigma_b = 80 \sim 100$ MPa，HB = 200），故铝不能作为结构材料使用。

2）铝合金的特性和分类

在纯铝中加入铜、镁、锰、锌、硅、铬等合金元素可制成铝合金。铝合金有防锈铝合金（LF）、硬铝合金（LY）、超硬铝合金（LC）、锻铝合金（LD）、铸铝合金（LI）。

铝加入合金元素既保持了铝质量轻的固有特点，同时也提高了机械性能，屈服强度可达 210~500 MPa，抗拉强度可达 380~550 MPa，有比较高的比强度，是一种典型的轻质高强材料。

防锈铝合金常用阳极氧化法对铝材进行表面处理，增加氧化膜厚度，以提高铝材的表面硬度、耐磨性和耐蚀性。

硬铝和超硬铝合金中的铜、镁、锰等合金元素含量较高，使铝合金的强度较高（$\sigma_b = 350 \sim 500$ MPa），延伸性和加工性能良好。

铝合金根据加工方法不同分为变形铝合金和铸造铝合金两类。变形铝合金是指可以进行热态或冷态压力加工的铝合金，铸造铝合金是指用液态铝合金直接浇铸而成的各种形状复杂的制件。

铝合金的应用范围可分为 3 类：

（1）一类结构

以强度为主要因素的受力构件，如屋架等。

（2）二类结构

系指不承力构件或承力不大的构件，如建筑工程的门、窗、卫生设备、管系、通风管、挡风板、支架、流线型罩壳、扶手等。

（3）三类结构

主要是各种装饰品和绝热材料。

铝合金由于延伸性好，硬度低，易加工，目前被较广泛地用于各类房屋建筑中。

3）装饰用铝合金制品

在现代建筑中，常用的铝合金制品有铝合金门窗，铝合金装饰板及吊顶，铝及铝合金波纹板、压型板、冲孔平板，铝箔等，具有承重、耐用、装饰、保温、隔热等优良性能。

目前，我国各地所产铝及铝合金材料已构成较完整的系列。使用时，可按需要和要求，参考有关手册和产品目录，对铝及铝合金的品种和规格作出合理的选择。

（1）铝合金门窗

铝合金门窗是由经表面处理的铝合金型材，经下料、打孔、铣槽、攻螺纹和组装等工艺，制成门窗框构件，再与玻璃、连接件、密封件和五金配件组装成门窗。

在现代建筑装饰中，尽管铝合金门窗比普通门窗的造价高 3～4 倍，但因长期维修费用低、性能好、美观、节约能源等，故得到广泛应用。

与普通的钢、木门窗相比，铝合金门窗有自重轻、密封性好、耐久性好、装饰性好、色泽美观、便于工业生产等特点。

铝合金门窗按开启方式分为推拉门窗、平开门（窗）、固定窗、悬挂窗、百叶窗、纱窗和回转门（窗）等，平开铝合金门窗和推拉铝合金门窗的规格尺寸见表 6-12。

表 6-12　铝合金门窗品种规格

名　　称	洞口尺寸（mm）		厚度基本尺寸系列（mm）
	高	宽	
平开铝合金窗	600、900、1 200、1 500、1 800、2 100	600、900、1 200、1 500、1 800、2 100	40、45、50、55、60、65、70
平开铝合金门	2 100、2 400、2 700、	800、900、1 000、120、0、1 500、1 800	40、45、50、55、60、65、70
推拉铝合金窗	600、900、1 200、1 500、1 800、2 100	1 200、1 500、1 800、2 100、1 240、2 700、3 000	45、55、60、70、80、90
推拉铝合金门	2 100、2 400、2 700、300	1 500、1 800、2 100、2 400、300	70、80、90

（2）铝合金装饰板

铝合金装饰板属于现代较为流行的建筑装饰板材，具有质量轻、不燃烧、耐久性好、施工方便、装饰效果好等优点。近年来在装饰工程中用得较多的铝合金板材主要有铝合金花纹板及浅花纹板、铝合金压形板、铝合金穿孔板等几种。

① 铝合金花纹板及浅花纹板：是采用防锈铝合金坯料，用特殊花纹的轧辊轧制而成。花纹美观大方，筋高适中，不易磨损，防滑性好，耐腐蚀性强，便于冲洗，通过表面处理可以获得各种颜色。花纹板板材平整，裁剪尺寸精确，便于安装，广泛应用于现代建筑的墙面装饰以及楼梯踏板等处。

以冷作硬化后的铝材为基础，表面加以浅花纹处理后得到的装饰板，称为铝合金浅花纹板。铝合金浅花纹板是优良的建筑装饰材料之一，其花纹精巧别致，色泽美观大方，同普通铝合金相比，刚度高出 20%，抗污垢、抗划伤、抗擦伤能力均有所提高，是我国特有的建筑装饰产品。

②铝合金压形板：主要用于墙面装饰，也可用作屋面。用于屋面时，一般采用强度高、耐腐蚀性能好的防锈铝制成。

铝合金压形板重量轻、外形美、耐腐蚀性好，经久耐用，安装容易，施工快速，经表面处理可得到各种优美的色彩，是现代广泛应用的一种新型建筑装饰材料。

③铝合金穿孔板：是用各种铝合金平板经机械穿孔而成。孔形根据需要有圆孔、方孔、长圆孔、长方孔、三角孔、大小组合孔等。这是近年来开发的一种降低噪声并兼有装饰效果的新产品。

铝合金穿孔板材质轻、耐高温、耐高压、耐腐蚀、防火、防潮、防震，化学稳定性好，造型美观，色泽幽雅，立体感强，可用于宾馆、饭店、剧场、影院、播音室等公共建筑中，用于高级民用建筑则可改善音质条件，也可以用于各类车间厂房、机房、人防地下室等作降噪材料。

图6-8　铝合金装饰扣板

④铝合金扣板：又称为铝合金条板，主要有开放式条板和插入式条板两种，颜色包括银白色、茶色和彩色(烘漆)等。其简单、方便、灵活的组合可为现代建筑提供更多的设计构思。扣板顶棚由可卡进行特殊龙骨的铝合金条板组合。扣板分针孔型和无孔型，有数十种标准颜色系列，特别适合机场、地铁、商业中心、宾馆、办公室、医院和其他建筑使用。所使用的小型配件和其他各种顶棚型号的顶棚通用。具有良好的性能，能防火、防潮、防腐蚀、耐久、易清洗，且色彩高雅、赋予立体感，可根据时代要求来选择花色(图6-8)。

⑤铝合金挂片：铝合金条形挂片顶棚适用于大面积公共场合使用，结构美观大方，线条明快，并可根据不同环境，使用相应规格的顶棚挂片，再图案上变化多样，且安装方便。

（3）铝合金龙骨

铝合金龙骨是以铝合金板材为主要原料，轧制成各种轻薄型材后组合安装而成的一种金属骨架，主要用作吊顶或隔断龙骨，可与石膏板、矿棉板、夹板、木芯板等配合使用。按用途分为隔墙龙骨和吊顶龙骨两类。

铝合金龙骨具有强度大、刚度大、自重轻、不锈蚀、美观、防火、抗震、安装方便等特点，适用于外露龙骨的吊顶装饰、室内装饰要求较高的顶棚装饰。

（4）铝箔

铝箔是用纯铝或铝合金加工成的 0.006 3 ~ 0.2 mm 薄片制品，具有良好的防潮、绝热、隔蒸汽和电磁屏蔽作用。建筑上常用的有铝箔牛皮纸、铝箔布、铝箔泡沫塑料板、铝箔波形板等。

6.2.2　铜及铜合金制品

铜合金以纯铜为基体加入一种或几种其他元素所构成的合金。纯铜呈紫红色，又称紫铜。纯铜密度为 8.96 g/cm³，熔点为 1 083℃，具有优良的导电性、导热性、延展性和耐蚀性。主要用于制作发电机、母线、电缆、开关装置、变压器等电工器材和热交换器、管道、太阳能加热装置的平板集热器等导热器材。常用的铜合金分为黄铜、青铜、白铜 3 大类。

1）铜合金的种类

（1）白铜

白铜是以镍为主要添加元素的铜合金。铜镍二元合金称普通白铜；加有锰、铁、锌、铝等元素的白铜合金称为复杂白铜。工业用白铜分为结构白铜和电工白铜两大类。结构白铜的特点是机械性能和耐蚀性好，色泽美观。这种白铜广泛用于制造精密机械、眼镜配件、化工机械和船舶构件。电工白铜一般有良好的热电性能。锰铜、康铜、考铜是含锰量不同的锰白铜，是制造精密电工仪器、变阻器、精密电阻、应变片、热电偶等用的材料。

（2）黄铜

黄铜是由铜和锌所组成的合金。

仅由铜、锌组成的黄铜称为普通黄铜。普通黄铜常被用于制造阀门、水管、空调内外机连接管和散热器等。

如果是由两种以上的元素组成的多种合金就称为特殊黄铜。如由铅、锡、锰、镍、铁、硅组成的铜合金。特殊黄铜又称特种黄铜，它强度高、硬度大、耐化学腐蚀性强。还有切削加工的机械性能也较突出。黄铜有较强的耐磨性能。由黄铜所拉成的无缝铜管，质软、耐磨性能强。黄铜无缝管可用于热交换器和冷凝器、低温管路、海底运输管。制造板料、条材、棒材、管材，铸造零件等。含铜在 62%~68%，塑性强，制造耐压设备等。

根据黄铜中所含合金元素种类的不同，黄铜分为普通黄铜和特殊黄铜两种。压力加工用的黄铜称为变形黄铜。黄铜以锌作主要添加元素的铜合金，具有美观的黄色，统称黄铜。铜锌二元合金称普通黄铜或称简单黄铜。三元以上的黄铜称特殊黄铜或称复杂黄铜。含锌低于 36% 的黄铜合金由固溶体组成，具有良好的冷加工性能，如含锌 30% 的黄铜常用来制作弹壳，俗称弹壳黄铜或七三黄铜。含锌在 36%~42% 之间的黄铜合金由固溶体组成，其中最常用的是含锌40%的六四黄铜。为了改善普通黄铜的性能，常添加其他元素，如铝、镍、锰、锡、硅、铅等。铝能提高黄铜的强度、硬度和耐蚀性，但使塑性降低，适合作海轮冷凝管及其他耐蚀零件。锡能提高黄铜的强度和对海水的耐腐性，故称海军黄铜，用作船舶热工设备和螺旋桨等。铅能改善黄铜的切削性能，这种易切削黄铜常用作钟表零件。黄铜铸件常用来制作阀门和管道配件等。

（3）青铜

青铜是我国使用最早的合金，至今已有3 000多年的历史。

青铜原指铜锡合金，后除黄铜、白铜以外的铜合金均称青铜，并常在青铜名字前冠以第一主要添加元素的名。锡青铜的铸造性能、减摩性能好和机械性能好，适于制造轴承、涡轮、齿轮等。铅青铜是现代发动机和磨床广泛使用的轴承材料。铝青铜强度高，耐磨性和耐蚀性好，可用于铸造高载荷的齿轮、轴套、船用螺旋桨等。磷青铜的弹性极限大，导电性好，适于制造精密弹簧和电接触元件，铍青铜还用来制造煤矿、油库等使用的无火花工具。铍铜是一种过饱和固溶体铜基合金，其机械性能、物理性能、化学性能及抗蚀性能良好；粉末冶金制作针对钨钢、高碳钢、耐高温超硬合金制作的模具需电蚀时，因普通电极损耗大，速度慢，钨铜是比较理想材料。抗弯强度≥667 MPa。

（4）纯铜

高品质红铜纯度高，组织细密，含氧量极低。无气孔、沙眼、疏松，导电性能极佳，适合电蚀刻模具，经热处理工艺，电极无方向性，适合精打，细打。

2）铜合金的分类

（1）按合金分类

按合金系可分为非合金铜和合金铜。非合金铜包括高纯铜、韧铜、脱氧铜、无氧铜等，习惯上，人们将非合金铜称为紫铜或纯铜，也称红铜，而其他铜合金则属于合金铜。我国和俄罗斯把合金铜分为黄铜、青铜和白铜，然后在大类中划分小的合金系。

（2）按功能分类

按功能划分可分为导电导热用铜合金（主要有非合金化铜和微合金化铜）、结构用铜合金（几乎包括所有铜合金）、耐蚀铜合金（主要有锡黄铜、铝黄铜、各种不白铜、铝青铜、钛青铜等）、耐磨铜合金（主要有含铅、锡、铝、锰等元素复杂黄铜、铝青铜等）、易切削铜合金（铜－铅、铜－碲、铜－锑等合金）、弹性铜合金（主要有锑青铜、铝青铜、铍青铜、钛青铜等）、阻尼铜合金（高锰铜合金等）、艺术铜合金（纯铜、简单单铜、锡青铜、铝青铜、白铜等）。显然，许多铜合金都具有多生功能。

（3）按材料形成方法分类

按材料形成方法划分为可为铸造铜合金和变形铜合金。事实上，许多铜合金既可以用于铸造，又可以用于变形加工。通常变形铜合金可以用于铸造，而许多铸造铜合金却不能进行锻造、挤压、深冲和拉拔等变形加工。铸造铜合金和变形铜合金又可以细分为铸造用紫铜、黄铜、青铜和白铜。

3）铜合金的应用

（1）电气工业

① 电力输送：力输送中需要大量消耗高导电性的铜，主要用于动力电线电缆、汇流排、变压器、开关、接插元件和连接器等。

在电线电缆的输电过程中，由于电阻发热而白白浪费电能。从节能和经济的角度考虑，目前世界上正在推广"最佳电缆截面"标准。过去流行的标准，单纯地从降低一次安装投资的角度出发，为了尽量减小电缆截面，以在设计要求的额定电流下，不至出现危险过热，来确定电缆的最低允许尺寸。按这种标准铺设的电缆，虽然安装费低了；但是在长期使用过程中，电阻能耗却比较大。"最佳电缆截面"标准，则兼顾一次安装费用和电能消耗这两个因素，适当放大电缆尺寸，以达到节能和最佳综合经济效益的目的。按照新的标准，电缆截面往往要比老标准加大一倍以上，可以获得50%左右的节能效果。

我国在过去一段时间内，由于钢供不应求，考虑到铝的比重只有铜的30%，在希望减轻重量的架空高压输电线路中曾采取以铝代铜的措施。地下电缆。在这种情况下，铝与铜相比，存在导电性差和电缆尺寸较大的缺点，而相形见绌。

② 电机制造：在电机制造中，广泛使用高导电和高强度的铜合金。主要使用铜部位是定子、转子和轴头等。在大型电机中，绕组要用水或氢气冷却，称为双水内冷或氢气冷却电机，而内冷却需要大长度的中空导线。

电机是使用电能的大户，约占全部电能供应的60%。一台电机运转累计电费很高，一般在最初工作500 h内就达到电机本身的成本，一年内相当于成本的4～16倍，在整个工作寿命期间可以达到成本的200倍。电机效率的少量提高，不但可以节能；而且可以获得显著的经济效益。开发和应用高效电机，是当前世界上的一个热门课题。由于电机内部的能量消耗，主要来源于绕组的电阻损耗。因此，增大铜线截面是发展高效电机的一个关键措施。和率先开发出来的一些高效电机与传统电机相比，铜绕组的使用量增加25%～100%。美国能源部正在资助一个开发项目，拟采用铸入铜的技术生产电机转子。

③ 通信电缆：20世纪80年代以来，由于光纤电缆载流容量大等优点，在通讯干线上不断取代铜电缆，而迅速推广应用。但是，把电能转化为光能，以及输入用户的线路仍需使用大量的铜。随着通讯事业的发展，人们对通讯的依赖越来越大，对光纤电缆和铜电线的需求都会不断增加。

④ 住宅电气线路：随着我国人民生活水平提高，家电迅速普及，住宅用电负荷增长很快。1987年居民用电量为 269.6×10^8 kW·h，10年后的1996年猛升到 1131×10^8 kW·h，增加3.2倍。尽管如此，与发达国家相比仍有很大差距。例如，1995年美国的人均用电量是我国的14.6倍，日本是我国的8.6倍。

（2）电子工业

电子工业是新兴产业，在它蒸蒸日上的发展过程中，不断开发出钢的新产品和新的应用领域。它的应用已从电真空器件和印刷电路，发展到微电子和半导体集成电路中。

① 电真空器件：电真空器件主要是高频和超高频发射管、波导管、磁控管等，它们需要高纯度无氧铜和弥散强化无氧铜。

② 印刷电路：铜印刷电路，是把铜箔作为表面，粘贴在作为支撑的塑料板上；用照相

的办法把电路布线图印制在铜版上；通过浸蚀把多余的部分去掉而留下相互连接的电路。然后，在印刷线路板上与外部的连接处冲孔，把分立元件的接头或其他部分的终端插入，焊接在这个口路上，这样一个完整的线路便组装完成了。如果采用浸镀法，所有接头的焊接可以一次完成。这样，对于那些需要精细布置电路的场合，如无线电、电视机、计算机等，采用印刷电路可以节省大量布线和固定回路的劳动；因而得到广泛应用，需要消费大量的铜箔。此外，在电路的连接中还需用各种价格低廉、熔点低、流动性好的铜基钎焊材料。

③ 集成电路：微电子技术的核心是集成电路。集成电路是指以半导体晶体材料为基片（芯片），采用专门的工艺技术将组成电路的元器件和互连线集成在基片内部、表面或基片之上的微小型化电路。这种微电路在结构上比最紧凑的分立元件电路在尺寸和重量上小成千上万倍。它的出现引起了计算机的巨大变革，成为现代信息技术的基础。已开发出的超大规模集成电路，在比小姆指甲还小的单个芯片面积上，能做出的晶体管数目，已达十万甚至百万以上。国际著名的计算机公司 IBM（国际商业机器公司），已采用铜代替硅芯片中的铝作互连线，取得了突破性进展。这种用铜的新型微芯片，可以获得 30% 的效能增益，电路的线尺寸可以减小到 $0.12~\mu m$，可使在单个芯片上集成的晶体管数目达到 200 万个。这就为古老的金属铜，在半导体集成电路这个最新技术领域中的应用，开创了新局面。

④ 引线框架：为了保护集成电路或混合电路的正常工作，需要对它进行封装；并在封装时，把电路中大量的接头从密封体内引出来。这些引线要求有一定的强度，构成该集成封装电路的支承骨架，称为引线框架。实际生产中，为了高速大批量生产，引线框架通常在一条金属带上按特定的排列方式连续冲压而成。框架材料占集成电路总成本的 1/3 ~ 1/4，而且用量很大；因此，必须要有低的成本。

铜合金价格低廉，有高的强度、导电性和导热性，加工性能、针焊性和耐蚀性优良，通过合金化能在很大范围内控制其性能，能够较好地满足引线框架的性能要求，已成为引线框架的一个重要材料。它是目前铜在微电子器件中用量最多的一种材料。

（3）交通工业

① 船舶：由于良好的耐海水腐蚀性能，许多铜合金，如：铝青铜、锰青铜、铝黄铜、炮铜（锡锌青铜）、白钢以及镍铜合金（蒙乃尔合金）已成为造船的标准材料。一般在军舰和商船的自重中，铜和铜合金占 2% ~ 3%。

军舰和大部分大型商船的螺旋桨都用铝青铜或黄铜制造。大船的螺旋桨每支重 20 ~ 25 t。伊丽莎白皇后号和玛丽皇后号航母的螺旋桨每支重达 35 t。大船沉重的尾轴常用"海军上将"炮铜，舵和螺旋桨的锥形螺栓也用同样材料。引擎和锅炉房内也大量用钢和铜合金。世界上第一艘核动力商船，使用了 30 t 白铜冷凝管。用铝黄铜管作油罐的大型加热线圈，在 10 万吨级的船上就有 12 个这种储油罐，相应的加热系统规模相当大。船上的电气设备也很复杂，发动机、电动机、通信系统等几乎完全依靠铜和铜合金来工作。大小船只的船舱内经常用钢和铜合金来装饰。甚至木制小船，也最好用钢合金（通常是硅青铜）的螺丝和钉子来固定木结构，这种螺丝可以用滚轧大量生产出来。

为了防止船壳被海生物污损影响航行，经常采用包覆铜加以保护；或用刷含铜油漆的办法来解决。

第二次世界大战中，为防止德国磁性水雷对舰船的袭击，曾发展了抗磁性水雷装置，在钢船壳周围附一圈铜带，通上电流以中和船的磁场，这样就可以不引爆水雷。从1944年以后，盟军的所有船只，共计约18 000艘，都装上了这种去磁装置而得到了保护。一些大型主力舰为此需用大量的铜，例如其中一艘就用去铜线45 km，重约30 t。

②汽车：汽车用铜每辆10~21 kg，随汽车类型和大小而异，对于小轿车约占自重的6%~9%。铜和铜合金主要用于散热器、制动系统管路、液压装置、齿轮、轴承、刹车摩擦片、配电和电力系统、垫圈以及各种接头、配件和饰件等。其中用钢量比较大的是散热器。现代的管带式散热器，用黄铜带焊接成散热器管子，用薄的铜带折曲成散热片。

为了进一步提高铜散热器的性能，增强它对铝散热器的竞争力，作了许多改进。在材质方面，向铜中添加微量元素，以达到在不损失导热性的前提下，提高其强度和软化点，从而减薄带材的厚度，节省用钢量；在制造工艺方面，采用高频或激光焊接铜管，并用钢钎焊代替易受铅污染的软焊组装散热器芯体。

③飞机：飞机的航行也离不开铜。例如：飞机中的配线、液压、冷却和气动系统需使用铜材，轴承保持器和起落架轴承采用铝青铜管材，导航仪表应用抗磁钢合金，众多仪表中使用破铜弹性元件等。

(4)轻工业

轻工业产品与人民生活密切相关，品种繁多、五花八门。由于铜具有良好综合性能，到处可以看到它大显身手的踪影。

①空调器和冷冻机：空调器和冷冻机的控温作用，主要通过热交换器铜管的蒸发及冷凝作用来实现。热交换传热管的尺寸和传热性能，在很大程度上决定了整个空调机和制冷装置的效能和小型化。在这些机器上采用的都是高导热性能的异型铜管。利用钢的良好加工性能，开发和生产出带有内槽和高翅片的散热管，用于制造空调器、冷冻机、化工及余热口收等装置中的热交换器，可使新型热交换器的总热传导系数提高到用普通管的2~3倍和用普通低翅片管的1.2~1.3倍，已在国内使用，可节省40%的铜，并使热交换器体积缩小1/3以上。

②钟表：生产的钟表，计时器和有钟表机构的装置，其中大部分的工作部件都用"钟表黄铜"制造。合金中含1.5%~2%的铅，有良好加工性能，适合于大规模生产。例如，齿轮由长的挤压黄铜棒切出，平轮由相应厚度的带材冲出，用黄铜或其他铜合金制作镂刻的钟表面以及螺丝和接头等等。大量便宜的手表用炮铜(锡锌青铜)制造，或镀以镍银(白铜)。一些著名的大钟都用钢和铜合金制作。英国"大本钟"的时针用的是实心炮铜杆，分针用的是4.2 m长的铜管。

一个现代化的钟表厂，以铜合金为主要材料，用压力机和精确的模具加工，每天可以生产一万到三万只钟表，费用很低。

③造纸：在当前信息万变的社会里，纸张消费量很大。纸张表面看来简单，但是造纸工艺却很复杂，需要通过许多步骤，应用很多机器，包括冷却器、蒸发器、打浆器、造纸机等。其中许多部件，例如，各种热交换管、辊轮、打击棒、半液体泵和丝网等，大部分都用钢合金制作。

④印刷：印刷中用铜版进行照相制版。表面抛光的铜版用感光乳胶敏化后，在它上面

照相成像。感光后的铜版需加热使胶硬化。为避免受热软化，铜中往往含有少量的银或砷，以提高软化温度。然后，对版子进行腐蚀，形成分布着凹凸点子图形的印刷表面。

在自动排字机上，要通过黄铜字形块的编排，来制造版型，这是铜在印刷中的另一个重要用途。字形块通常用的是含铅黄铜，有时也用铜或青铜。

⑤医药：制药工业中，各类蒸、煮、真空装置等都用纯铜制作。在医疗器械中则广泛使用锌白铜。铜合金还是眼镜架的常用材料等。

（5）建筑业

由于铜水管具有美观耐用、安装方便、安全防火、卫生保健等诸多优点，使它与镀锌钢管和塑料管相比存在明显优越的价格性能比。在住宅和公用建筑中，用于供水、供热、供气以及防火喷淋系统，日益受到人们的青睐，成为当前的首选材料。在发达国家中，铜制供水系统已占很大比重。美国纽约号称世界第六高楼的曼哈顿大厦，其中仅供水系统一项，就用去铜管 1 km。在欧洲，饮水用钢管消耗量很大。英国的饮水用铜管消耗量平均每人每年 1.6 kg，日本为 0.2 kg。由于镀锌钢管容易锈蚀，许多国家和地区已明令禁用。我国在房屋建设中推广使用铜管道系统，势在必行。

（6）航天

最近发现了一些临界温度更高的材料，称为"高温超导材料"，它们大多是复合氧化物。较早发现和比较著名的一种是含铅的铜基氧化物，临界温度为 90 K，可以在液氮温度下工作，但还没有获得临界温度在室温附近的材料；而且这些材料难于做成大块物体，它们能通过可保持超导性的电流密度也不够高。因此，还未能在强电的场合下应用，有待进一步研究开发。

航天技术、火箭、卫星和航天飞机中，除了微电子控制系统和仪器、仪表设备以外，许多关键性的部件也要用到铜和铜合金。例如，火箭发动机的燃烧室和推力室的内衬，可以利用钢的优良导热性来进行冷却，以保持温度在允许的范围内。亚里安娜 5 号火箭的燃烧室内衬，用的是铜-银结合金，在这个内衬内加工出 360 个冷却通道，火箭发射时通入液态氢进行冷却。

此外，铜合金也是卫星结构中承载构件用的标准材料。卫星上的太阳翼板通常是由铜与其他几个元素的合金制成的。铜合金属于金属材料。

6.3 其他金属材料

6.3.1 钛金属板

钛在地球中含量丰富。钛金属板是一种新型建筑材料，在国家大剧院和杭州大剧院等大型建筑上已得到成功应用，这标志着钛材幕墙时代在我国建筑领域的开始。

钛金属板主要有表面光泽度高、强度高、热膨胀系数低、耐腐蚀性优异、无环境污染、使用寿命长、机械和加工性能良好等特性。钛材本身的各项性能是其他建筑材料不可比拟的。

中国国家大剧院近 40 000 m² 的壳体外饰面，有 30 800 m² 是钛金属板，6 700 m² 是玻璃幕墙。2 000 多块尺寸约 2 000 mm×800 mm×4 mm 的钛金属板是由 0.3 mm 厚的钛加 3.4 mm 厚的氧化铝加 0.3 mm 厚的不锈钢复合而成。外层钛表面经过特殊氧化处理，化学性质稳定、强度高、自重轻且耐腐蚀。由钛金属板往内依次是起防水作用的 304 垂纹铝镁合金板、起保温作用的玻璃纤维棉板（16 kg/m³）、2 mm 厚钢衬板，衬板内层喷 K13 吸音粉末（100 kg/m³）和内饰红木顶棚。

起防水作用的铝镁合金具有极强的抗腐蚀能力，特别是在酸性环境下，其防腐蚀性能大大优于钢板和普通铝合金板。内饰红木是经防火处理的宽 120 mm、厚 13 mm（0.6 mm 红木贴皮，内为 12 mm 厚多层阻燃板）的条板，条板间留有 30 mm 的空隙用以解决声学和回风问题。

6.3.2 钛锌金属板

钛锌金属板作为室外的建材已经应用得非常广泛，而作为室内的装饰材料目前也越来越得到建筑师和业主的青睐，如图 6-9 所示。

图 6-9 钛锌金属板装饰效果图

欧美各国将锌辊轧金属板用于建筑屋面已有 200 年的历史，锌在中国的使用已经有超过 400 年的历史。德国莱茵辛克公司根据多年的锌板制作经验和研究，将钛与铜加入锌内，从而创造了钛锌合金。经过辊轧成片、条或板状的建材板，称为莱茵辛克钛锌板。莱茵辛克钛锌板是由纯度为 99.995% 的电解锌与 1% 的钛和铜组成的合金，莱茵锌克钛锌板有原锌、蓝灰色预钝化锌和石墨灰预钝化锌等 3 种；常用厚度有 0.70 mm、0.80 mm、1.00 mm、1.20 mm 和 1.5 mm 5 种。所有莱茵辛克钛锌板屋面和幕墙系统均为结构性防水、通风透气、且不使用胶的系统，完全通过咬合、搭接和折叠等方式实现。其优点如下：

①经久耐用：依据使用条件、板厚和正确的安装，莱茵锌克钛锌板的使用寿命预期为 80～100 年。

②自我愈合：莱茵锌克钛锌板在运输、安装或在其寿命周期内如被轻微划伤，可因锌的特性自愈合。

③易于维护：由于有特殊的氢氧碳酸锌保护层，在整个寿命周期内，莱茵锌克钛锌板

不需特别维护或清洁。此外，莱茵锌克钛锌板具有防紫外线和不褪色的特性。

④ 兼容性强：莱茵锌克钛锌板可与铝、不锈钢和镀锌钢板等多种材料兼容。

⑤ 成型能力：品质优良的莱茵锌克钛锌板能被折叠 180°而无任何裂纹，再折回到它的原始状态也不会断裂，可以形成任何形状。

⑥ 环保性好：该材料是绿色建材。

6.3.3 装饰五金配件

家具五金配件泛指家具生产、家具使用中需要用到的五金部件。如沙发脚、升降器、靠背架、弹簧、枪钉、脚码、连接、活动、紧固、装饰等功能的金属制件，也称家具五金配件。

1）装饰五金配件的分类

（1）按照材料分类

锌合金、铝合金、铁、塑胶、不锈钢、PVC、ABS、铜、尼龙等。

（2）按照作用分类

① 结构型家具五金配件。如玻璃茶几的金属架构，洽谈圆桌的金属腿等。

② 功能型家具五金配件。如骑马抽、铰链、三合一连接件、滑轨、层板托等。

③ 装饰型家具五金配件。如铝封边、五金挂件、五金拉手等。

（3）按照适用范围分类

板式家具五金配件、实木家具五金配件、五金家具五金配件、办公家具五金配件、卫浴五金配件、橱柜家具五金配件、衣柜五金配件等。

2）装饰五金配件的发展

中国传统家具原本不需要家具五金配件，所有功能的实现都是以木质结构为基础，金属在古代只作为一种装饰应用在家具中，直至清明时期，金属才在家具制作中(主要是木箱，柜体锁扣、包边，合页等)实现了简单的功能。20 世纪 80 年代板式家具从西方传入我国，家具五金配件才开始在家具中大量使用，经过近 30 年的发展，家具五金配件在家具中的作用也越来越重要，人们对家具的品质关注也开始从板材、环保慢慢转向了五金配件。随着近年来家具现代化、个性化的发展步伐，人们家具的需求也已经从最原始的收纳功能慢慢转向对精致生活的体验需求，而这些这种体验就直接感受自家具五金配件，因此，在未来一段时间内，家具五金配件将成为家具整体品质的最关键因素。

【实训6-1】 钢筋的拉伸性能实验

一、实验目的

测定低碳钢的屈服强度、抗拉强度、伸长率 3 个指标，作为评定钢筋强度等级的主要技术依据。掌握《金属材料 室温拉伸实验方法》(GB/T 228—2002)和钢筋强度等级的评定方法。

二、主要仪器设备

① 万能实验机。

② 钢板尺、游标卡尺、千分尺、两脚爪规等。

三、试件制备

(1)标距划线

抗拉实验用钢筋试件一般不经过车削加工,可以用两个或一系列等分小冲点或细划线标出原始标距(标记不应影响试样断裂)。

(2)试件原始尺寸的测定

① 测量标距长度 l_0,精确至 0.1 mm。

② 圆形试件横断面直径应在标距的两端及中间处两个相互垂直的方向上各测一次,取其算术平均值,选用三处测得的横截面积中最小值,横截面积按下式计算:

$$A_0 = \frac{1}{4}\pi \cdot d_0^2 \tag{6-4}$$

式中　A_0——试件的横截面积,mm^2;

　　　d_0——圆形试件原始横断面直径,mm。

四、实验步骤

(1)屈服强度与抗拉强度的测定

① 调整实验机测力度盘的指针,使对准零点,并拨动副指针,使与主指针重叠。

② 将试件固定在实验机夹头内,开动实验机进行拉伸。拉伸速度为:屈服前,应力增加速度每秒钟为 10 MPa;屈服后,实验机活动夹头在荷载下的移动速度为不大于 0.5 L_c/min(不经车削试件 $L_c = l_0 + 2h_1$)。

③ 拉伸中,测力度盘的指针停止转动时的恒定荷载,或不计初始瞬时效应时的最小荷载,即为屈服点荷载 P_s。

④ 向试件连续施荷直至拉断由测力度盘读出最大荷载,即为抗拉极限荷载 P_b。

(2)伸长率的测定

① 将已拉断试件的两端在断裂处对齐,尽量使其轴线位于一条直线上。如拉断处由于各种原因形成缝隙,则此缝隙应计入试件拉断后的标距部分长度内。

② 如拉断处到临近标距端点的距离大于 $1/3l_0$ 时,可用卡尺直接量出已被拉长的标距长度 l_1(mm)。

③ 如拉断处到临近标距端点的距离小于或等于 $1/3l_0$ 时,可按下述移位法计算标距 l_1(mm)。

④ 如试件在标距端点上或标距处断裂,则实验结果无效,应重新实验。

五、实验结果处理

(1)屈服强度

按下式计算:

$$\sigma_s = \frac{P_s}{A_0} \tag{6-5}$$

式中　σ_s——屈服强度,MPa;

P_s——屈服时的荷载，N；

A_0——试件原横截面面积，mm^2。

（2）抗拉强度

按下式计算：

$$\sigma_b = \frac{P_b}{A_0}$$

(6-6)

式中 σ_b——屈服强度，MPa；

P_b——最大荷载，N；

A_0——试件原横截面面积，mm^2。

（3）伸长率

按下式计算（精确至1%）

$$\delta_{10}(\delta_5) = \frac{l_1 - l_0}{l_0} \times 100\%$$

(6-7)

式中 $\delta_{10}(\delta_5)$——分别表示 $l_0 = 10d_0$ 和 $l_0 = 5d_0$ 时的伸长率；

l_0——原始标距长度 $10d_0$（或 $5d_0$），mm；

l_1——试件拉断后直接量出或按移位法确定的标距部分长度，mm（测量精确至0.1mm）。

（4）结果判定

当实验结果有一项不合格时，应另取双倍数量的试样重做实验，如仍有不合格项目，则该批钢材判为拉伸性能不合格。

【实训6-2】 钢筋的弯曲（冷弯）性能实验

一、实验目的

通过检验钢筋的工艺性能评定钢筋的质量。掌握 GB/T 232—1999 钢筋弯曲（冷弯）性能的测试方法和钢筋质量的评定方法，正确使用仪器设备。

二、主要仪器设备

压力机或万能实验机

三、试件制备

① 试件的弯曲外表面不得有划痕。

② 试样加工时，应去除剪切或火焰切割等形成的影响区域。

③ 当钢筋直径小于 35 mm 时，不需加工，直接实验；若实验机能量允许时，直径不大于 50 mm 的试件亦可用全截面的试件进行实验。

④ 当钢筋直径大于 35 mm 时，应加工成直径 25 mm 的试件。加工时应保留一侧原表面，弯曲实验时，原表面应位于弯曲的外侧。

⑤ 弯曲试件长度根据试件直径和弯曲实验装置而定，通常按下式确定试件长度：

$$l = 5d + 150 \tag{6-8}$$

四、实验步骤

① 试验前，检查来样的数量，与委托单进行核对，发现送检试样有不同批次，材质不同，直径不符等情况应在原始记录及报告中注明。

② 试验一般在室温 10 ~ 35 ℃ 范围内进行，对条件要求严格的试验，试验温度应为 23 ± 5 ℃。

③ 试样长度应根据试样直径和所用试验设备确定。试样需矫直时，应将试样置于木材、塑料、或铜的平面上，用这些材料制成的锤子轻轻矫直，矫直时试样不得有损伤，也不允许受任何扭曲。

④ 应根据钢筋牌号及直径等确定弯曲压头直径；除非另有规定，支辊间距离应按式 $l = (D + 3a) \pm a/2$ 计算，此距离在试验期间应保持不变。

⑤ 将试样放于两支辊上，试样轴线应与弯曲压头轴线垂直，弯曲压头在两支座之间的中点处对试样连续缓慢施加弯曲力，以使试样能够自由的进行塑性变形，直至达到规定弯曲角度。

五、实验结果处理

按以下 5 种实验结果评定方法进行，若无裂纹、裂缝或裂断，则评定试件合格。

① 完好：试件弯曲处的外表面金属基本上无肉眼可见因弯曲变形产生的缺陷时，称为完好。

② 微裂纹：试件弯曲外表面金属基本上出现细小裂纹，其长度不大于 2 mm，宽度不大于 0.2 mm 时，称为微裂纹。

③ 裂纹：试件弯曲外表面金属基本上出现裂纹，其长度大于 2 mm，而小于或等于 5 mm，宽度大于 0.2 mm，而小于或等于 0.5 mm 时，称为裂纹。

④ 裂缝：试件弯曲外表面金属基本上出现明显开裂，其长度大于 5 mm，宽度大于 0.5 mm 时，称为裂缝。

⑤ 裂断：试件弯曲外表面出现沿宽度贯穿的开裂，其深度超过试件厚度的 1/3 时，称为裂断。

注：在微裂纹、裂纹、裂缝中规定的长度和宽度，只要有一项达到某规定范围，即应按该级评定。

单元 7 建筑装饰木材

学习目标

1. 木材的基本知识、性质、防腐与防火。
2. 室内装饰工程常用树种及性能。
3. 木地板和木质人造板材的种类、特点、应用。
4. 其他木质装饰材料的特点和应用。
5. 掌握建筑装饰木材的构造、分类和性能。
6. 掌握木地板、木饰面板和木装饰线条的技术性质及应用。
7. 熟悉木材的防腐及防火的原因和处理办法。

7.1 木材概述

木材用于装饰已有悠久的历史。它材质轻、强度高，有较佳的弹性和韧性，耐冲击和振动。对电、热和声音有高度的绝缘性，特别适合于加工成型和涂饰。木材是一种易锯、易刨、易雕刻、易钻孔、易组合的造型材料。自古以来木材被广泛用作建筑装饰材料。木材品种繁多，材质的自然纹和色泽形成的特殊肌理美，柔和温暖的视觉和触觉美感是艺术创作和雕刻、实用工艺品、家具、室内外环境装饰设计等难得的用材，是其他材料无法替代和比拟的。

中国木材资源丰富，优质的经济木材约 1 000 多种，常见的有 300 多种，可作装饰、雕刻的材料有 100 多种，其中优质的用材有近 50 多种。由于资源的保护和合理利用，要提高木材的使用率和产品质量，因此，人造板材已广泛的推广并应用于各种装饰、家具和艺术造型等(图 7-1、图 7-2)。

图 7-1　木材在建筑结构中的应用

图 7-2　木材在室内装饰中的应用

7.1.1 木材的基本性能

1)木材优缺点

(1)木材的优点

① 天然生物可再生材料，环保型。

② 轻质高强(木材强度大，密度小，强重比相当于特种钢)。

③ 保温隔热绝缘性能。

④ 吸能减震(如沥青松木做铁轨)。

⑤ 具有天然美丽花纹，亲切感。

⑥ 易加工。

⑦ 温度、湿度调节功能。

⑧ 听觉特性较佳，木材为有机物"细胞构造体"，具有多孔质吸音特性，会产生"板振动型"的吸音。

⑨ 适当的温冷触感。人的手脚接触材料所引起"热的移动"，木材和毛巾、棉布很接近，故较暖和。

⑩ 硬暖感适中。高密度之物体，有较大的压力感和冰冷感，木材的硬暖感近于中庸。

（2）木材的缺点

① 易干缩湿胀，尺寸不稳定，各向异性（开裂、变形、翘曲）。

② 会虫蛀、腐蚀、变色。

③ 可燃。

④ 存在天然缺陷（节子、裂纹）。

（3）木材的共同特性

① 多孔性　　　　　　　② 吸湿性

③ 胀缩性　　　　　　　④ 吸附性

⑤ 可塑性　　　　　　　⑥ 脆性

⑦ 可湿性　　　　　　　⑧ 吸声性

⑨ 老化性　　　　　　　⑩ 表面钝化性

⑪ 耐久性　　　　　　　⑫ 视觉性

⑬ 触觉性　　　　　　　⑭ 调湿性

⑮ 易燃性　　　　　　　⑯ 木材缺陷

2）木材化学与物理性质

（1）木材化学组成

① 纤维素：骨架物质，起"钢筋作用"。

② 木质素：结壳物质，起"连接物"。

③ 半纤维素：基体物质，起"混凝土作用"。

④ 抽提物：对材性和利用的影响。

（2）物理性质

平衡含水率。

3）木材的强度

（1）木材强度的概念

木材是一种天然的、非匀质的各向异性材料。木材的强度主要有抗压、抗拉、抗剪及抗弯强度，而抗压、抗拉、抗剪强度又有顺纹、横纹之分。所谓顺纹，是指作用力方向与纤维方向平行；横纹是指作用力方向与纤维方向垂直。木材的顺纹与横纹强度有很大差别。

（2）影响木材强度的主要因素

① 含水量的影响：木材的强度受含水率影响很大。当木材的含水率在纤维饱和点以上变化时，仅自由水发生变化，对木材的强度没有影响；当木材的含水率在纤维饱和点以下变化时，随含水率的降低，吸附水减少，细胞壁趋于紧密，木材强度增大；反之，木材的强度减小。含水率对木材各种强度的影响程度是不同的，对顺纹抗压强度和抗弯强度影响较大，对顺纹抗剪强度影响较小，对顺纹抗拉强度影响最小。

② 负荷时间的影响：荷载在结构上作用时间的长短对木材的强度有很大影响。木材在长期荷载作用下所能承受的最大应力称为木材的持久强度，它仅为木材在短期荷载作用下

极限强度的 50% ~60%，这是由于木材在荷载的长期作用下将发生较大的蠕变，随着时间的增长，产生大量连续的变形而遭受破坏。木结构一般都处于长期负荷状态，所以，在木结构设计时，通常以木材的持久强度为依据。

③温度的影响：环境温度对木材的强度有直接影响。当木材温度升高时，组成细胞壁的成分会逐渐软化，强度随之降低。在通常的气候条件下，温度升高不会引起木材化学成分的改变，温度降低时，木材还将恢复原来的强度。但当木材长期处于 40 ~60 ℃时，木材会发生缓慢碳化；当木材长期处于 60 ~100 ℃时，会引起木材水分和所含挥发物的蒸发；当温度在 100 ℃以上时，木材开始分解为组成它的化学元素。当环境温度降至 0 ℃以下时，木材中的水分结冰，强度将增大，但木质变得较脆，一旦解冻，木材各项强度都将低于未冻时的强度。

④疵病的影响：木材中的缺陷，如木节、斜纹、裂纹、虫蛀、腐朽等，会造成木材构造的不连续性和不均匀性，从而使木材的强度降低。

7.1.2 木材的基本分类

1)按树木种类分类

木材种类一般分为针叶材(无孔材，软材)和阔叶材(有孔材，硬材)两大类。针叶材材质一般较软生产上又称软材，如银杏和松杉类柏木材。但这也不能一概而论，有些针叶材如落叶松等，材质还是坚硬的。阔叶材一般材质较硬重，又称硬材。生产上由于阔叶的种类繁多，统称杂木。其中材质轻软的称软杂，如杨木、泡桐、轻木等；材质硬重的称硬杂、如麻栎、青刚栎、木荷、枫香等(图7-3)。在各种硬木中紫檀木质地最为细密，木材的分量最重。

阔叶树

针叶树

图7-3　木材分类

2)按加工程度和用途分类

①原条：指生长的数目被伐后，经修枝(除去皮、根、树梢)，但没有加工造材的木料。

②原木：指经过修枝、剥皮，并截成规定长度的木材(图7-4)。

③板方材：指按一定尺寸锯解、加工成板材和方材。截面宽度为厚度的 3 倍或以上的称为板材；截面宽度不足厚度 3 倍的称为方材(图7-5)。

图 7-4 原木

图 7-5 板方才

木方，俗称为方木，将木材根据实际加工需要锯切成一定规格形状的方形条木，一般用于装修及门窗材料，结构施工中的模板支撑及屋架用材，或做各种木制家具都可以。

天花吊顶的木方一般杉木方、松木方较多。一般规格都是长 4 m，有 2 cm × 3 cm、3 cm × 4 cm、4 cm × 4 cm 等多种横截面规格(图 7-6 至图 7-8)。

图 7-6 松木木方

图 7-7 木方背景墙应用

图 7-8 木方吊顶应用

7.1.3 木材构造

木材三切面：横切面、径切面、弦切面(图 7-9)。

(1)横切面

与树干或木纹垂直的切面。在显微镜下，可清晰地看到木材细胞及其相互间的连接，是识别木材最重要的切面。因其硬度大、耐磨损，常用于切菜的菜墩或铺路木块。

(2)径切面

沿着树干方面，通过髓心锯割的切面，为标准的径切面。从横切面上观察，凡平行木射线的切面，或垂直于年轮的切面，均称为径切面。即其板材表面为生长带相互平行，而与木射线垂直。径切板材干缩小而匀，不易翘曲，多用于木尺、木瓦、地板和乐器共鸣板。

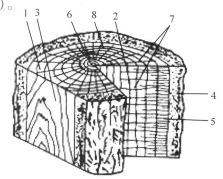

图 7-9 木材三切面

1. 横切面 2. 径切面 3. 弦切面 4. 树皮
5. 木质部 6. 髓心 7. 髓线 8. 年轮

（3）弦切面

沿着树干方向与年轮相切锯割的切面。原木经旋切出来的板面，其锯割线是一个年轮的切线，又是另一个年轮的弦线，板面年轮成"V"字形，花纹美观，用于胶合板制造。成材多用于制造家具、桶板和船舶上的甲板。径切面和弦切面都是与树干或木纹方向平行的切面，故统称纵切面。锯解大径原木所得的板面，常会出现既非弦切又非径切的过渡区，难以辨别细胞结构。故在识别木材时，必须切出标准的三切面，才能准确辨别，全面了解木材的构造、性质及其相互关系，并以此比较各种木材的优劣。

7.2　室内装饰工程常用树种及性能

7.2.1　红木

1）红木国家标准分类

根据国家标准，"红木"的范围确定为5属8类，33个主要品种（图7-10）。5属是以树木学的属来命名的，即紫檀属、黄檀属、柿属、崖豆属及铁刀木属。8类则是以木材的商品名来命名的，即紫檀木类、花梨木类、香枝木类、黑酸枝类、红酸枝木类、乌木类、条纹乌木类和鸡翅木类。同时，红木是指这5属8类木料的心材，心材是指树木的中心、无生活细胞的部分。

33个树种分别为：檀香紫檀、越柬紫檀、安达曼紫檀、刺猬紫檀、印度紫檀、大果紫檀、囊状紫檀、鸟足紫檀、降香黄檀、刀状黑黄檀、黑黄檀、阔叶黄檀、卢氏黑黄檀、东非黑黄檀、巴西黑黄檀、亚马孙黄檀、伯利兹黄檀、巴里黄檀、赛州黄檀、交趾黄檀、绒毛黄檀、中美洲黄檀、奥氏黄檀、微凹黄檀、非洲崖豆木、白花崖豆木、铁刀木、乌木、厚瓣乌木、毛药乌木、蓬塞乌木、苏拉威西乌木、菲律宾乌木。

其他木材制作的家具不能称为红木家具。

2）红木保养

① 红木制品应摆放在远离窗口、门口、风口等空气流动较强的位置，避免阳光照射。

② 切忌室内温度过高，冬季不要摆放在暖气附近，一般以人在室内穿着毛衣感觉舒适为宜。

③ 春、秋、冬三个季节要尽量保持室内空气不干燥，宜用加湿器喷湿，室内养鱼、养花也可以调节室内空气湿度。

④ 暑期来临时，要经常开空调排湿、减少木材吸湿膨胀，避免榫结构部位湿胀变形而开缝。

⑤ 要保持红木制品的整洁，日常可用干净的纱布擦拭灰尘。不宜使用化学光亮剂，以免漆膜发黏受损。

a. 除尘：宜用软毛刷或干净的绒布或绸布进行除尘，禁用湿布或水洗。

b. 打蜡：带花纹的或浅色木材工艺品如黄花梨、黄杨木、榉木不宜用改变木材颜色的蜡（如英国蜡、石蜡、地板蜡或鞋油蜡）及核桃油和其他植物油，一般应采用天然蜡，如

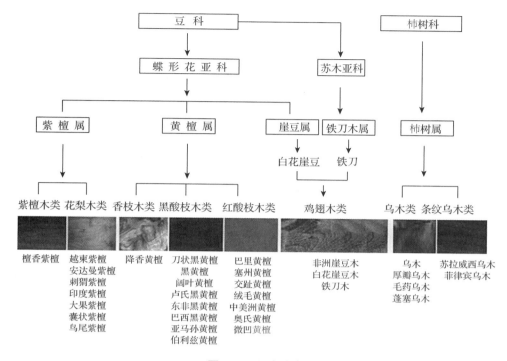

图7-10 红木分类

说明：①从图中可以看出，紫檀木类的檀香紫檀及香枝木类的降香黄檀各只有一种，可见此两种红木弥足珍贵，紫檀木类的檀香紫檀俗称小叶紫檀，香枝木类的降香黄檀俗称海南黄花梨或越南黄花梨。

②日常常见的樟木、红豆杉、黄杨木，因其木材特性达不到红木要求，而未被列入红木范围。

川蜡、蜂蜡，最好在专业人士的指导下进行。

c. 移动：移动红木小件应用双手，避免单手提拉或提握易损易折部位。如有开裂或残损，不能用502胶或其他化学胶、木屑填补或黏接（容易影响其收藏价值）。应找到原厂家、雕刻工艺师，或专业修复红木小件的厂家及有经验的技师进行修复，切忌自己动手。

d. 存放红木小件一般安放在封闭的专门存放工艺品的柜或多宝格中，也可根据其类型放置于比较安全的地方。避免阳光直射、风吹、潮湿，避免与其他杂物混放。

e. 红木开裂后的处理：红木除海南黄花梨木性极为稳定不易开裂外，其他红木均易开裂，如果在半年至一年内没有大的裂纹，有较多的细裂纹属于正常现象，也是家具适应环境的过程。1年后可以用深色的腻子仔细填抹缝隙，然后打磨平整，上遍清漆即可恢复原貌。

7.2.2 其他装饰用实木

1）松木

松木是一种针叶植物（常见的针叶植物有松木、杉木、柏木），它具有松香味、色淡黄、疖疤多、对大气温度反应快、容易膨胀、极难自然风干等特性，故需经人工处理，如烘干、脱脂去除有机化合物，使之不易变形。

松木以其朴实无华的质感，自然美观的纹理、清纯亮丽的色泽，把家居环境装点得素雅、纯净、融入与自然的和谐与安宁，因而松木家具被联合国教育、科学及文化组织定为环保家具。松木家具在视觉上先"色"夺人。恬淡柔和的松木本色"天生丽质难自弃"让其他树种"低眉俯首"。不加雕饰的松木本色家具精旷的纹理，细腻的线条，刚柔兼济。

近年来，由于环保理念流行，实木家具开始慢慢增多，其中松木家具占了很大一部分，特别是许多儿童家具采用松木制作（图7-11）。松木家具的用材主要有两种：一种是马尾松；另一种是樟子松。

马尾松在我国南方分布极广，它是我国南方地区的主要用材树种，主要供建筑、工矿、包装、板材等使用，在装修中是人造纤维板的重要原材料。马尾松纹理直斜不匀，结构中粗。马尾松的缺点是干燥时翘裂较严重，不耐腐，油漆、胶接性能不良，相对来说作为木工板材在家具中应用较少。

图 7-11　松木

樟子松主要产于我国东北和俄罗斯，是我国三北地区主要的优良造林树种之一，被广泛地运用为中档实木家具的用材。樟子松的特点是材质较强，纹理比较清晰，木质较好，作为家具仅刷清漆便可体现木材的细密纹理。很多品牌的松木家具都采用樟子松作为加工原料。相对于杉木，樟子松的木纹会更加漂亮一些，木结疤也比较少，这也是为什么原木家具许多都采用松木的原因（图7-12、图7-13）。樟子松经过处理还可作为防腐木，应用在户外、入户花园等场合。

图 7-12　松木家具

图 7-13　松木在建筑装饰中的应用

2）杉木

杉木属于杉科（图7-14），是我国特有的速生商品用材树种，分布较广，福建沿海山地很多，特点是生长快，材质好，木材纹理通直，结构均匀，材质轻韧，强度适中，杉木具香味，材中含有"杉脑"，能抗虫耐腐，加工容易。杉木广泛用于建筑、家具、器具、造船等各方面。杉木是建筑装饰中使用最多的一种木料。大芯板是采用杉木块拼接而成的，龙骨通常也是采用杉木条。杉木属于软木，它的缺点主要有两个：一是由于杉木为速生材，成材期为4~6年，生长迅速，自然木质纤维疏松，而且水分含量大，表面硬度较软，外力作用易引起划痕；二是结疤多，每隔一小段距离就有一块黑色的结疤。因此，杉木一般较少用来做家具，而是用来制作纸浆、细木工板、密度板、刨花板，或是做成指接板用来做家具的内挡板。杉木由于它的产量和价格使其成为应用最广泛、价格最便宜的木材（图7-15）。

图 7-14　杉木指接板

图 7-15　杉木在家具装饰中应用

3）榆木

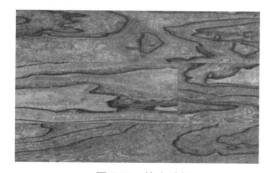

图 7-16　榆木地板

榆木是中国北方做家具最常用的木材。榆木有20多个品种。最高的榆树可长达30 m，直径可达1 m。榆木剖开后，榆木的边材呈黄褐色，芯材为淡褐色，纹理则像羽毛那样层层扩展（图7-16）。榆木不易干，也容易开裂。榆木的强度中等，耐腐朽，易加工，为长江以北大量使用的家具材质。榆木木性坚韧，纹理通达清晰，硬度与强度适中，一般透雕浮雕均能适应，刨面光滑，弦面花纹美丽，有"鸡翅木"的花纹。榆木另有色深黑者，称之为紫榆。

4）水曲柳

水曲柳主要产地为我国东北、华北，以及俄罗斯等地。装饰面板中用的比例最大的就是水曲柳面板，之所以采用此种面板，与它的特性是分不开的。水曲柳最大的优点是在于它的纹路，水曲柳纹路美观清晰，如作为饰面板或是家具，刷清漆或刷白能够最大限度地体现出它美丽的花纹，适合于现代简约的风格，而且水曲柳面板还是价格较低的一种饰面板（图7-17）。水曲柳的缺点是如果作为实木家具，变形较大，所以水曲柳如果是做全实木，多用小木块拼接，大块的木材收缩变形大，不适合。

图 7-17　水曲柳板材的纹理

图7-18　胡桃木在家具装饰中的应用

5）胡桃木

国产胡桃主要用于山西晋作家具的制作，南方少用。南方所用胡桃木大多来自于进口，其中主要是欧美胡桃木，其中以美国黑胡桃（American black walnut）最为名贵，黑胡桃心材茶褐色，有时具黑或紫色条纹。黑胡桃木颜色视所生长地区而有不同。之所以称为黑胡桃，并非指其木材为黑色，而是由于其果实外壳为黑色之故，实际上木材为淡灰褐色至深紫褐色。木材纹理直或交错，弦切面为美丽的大抛物线花纹（大山纹），其木质重而硬，结构均匀，耐冲撞摩擦；耐腐蚀，容易干燥，少变形；易施工，易于胶合。在实际使用中可施以任何涂装方法，因此，在现代家庭装修中黑胡桃面板作为一种较高档次的面板应用较多。由于美国黑胡桃价格昂贵，一般极少用作实木家具，而是用作线条、饰面板（图7-18）。

7.3　人造板材

人造板材是指利用木材加工过程中剩下的废料（如边皮、碎料、刨花、木屑），对其进行加工处理而制成的板材。人造板的规格为2 440 mm×1 220 mm，目前市场上的主要人造板有：细木工板、胶合板、刨花板、纤维板、欧松板、澳松板和弯曲板。

1）细木工板

细木工板是特种胶合板的一种，又称大芯板，是用长短不一的芯板木条拼接成，两个表面为胶贴木质单板的实心板材（图7-19至图7-21）。

特点：具有较大硬度和强度，耐热胀冷缩，板面平整，结构稳定，易于加工。

用途：家具、门窗套、墙面造型、地板等基材或框架（图7-22）。

图7-19　细木工板

图7-20　细木工板

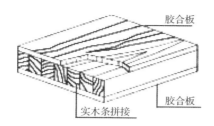

图 7-21　细木工板的构造

图 7-22　细木工板的应用

2）胶合板

胶合板是将原木旋切成单板薄片，经干燥、涂胶，再用胶黏剂按奇数层黏结（图 7-23），使各层纤维互相垂直，纹理纵横交错，胶合热压而成的人造板材（图 7-24）。

特点：胶合板具有幅面较大、强度较高，收缩性小、不容易起翘和开裂，表面平整、容易加工（图 7-26）。

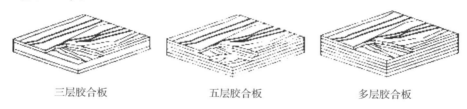

三层胶合板　　　　　五层胶合板　　　　　多层胶合板

图 7-23　胶合板

图 7-24　胶合板

图 7-25　胶合板内墙装饰

用途：适用于建筑室内墙面装饰（图 7-25），是装饰工程中应用量最大的人造板材。也可用作家具的旁板、门板、背板等。

3）刨花板

刨花板是以刨花、木渣为原料，利用胶料和辅料在一定温度和压力下压制而成的人造板材。根据表面装饰状态可分为覆面刨花板和不覆面刨花板。

覆面刨花板：单面、双面黏结其他材料，如纸贴面、饰面板（图 7-27）。

不覆面刨花板：造价低，不宜用于潮湿处，安装时握钉力差（图 7-28）。

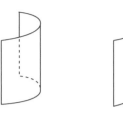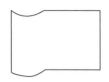

图 7-26 胶合板可弯曲的形态

图 7-27 覆面刨花板

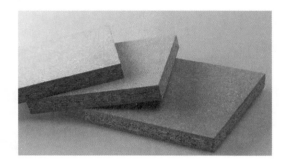

图 7-28 不覆面刨花板

4）纤维板

纤维板又名密度板，是以植物纤维（木材加工剩余的板皮、刨花、树枝，以及稻草，玉米秆等）为主要原料，经过破碎浸泡、研磨成木浆，再加入一定的胶料，经过热压成型、干燥等工序制成的一种人造板材（图 7-29）。

纤维板的材质、强度都较为均匀，抗弯强度高，胀缩性小，平整性好，不易开裂腐朽，较耐磨，有一定的绝热和吸声功能，可以代替木板用于室内装饰等（图 7-30）。

图 7-29 纤维板

图 7-30 纤维板在建筑装饰中的应用

5）欧松板

欧松板以松木为原料，刨出长 40～100 mm，宽 5～20 mm，厚 0.3～0.7mm 的长条刨片，经干燥、筛选、脱油、施胶、定向铺装、热压成的一种新型高强度承重木质板材。

欧松板 OSB（oriented strand board），又称定向刨花板，是一种生产工艺与应用技术成熟、性价比最优的一种新型结构板材，也是世界范围内发展最迅速的板材（图 7-31）。

欧松板与细木工板、胶合板、密度板、刨花板有着本质区别。目前，在北美洲、欧洲、日本等发达国家的用量极大，建筑中的胶合板、刨花板已被它取代（图 7-32）。OSB 出材率为 70%，在板材中出材率最高。欧松板全部使用小径速生材，既能有效地利用森林资源，又可保护生态环境。

图 7-31　欧松板　　　　　　　图 7-32　欧松板在建筑装饰中的应用

6）澳松板

澳松板是一种进口的中密度板（图 7-33），产于澳大利亚，其单一原料是辐射松。辐射松具有纤维柔细、色泽浅白的特点，是举世公认的生产密度板的最佳树种。澳松板有 3 mm、5 mm、9 mm、12 mm、15 mm、18 mm 等多种厚度规格。其中，3 mm 用量最多，应用范围最广，可以代替三夹板（三合板）用于门、门套、窗套等贴面；5 mm 用做夹板门，不易变形；9 mm 和 12 mm 多用来做门套、门档和踢脚线；15 mm 和 18 mm 可代替大芯板，直接用于做门套、窗套或雕刻、镂空造型，也可直接用来做衣柜门，环保且不易变形。

7）弯曲板

以强度高、价格低的桦木和水曲柳为内层，以纹理优美的水曲柳或榉木作为外层，经热压弯曲定型成弧形的板材。

用途：弯曲板家具，适合人体的曲线起伏，使人体感到更加舒服（图 7-34）。

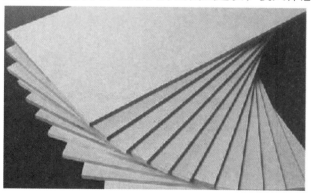 

图 7-33　澳松板　　　　　　　图 7-34　弯曲板家具

7.4　木质装饰制品

木质装饰制品是指利用各种天然木材及人造板材进行艺术创造，并经过加工成为建筑装饰中常用的且具有一定规格的成品或半成品。

7.4.1　木地板

木地板是由软木材料(如松、杉等)或硬木材料(如水曲柳、蒙古栎、榆木、樱桃木及柚木等)经过加工处理而成的木板面层。

木地板作为室内地面装饰材料，具有自重轻、弹性好、脚感舒适、导热性小等特点(图7-35)。

常用的木地板主要有实木地板、复合木地板、软木地板、竹地板。实木地板按其加工之后成品的形式又分为条木地板、拼花木地板和实木马赛克。

1) 实木地板

(1) 条木地板

① 条木地板的优点：

a. 美观自然：木材是天然的，其年轮、纹理往往能构成一幅美丽的画面，给人一种回归自然的感觉，质感与众不同，广受人们喜爱(图7-36)。

b. 无污染物质：木材是典型的双绿色产品，本身没有污染，有的木材还可释放芳香酊，发出有益健康、安神的香气。

c. 质轻而强：一般木材通常都浮于水面上(少数例外)。木材建材相较金属建材、石材便于运输、铺设。实验表明，松木的抗张力为钢铁的3倍、混凝土的25倍、大理石的50倍，抗压力为大理石的4倍。其作为地面材料(木地板)更能体现出其优点。

图7-35　木地板

图7-36　实木地板

d. 容易加工：木材可以任意锯、刨、削、切乃至于钉，所以在建材方面的应用更为灵活，能充分发挥其潜在功能，而金属、混凝土、石材等因硬度之故，没有此功能，所以用料时也会造成浪费或出现不切合实际的情况。

e. 保温性好：木材不易导热。钢铁的导热率为木材的200倍。

f. 调节湿度：木材可以吸湿和散发水份。人体最适的大气湿度为60%～70%，木材的特性可维持湿度在人感舒适的范围内。

g. 不易结露：由于木材保湿，调湿的性能比金属、石材和混凝土强。所以当天气湿润或温度下降时不会产生表面凝结成水珠，出现类似的"出汗"现象。

h. 耐久性强。

i. 缓和冲击：木材对人体的冲击力比其他建筑材料柔和、自然，有益于人体的健康，有利于保障老人和小孩的居住安全。

j. 木材可以再生。

② 条木地板的缺点：

硬木资源消耗量大。

铺设安装工作量大，不易维护。

地板宽度方向随相对湿度变化而产生较大尺寸变化。

价格高。实木地板一直都保持在较高的价位，价格在每平方米 200 元以上。

目前，市场上的实木地板的材料树种很多（表7-1），珍贵的有花梨木、柚木、香脂木豆、宝石桑，中档的有黑蚁木、榆木、白蜡木、印茄木、纤皮玉蕊、槭木等，价廉的有松木等，其每平方米价格也从逾 100 元到 1000 元不等，其中以 200～400 元居多。

目前，市场上销售较好的是印茄木（俗称菠萝格）地板、纤皮玉蕊、番龙眼、黑蚁木地板，较为高档的是柚木和香脂木豆地板，两种地板每平方米的大约价格达 600 元甚至更高。

从实木来源来看，目前我国市场上的实木地板的原材料几乎全取自国外，如印茄木产自东南亚；天然柚木产自缅甸、泰国，目前泰国已经禁止砍伐柚木；全球产量极少的香脂木豆产自巴西；栎木产自俄罗斯；圆盘豆产自非洲。由于原材料难得，实木地板的价格一直在上涨。

表 7-1 实木地板的种类

颜色纹理	名称	原料产地	英文名
精品实木			
	重蚁木	巴西	IPE
	香脂木豆	巴西	RED INCIENSO
	柚木	缅甸	TEAK
	拉帕乔	巴拉圭	LABACHO
	虎木	巴西	MUIRACATIARA
	古夷苏木	加纳	OVANGKOL
	桃花芯木	加纳	MAHOGANY
	缅茄木	加纳	DOUSSIE

（续）

颜色纹理	名称	原料产地	英文名
	花梨木	缅甸	PADAUK
经济大众			
	铁苏木	巴西	GARAPA
	李叶苏木	巴西	JATOBA
	纤皮于蕊	巴西	TAUARI
	香二翅豆	巴西	CUMARU
	绿柄桑	喀麦隆	OROKO
	赛鞋木豆	加纳	BELI
	鲍迪豆	巴西	SUCUPIRA
	印茄木	印度尼西亚	MERBAU
	甘巴豆	印度尼西亚	KEMPAS
欧洲风情			
	白橡木	俄罗斯	ORK
	白蜡木	俄罗斯	ASH
	枫桦木	俄罗斯	BRICH
集成实木			
	拉那豆	喀麦隆	
	大果阿拉豆	喀麦隆	
	白象牙	巴西	
结构实木			
	加拿大枫木	加拿大	HARD MAPLA
	美国樱桃木	美国	CHERRY
	玉檀香	巴西	GUAINAUM
	胡桃木	加纳	WALNUT

（2）拼花木地板

通常采用阔叶树种的硬木材，经过干燥处理并加工成一定几何尺寸的小木条，拼成一定图案的地板材料（图7-37、图7-38）。

图7-37　拼花木地板

图7-38　拼花木地板的拼装

（3）实木马赛克

实木马赛克选用天然木材为原料，以马赛克的形式展示木材的质感，是一种较新型的材料，但是价格比较昂贵，还未广泛使用（图7-39）。

2）复合木地板

复合木地板，又称强化木地板，以硬质纤维、中密度纤维板为基材的浸渍纸胶膜贴面层复合而成，表面再涂以三聚氰胺和三氧

图7-39　实木马赛克

化二铝等耐磨材料。原有的以刨花板为基材的木地板已经逐渐被市场淘汰。这种复合木地板既改掉了普通木地板的一些缺点，保持了优质木材具有天然花纹的良好装饰效果，又达到了节约优质木材的目的。

复合木地板分为实木复合地板和强化复合地板两种。实木复合地板分为3层实木复合地板和多层实木复合地板。

3层实木复合地板由面层、芯层、底层3层实木板相互垂直层压（图7-40），通过合成树脂热压而成，常用规格一般为2 200 mm×（180～200）mm×（14～15）mm。

强化复合木地板结构为4层：耐磨层、装饰纸、基材（高密度板）、平衡层（图7-41）。

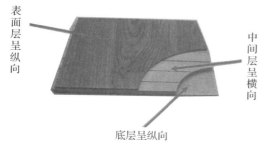

图7-40　3层实木复合木地板

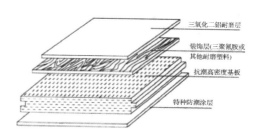

图7-41　强化复合木地板构造

3）软木地板

（1）原料

橡树的树皮。

（2）特点

① 柔韧性好、耐磨。

② 温暖舒适、有弹性，可减轻意外摔倒造成的伤害。

③ 环保产品。

④ 尺寸稳定性好，不裂不翘，不腐不蛀。

⑤ 保温隔热、防潮、降噪、吸音隔音。

（3）种类规格

① 纯软木地板：厚度在 4~5 mm，从花色上看非常粗犷、原始，很像是防潮垫，并没有固定的花纹，与条纹状地板有很大的不同，花色虽有几十种之多，但区别并不是十分显著；它的最大特点是用纯软木制成，质地纯净，非常环保。它的安装方式为粘贴式，即用专用胶直接粘贴在地面上，施工工艺复杂，对地面要求也较高。从价格上看这种地板市场价每平方米在 100 元左右，价格相对较低。

② 软木静音地板：它是软木与强化地板的结合体，是在普通强化地板的底层增加了一层 2 mm 左右的软木层，它的厚度可达到 13.4 mm。当人走在上面时，最底层的软木可以吸取一部分声音，起到降音的作用，因为有充足的厚度，脚感也非常好。

③ 软木地板：从剖面上看有 3 层，表层与底层均为软木，中间层夹了一块带企口（锁扣）的中密度板，厚度可达到 10 mm 左右，里外两层的软木可达到很好的静音效果，花色与纯软木地板一样，也存在不够丰富的缺憾。但是从安装上看要简单许多，主要为接纳悬浮式，即同强化地板相似，对地面要求也不太高。这种软木地板的价格相对较高，一般的市场价每平方米逾 300 元。

（4）选购

① 软木地板选择时，先看地板砂光表面是否光滑，有无鼓凸颗粒，软木颗粒是否纯净。

② 看软木地板边长是否顺直，其方法是取 4 块相同地板，铺在玻璃上，或较平的地面上，拼装看其是否合缝。

③ 检验板面弯曲强度。其方法是将地板两对角线合拢，看其弯曲表面是否出现裂痕，没有裂痕则为优质品。

④ 胶合强度检验。将小块样品放入开水里浸泡，若发现其砂光的光滑表面变成癞蛤蟆皮一样凹凸不平的表面，则此产品为不合格品；优质品遇开水表面无明显变化。

7.4.2　其他木质装饰材料

1）防腐木

根据防腐处理工艺的不同，分为防腐剂处理的防腐木和热处理的碳化木。防腐木经过防腐处理，不会受到昆虫和微生物的侵蚀，性能稳定、密度高、强度大、极具装饰效果。

主要用于建筑外墙、凉亭、花架、小桥、亲水平台等景观小品的室外装饰(图 7-42)。

2)碳化木

将天然木材放入一个封闭环境里，经过高温处理，得到的一种具有部分碳的特性的木材，通过将木材的有效营养成分碳化来达到防腐目的。碳化后效果可与一些珍贵木材的纹理相比，提高整体环境的品味(图 7-43)。

图 7-42　防腐木的应用

图 7-43　碳化木

3)木质装饰线条

木装饰线条是选用质硬、木质较细、耐磨、耐腐蚀、不劈裂、切面光滑、加工性好、油漆上色性好、黏结以及握钉力强的木材，经过干燥处理，用机械手工加工而成的(图 7-44)。

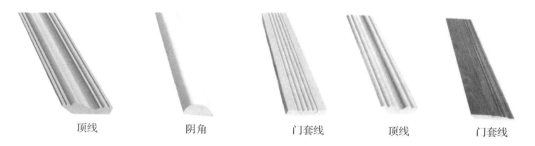

| 顶线 | 阴角 | 门套线 | 顶线 | 门套线 |

图 7-44　木质装饰线条

木装饰线条在室内装饰中起着固定、连接、加强装饰饰面的作用，也是各种平面相接处、分界处、层次处、对接面的衔接口及交接条等的收边封口材料。此外，还可以作为室内墙面的墙腰装饰线、墙面洞口装饰线、护墙和踢脚的压条装饰线、门套装饰、天花板装饰脚线、家具及门窗镶边等，能增加一种高雅的美感(图 7-45)。

4)薄木饰面板

薄木饰面板是由各种名贵木材经过一定的处理或加工后，再经精密刨切或旋切，厚度一般为 0.8 mm 的表面装饰材料，常以胶合板、刨花板、密度板为基材(图 7-46)。其特点是既有名贵木材的天然纹理或仿天然纹理(图 7-47)，又能节约原木资源、降低造价，方便裁切和拼花，具有良好的黏结性质，可以在大多数材料上进行粘贴装饰，是室内装饰中

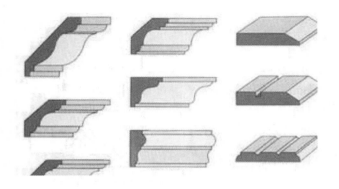

图 7-45　木质装饰线条

图 7-46　薄木饰面

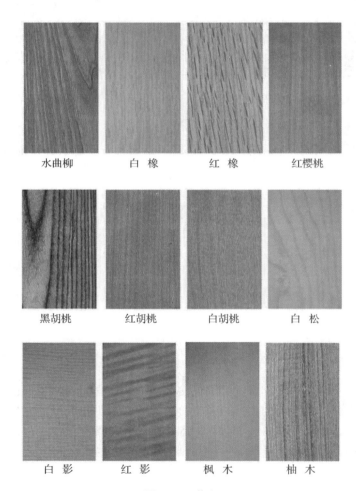

水曲柳	白　橡	红　橡	红樱桃
黑胡桃	红胡桃	白胡桃	白　松
白　影	红　影	枫　木	柚　木

图 7-47　薄木

广泛应用的饰面材料。

施工注意事项：

① 使用前上 1~2 遍透明清漆。刷涂前不宜用砂纸打磨表面，否则会损坏表面纹理。

② 薄木贴面板用于其他板材贴面时，可采用压胶或胶黏与射钉相结合的方法粘贴（射钉采用头小的纹钉）。

5）木门

木门根据材料不同可分为原木门、实木门、实木复合门、免漆门和模压门等。

（1）原木门

原木门是原木大料制成的，直接采用木头破开的板子，选料考究，价格较贵。

（2）实木门

实木门是以原木做门芯，干燥处理后，再经多道工序加工而成，所选多为名贵木材，如樱桃木、胡桃木、柚木、红花梨、黄花梨等。加工后的门不易变性，保温、吸音良好（图 7-48、图 7-49）。

图 7-48   实木门

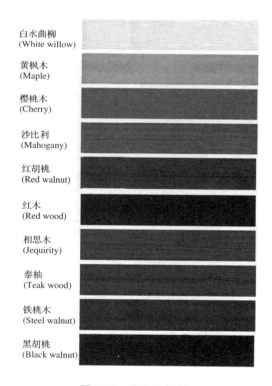

白水曲柳
(White willow)

黄枫木
(Maple)

樱桃木
(Cherry)

沙比利
(Mahogany)

红胡桃
(Red walnut)

红木
(Red wood)

相思木
(Jequirity)

泰柚
(Teak wood)

铁桃木
(Steel walnut)

黑胡桃
(Black walnut)

图 7-49   实木门样板

（3）实木复合门

实木复合门是以松木、杉木或进口填充料黏合而成作为门芯，外层贴密度板和实木木皮，经高温热压后制成，并用实木线条封边。免漆门，与实木复合门相似，主要是用低档木料作为龙骨框架，外用中、低密度板表面和免漆 PVC 贴膜，价格便宜（图 7-50）。

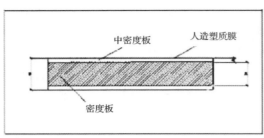

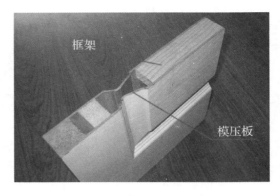

图 7-50　实木复合门结构示意　　　　　图 7-51　模压门结构示意

（4）模压门

模压门是采用人造林的木材，经过去皮、切片、筛选、研磨成超纤维，加入酚醛胶、石蜡高温高压一次模压成型（图 7-51、图 7-52）。

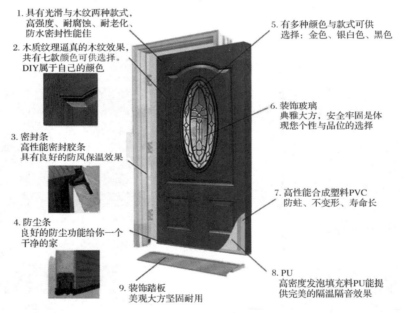

1. 具有光滑与木纹两种款式，高强度、耐腐蚀、耐老化、防水密封性能佳

2. 木质纹理逼真的木纹效果，共有七款颜色可供选择。DIY属于自己的颜色

3. 密封条
高性能密封胶条
具有良好的防风保温效果

4. 防尘条
良好的防尘功能给你一个
干净的家

5. 有多种颜色与款式可供选择：金色、银白色、黑色

6. 装饰玻璃
典雅大方，安全牢固是体
现您个性与品位的选择

7. 高性能合成塑料PVC
防蛀、不变形、寿命长

8. PU
高密度发泡填充料PU能提
供完美的隔温隔音效果

9. 装饰踏板
美观大方坚固耐用

图 7-52　模压门的结构与功能

6）木花格

木花格使用木板或仿木制作成具有若干个分格的木架，这些分格的尺寸或形状一般各不相同。

木花格轻巧纤细，表面纹理清晰，加之整体造型的别致，多用于室内的花窗、隔断、博古架等，起到美化调节室内风格，提高室内艺术效果的作用，有时还有组织划分室内空间的功能（图 7-53）。

图 7-53　木花格

7.4.3　木质装饰材料施工工艺

7.4.3.1　实木地板的铺设与工艺

实木地板铺的铺设方法主要有以下 4 种：

1）悬浮铺设法

（1）悬浮铺设法的特点

无污染；易于维修保养。地板不易起拱，不易发生片状变形，地板离缝易于修补更换，即使搬家或意外泡水浸泡，经拆除干燥后，地板依旧可铺设。

（2）悬浮铺设法的适用范围

悬浮铺设法适用于企口地板、双企口地板以及各种连接件实木地板。一般应选择榫槽偏紧，底缝较小的地板。

（3）悬浮铺设法的施工方法

①铺装地板的走向通常与房间行走方向一致或根据用户要求自左向右或自右向左逐排依次铺装（图 7-54）。铺装时凹槽向墙，地板与墙之间放入木楔，留足伸缩缝（干燥地区，地板又偏湿，伸缩缝应留小；潮湿地区因地板偏干，伸缩缝应留大）。拉线检查所铺地板的平直度，安装时随铺随检查，在试铺时应观察板面高度差与缝隙，随时进行调整，检查合格后才能施胶安装。一般铺在边上的 2 ~ 3 排地板间施少量 D4 或无水环保胶固定即可，其余中间部位完全靠榫槽啮合，不用施胶。

②最后一排地板要通过测量其宽度进行切割、施胶，用拉钩或螺旋顶使之严密。

③在华东、华南及中南等特别潮湿的地区，在安装地板时，地板之间一般情况下不排得太紧（通常地板之间以能存放一张名片的厚度为较准）；在东北、西北及华北地区，地板之间一般以铺紧为佳。

④收口过桥安装。在房间、厅、堂之间接口连接处，地板必须切断，留足伸缩缝，用

收口条、五金过桥衔接，门与地面应留足 3～5 mm 间距，以便房门能开闭自如。

⑤踢脚板安装。选购踢脚板的厚度应大于 15 mm，安装时地板伸缩缝间隙在 5～12 mm 内，应填实聚苯板或弹性体，以防地板松动，安装踢脚板，务必把伸缩缝盖住。若墙体或地基不平，出现缝隙皆属意料之中，可请装饰墙工补缝。

实木踢脚板在靠墙的背面应开通风槽并作防腐处理。通风槽深度不宜小于 5 mm，宽度不宜小于 30 mm，或符合设计要求。踢脚板宜采用明钉钉牢在防腐木块上，钉帽应砸扁冲入板面内，无明显钉眼，踢脚板应垂直，上口呈水平。如图 7-54。

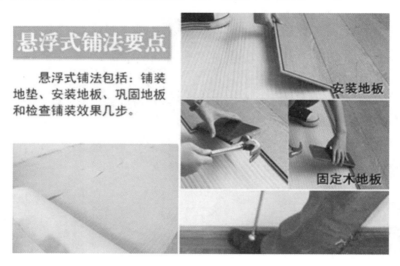

图 7-54　实木地板悬浮法铺设

2）龙骨铺设法

龙骨铺设法是地板最传统、最广泛的铺设方法，下面我们来看看龙骨铺设方法的具体情况。

（1）龙骨铺设法的特点

以长方形长木条为材料，固定与承载地板面层上承受的力并按一定距离铺设方式。凡是企口地板，只要有足够的抗弯强度，都可以用打龙骨铺设的方法，做龙骨的材料有很多，使用最为广泛的是木龙骨，其他的有塑料龙骨、铝合金龙骨等。

（2）龙骨铺设法的适用范围

龙骨铺装法适合用于实木地板与实木复合地板，地板的抗弯强度足够，就能使用龙骨铺装方式。

（3）龙骨铺设法的铺设方法

①铺设龙骨：

a. 地面划线：根据地板铺设方向和长度，弹出龙骨铺设位置。每块地板至少搁在 3 条龙骨上，一般间距不大于 350 mm（图 7-55）。

b. 木龙骨固定：

i. 木龙骨固定：根据地面的实际情况决定电锤打眼位置和间距

ii. 若地面有找平层，冲击钻打眼时打入深度 25 mm 以上；如果采用射钉透过木龙骨进入混凝土，其深度必须大于 15 mm，当地面高度差过大时。应以垫木找平，先用射钉把垫木固定于混凝土基层，再用铁钉将木龙骨固定在垫木上（图 7-56）。

iii. 注意龙骨间，龙骨与墙或其他地板间均应留出间距 5~10 mm，龙骨端头应钉实。

iv. 木龙骨找平：铺设后的木龙骨进行全面的平直度拉线和牢固性检查，检测合格后方可铺设。

v. 若地面下有水管或地面采暖等设施，千万不要打眼，一般可采用悬浮铺设法。若非要采用龙骨铺设，可采用塑钢、铝合金龙骨等新型龙骨或改用胶黏剂结短木龙骨。

②地板铺设：

a. 地板面层铺设一般是错位铺设，从墙面一侧留出 8~10 mm 的缝隙后，铺设第一排木地板，地板凸角外，以螺纹钉、铁钉把地板固定于木龙骨上，以后逐块排紧钉牢。

b. 每块地板凡接触木龙骨的部位，必须用气枪钉、螺纹钉或普通钉钉入，以 45°~60°斜向钉入，钉子的长度不得短于 25 mm。

c. 为使地板平直均匀，应每铺 3~5 块地板拉一次平直线，检查地板是否平直，以便于及时调整。联结件和踢脚板的安装与悬浮法的相同。

图 7-55 实木地板龙骨铺设法

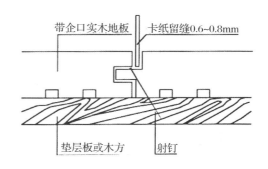

图 7-56 实木地板工艺

3）直接粘贴铺设法

直接粘贴铺设法是地板铺设的另一种方法，这种适用于 350 mm 长的地板，而且要求地面平实。

（1）直接粘贴铺设法的特点

直接粘贴铺设法是将地板直接粘接在地面上，这种安装方法快捷，施工时要求地面十分干燥、干净、平整。由于地面平整度有限，过长的地板铺设可能会产生起翘现象，因此更适合用于长度在 30cm 以下的实木及软木地板的铺设。一些小块的柚木地板、拼花地板必须采用直接粘接法铺设。直接粘贴铺设法的安装快捷，效果美观，但是对施工地面要求高，而且容易产生起翘现象。

（2）直接粘贴铺设法的适用范围

直接粘贴法适合用于拼花地板与软木地板，此外，复合木地板也可使用直接粘贴方式铺装。

（3）直接粘贴铺设法的铺设方法

如果直铺水泥地面必须利用水泥找平，相对于铺龙骨找平而言，不会过多的影响房子的层高，但用水泥找平要用大量的水泥、砂子，造价会更高。若是用软木地板，建议在原基础上做水泥砂浆自流平。

4）夹板龙骨铺设法

（1）夹板龙骨铺设法的特点

夹板龙骨铺设法是先铺好龙骨，然后在上边铺设毛地板，将毛地板与龙骨固定，再将地板铺设于毛地板之上，这样不仅提高了防潮能力，也使得脚感更加舒适、柔软。夹板龙骨铺设法的优点是防潮性好，脚感舒适，但是损耗较多的层高，相对于其他方法的成本也更高。

（2）夹板龙骨铺设法的适用范围

夹板龙骨铺设法适用于实木地板、实木复合地板、强化复合地板和软木地板等多种地板的铺装。

（3）夹板龙骨铺设法的铺设方法

毛地板铺设在龙骨上，每排之间应留有空隙，用铁钉或螺纹钉使毛地板与龙骨固定并找平，毛地板可铺设成斜角30°或45°以减少应力。在毛地板上铺设强化地板，方法按照悬浮式铺设法铺设。

在地面装修施工中，实木地板铺设出现的问题比较多。因此在施工中，要监督工人按照实木地板施工的"六步骤"来操作：

① 施工前，要将格栅（木龙骨）、木地板块、踢脚板、防水纸等材料和施工工具备齐。注意装饰材料一定要选择经过干燥、防腐、防虫处理后的品种和型号，材料的色差越小越好。在铺设木地板之前，要求室内所有的"湿作业"全部结束，预埋件按设计要求埋设到位，抹灰干燥程度达到八成以上，门窗和玻璃安装完毕，弹好水平标高线。

② 铺设格栅（木龙骨）时，应注意与地面预埋件紧密结合。

③ 铺设卡挡格栅，应注意疏密程度以及与主格栅是否连接紧密、牢固。

④ 通风槽应注意顺序、方位和方向的一致性。

⑤ 铺装隔板（大芯板）时应注意隔板与木龙骨结合应紧密、牢固。

⑥ 铺装木地板时，要注意按顺序铺装，有花色、图案的地板块应事先做好顺序记号。在木地板边缘与墙面垂直夹角处，要预留10 mm左右的膨胀槽，以防木地板因受热、受潮后翘曲。

7.4.3.2 复合木地板的安装

（1）铺防潮地垫

复合地板是直接在水泥地面安装，为了避免地板受潮，需要先在水泥地面铺上一层防潮地垫 。如图7-57、图7-58所示。

图 7-57　铺防潮地垫

图 7-58　防潮地垫

（2）上胶

复合地板安装时都是一块一块锁扣拼接而成，平行用力无法拉开（图 7-59，图 7-60），但如果安装时在槽口的四周不打上一层地板专用乳胶会存在两个隐患：一是在地板热胀时两头接口处容易拉宽，时间长了灰尘和污垢渗入接缝处会导致变宽变黑，很不美观；二是拖地或不小心洒水在地板表面就会沿槽口处渗入到地板内部，引起地板起拱、起翘。

图 7-59　复合木地板安装

图 7-60　复合木地板安装

（3）留缝

复合地板有热胀冷缩的特性，所以在安装的过程中，在靠墙的地方都要留一条缝（图 7-61）。如果留的空位不够，地板热胀时就会顶到墙，造成墙边接口处容易起翘，而且踩在上面会有空浮的感觉。翘起度大的能遮挡的热胀冷缩缝够大，地板热胀时顶到墙的概率很小。

（4）选择质量优良的配件

复合地板的配件即便是踢脚线和扣条之类的，如果配件质量不好，地板也很容易出现问题（图 7-62）。

（5）环保标准

① 每块地板的背面打有产品品牌标识和 E0 标识（图 7-63）。

② 地板基材检测报告——《高密度纤维板检验报告》是复合地板最权威的检测方法。

③ 成品检验报告——《浸渍纸层压木质地板检验报告》。

图 7-61　留缝

图 7-62　踢脚线的选择对比

图 7-63　木地板背面 E0 标识

单元 8 建筑装饰石材

学习目标

1. 石材的基本知识。
2. 天然石材的技术指标、性能特点、应用。
3. 人造石材的技术指标、性能特点、应用。
4. 其他装饰石材的性能特点、选用。
5. 掌握石材的分类和性质。
6. 掌握天然大理石和天然花岗岩的分类、技术性质、应用。
7. 了解文化石的分类和用途。
8. 了解装饰石材的施工工艺。

8.1　石材概述

石材分天然石材和人造石材。具有一定物理、化学性能，可用作建筑材料的岩石称建筑石材。具有装饰性能的建筑石材，加工后可供建筑装饰用的称装饰石材。

从形状上分：

① 大理石：表面成云状。

② 花岗石：表面成颗粒状。

从品种上分：

① 天然石材：从天然岩石体中开采出来的荒料或加工成块状、板状材料的总称。

② 人造石材：以天然石材、石渣为骨料制成的板块总称。

图 8-1、图 8-2 所示为石材作为装饰材料的经典案例。

图 8-1　巴塞罗那国际博览会德国馆　　　　图 8-2　泰姬陵

8.1.1　岩石的分类和性质

1）岩石分类

矿物是指具有一定化学成分和结构特征的天然化合物和单质的总称。

岩石是矿物的集合体，组成岩石的矿物称为造岩矿物。

由单矿物组成的岩石叫单矿岩（如白色大理石，它是由方解石或白云石组成），由两种或两种以上的矿物组成的岩石称为多矿岩，又称复矿岩（如花岗岩，它是由长石、石英、云母及某些暗色矿物组成）。自然界中的岩石大多以多矿岩形式存在。

岩石的性质由组成岩石各矿物的特性、结构、构造等因素决定。

建筑装饰工程中常用岩石的主要造岩矿物见表 8-1。

表 8-1　岩石的主要造岩矿物

矿物	组成	密度（g/cm³）	莫氏硬度	颜色	其他特性
石英	结晶 SiO₂	2.65	7	无色透明至乳白等色	坚硬、耐久、具有贝状断口，玻璃光泽
长石	铝硅酸盐	2.5～2.7	6	白、灰、红青等色	耐久性不如石英，在大气中长期风化后成为高岭土，解理完全，性脆
云母	含水的钾镁铁铝硅酸盐	2.7～3.1	2～3	无色透明至黑色	解理极完全，易分裂成薄片，影响岩石的耐久性和磨光性，黑云母风化后形成蛭石
角闪石、辉石、橄榄石	铁镁硅酸盐	3～4	5～7	色暗	坚硬、强度高，韧性大，耐久
方解石	结晶 CaCO₃	2.7	3	通常呈白色	硬度不大，强度高，遇酸分解，晶形呈菱面体，解理完全
白云石	CaCO₃ MgCO₃	2.9	4	通常呈白色至灰色	与方解石相似，遇热酸分解
黄铁矿	FeS₂	5	6～6.5	黄	条痕呈黑色，无解理

岩石按地质形成条件不同，通常可分为三大类，即岩浆岩、沉积岩和变质岩。如图 8-3 所示。

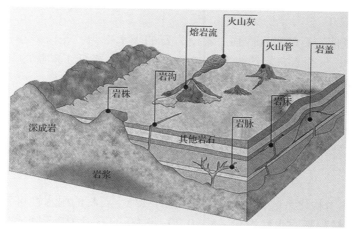

图 8-3　岩石分类

（1）岩浆岩

岩浆岩又称火成岩，它是因地壳变动，熔融的岩浆由地壳内部上升后冷却而成。岩浆岩根据岩浆冷却条件的不同，又分为深成岩、浅成岩、喷出岩和火山岩。

（2）沉积岩

沉积岩又称水成岩。沉积岩是由原来的母岩风化后，经过搬运、沉积等作用形成的岩石。与火成岩相比，其特性是：结构致密性较差，硬度较小，孔隙率及吸水率均较大，强度较低，耐久性也较差。

根据生成条件，沉积岩分为3类：机械沉积岩、化学沉积岩和生物沉积岩。

（3）变质岩

变质岩是由原生的岩浆岩或沉积岩，经过地壳内部高温、高压等变化作用后而形成的岩石。

沉积岩变质后，性能变好，结构变得致密，坚实耐久；而岩浆岩变质后，性质反而变差。其碎块可用于道路或作混凝土的集料。

2）建筑石材技术指标

（1）表观密度

天然石材按其表观密度大小分为重石和轻石两类。表观密度大于 800 kg/m³ 的为重石，主要用于建筑的基础、贴面、地面、路面、房屋外墙、挡土墙、桥梁以及水工构筑物等；表观密度小于 1 800 kg/m³ 的为轻石，主要用作墙体材料，如采暖房屋外墙等。

（2）抗压强度

天然岩石是以 100 mm×100 mm×100 mm 的正方体试件，用标准试验方法测得的抗压强度值作为评定石材强度等级标准。

根据《砌体结构设计规范》（GB 50003—2001）规定，天然石材的强度等级为 MU100、MU80、MU60、MU50、MU40、MU30、MU20、MU15 和 MU10 九个等级。

（3）吸水性

石材吸水性的大小用吸水率表示，其大小主要与石材的化学成分、孔隙率大小、孔隙特征等因素有关。

酸性岩石比碱性岩石的吸水性强。常用岩石的吸水率为：花岗岩小于 0.5%；致密石灰岩一般小于 1%；贝壳石灰岩约为 15%。石材吸水后，降低了矿物的黏结力，破坏了岩石的结构，从而降低石材的强度和耐水性。

（4）抗冻性

石材的抗冻性用冻融循环次数表示，可分为 F10、F15、F25、F100、F200 五个等级。致密石材的吸水率小、抗冻性好。吸水率小于 0.5% 的石材可视为抗冻石材，可不进行抗冻试验。

（5）耐水性

石材的耐水性用软化系数 K 表示。按 K 值的大小，石材的耐水性可分为高、中、低三等，$K>0.90$ 的石材为高耐水性石材，$K=0.70\sim0.90$ 的石材为中耐水性石材，$K=0.60\sim0.70$ 的石材为低耐水性石材。一般 $K<0.80$ 的石材，不允许在重要建筑施工中使用。

8.1.2 天然石材的采集和加工

（1）锯切

锯切是将天然石材荒料或大块人造石基料用锯石机锯成板材的作业（图8-4）。

（2）表面加工

锯切的板材表面质量不高，需进行表面加工。表

图8-4 石材锯切

面加工包括多种形式：粗磨、细磨、抛光(图 8-5)、火焰烘毛(图 8-6)和凿毛(图 8-7)等。

　　抛光是指通过加工使石材表面具有最大的反光能力以及良好的光滑度，并使石材固有的花纹色泽最大限度地显示出来。烧毛是一种热加工方法，利用火焰加热石材表面，使其温度达 600℃。琢面是用琢石机加工由排锯锯切的石材表面的方法。经过表面加工的大理石、花岗岩板材一般采用细粒金刚石小圆盘锯切割成一定规格的成品。

图 8-5　抛光

图 8-6　火焰烧毛

图 8-7　凿毛

8.2　天然大理石

8.2.1　天然大理石概

1) 天然大理石简介

　　大理石又称云石，是重结晶的石灰岩，主要成分是 $CaCO_3$。石灰岩在高温高压下变软，并在所含矿物质发生变化时重新结晶形成大理石。大理石有多种颜色，通常有明显的花纹，矿物颗粒很多。摩氏硬度在 2.5 ~ 5 之间。大理石是地壳中原有的岩石经过高温高压作用形成的变质岩。地壳的内力作用促使原来的各类岩石发生质的变化，即原来岩石的结构、构造和矿物成分发生改变。经过质变形成的新的岩石称为变质岩。大理石主要由方解石、石灰石、蛇纹石和白云石组成。其主要成分以碳酸钙为主，约占 50% 以上。由于大理石一般都含有杂质，而且碳酸钙在大气中受二氧化碳、硫化物和水气的作用，也容易风化和溶蚀，而使表面很快失去光泽。

　　大理石是商品名称，并非岩石学定义。大理石是天然建筑装饰石材的一大门类，一般指具有装饰功能，可以加工成建筑石材或工艺品的已变质或未变质的碳酸盐岩类。它是由中国云南大理市点苍山所产的具有绚丽色泽与花纹的石材而得名。大理石泛指大理岩、石灰岩、白云岩、以及碳酸盐岩经不同蚀变形成的夕卡岩和大理石等。大理石主要用于加工成各种形材、板材，作建筑物的墙面、地面、台、柱，是家具镶嵌的珍贵材料。在室内装修中，电视机台面、窗台、室内地面等适合使用大理石，还常用于纪念性建筑物(如碑、塔、雕像等)的材料。大理石还可以雕刻成工艺美术品、文具、灯具、器皿等各种实用艺术品。大理石的质感柔和美观庄重，格调高雅，花色繁多，是装饰豪华建筑的理想材料，也是艺术雕刻的传统材料。

2）天然大理石的特性

（1）天然大理石的优点

① 岩石经长期天然时效，组织结构均匀，线胀系数极小，内应力完全消失，不变形。

② 刚性好，硬度高，耐磨性强，温度变形小。

③ 不怕酸和侵蚀，不会生锈，不必涂油，不易黏微尘，维护保养方便简单，使用寿命长。

④ 不会出现划痕，不受恒温条件阻止，在常温下也能保持测量精度。

⑤ 不磁化，测量时能平滑移动，无滞涩感，不受潮湿影响，平面稳定性好。

（2）天然大理石板的缺点

① 硬度较低。

② 抗风化能力差。

3）大理石的应用

一般用于宾馆、展览馆、剧院、商场、图书馆、机场、车站等工程的室内墙面、柱面、服务台、栏板、电梯间门口等部位。由于其耐磨性相对较差，不宜用于人流较多场所的室内地面。大理石由于耐酸腐蚀能力较差，除个别品种外，一般只适用于室内（图 8-8 至图 8-10）。

图 8-8　大理石建筑

图 8-9　大理石雕像

图 8-10　大理石室内装潢

4）天然大理石板材的等级和命名与标记

（1）等级

按板材的规格尺寸允许偏差、平面度允许极限公差、角度允许极限公差、外观质量和镜面光泽度分为优等品（A）、一等品（B）、合格品（C）三个等级。

（2）命名与标记

板材命名顺序：荒料产地地名、花纹色调特征名称、大理石（M）。

板材标记顺序：命名、分类、规格尺寸、等级、标准号。

【标记示例】用北京房山白色大理石荒料生产的普通规格尺寸为 600 mm × 400 mm × 20 mm 的一等品板材示例如下：

命名：房山汉白玉大理石

标记：房山汉白玉（M）

N600 × 400 × 20 – B – JC79

8.2.2　天然大理石的加工工艺、规格和品种

（1）天然大理石的加工工艺

开采→整形→磨切→抛光→打蜡→包装出厂

（2）天然大理石的规格

天然大理石板材按形状分为普型板材（N）和异型板材（S）。

普型板材，是指正方形或长方形的板材；异型板材，是指其他形状的板材。常用普型板材的规格见表 8-2。

表 8-2　天然大理石常用普型板材规格

长（mm）	宽（mm）	厚（mm）	长（mm）	宽（mm）	厚（mm）
300	150	20	600	600	20
300	300	20	900	600	20
400	200	20	1 070	750	20
400	400	20	1 200	600	20
600	300	20	1 200	900	20
305	152	20	915	610	20
305	305	20	1 067	762	20
610	305	20	1 220	915	20

（3）大理石的品种

①云灰大理石：以其多呈云灰色或在云灰色的底面上泛起一些天然的云彩状花纹而得名。

②白色大理石：因其晶莹纯净，洁白如玉，熠熠生辉，故又称为巷山白玉、汉白玉和白玉，是大理石的名贵品种。

③彩色大理石：产于云灰大理石之间，是大理石的精品，表面经过研磨、抛光，便呈现色彩斑斓、千姿百态的天然图画，世界罕见。

大理石板的品种，以磨光后所显现的花纹、色泽、特性及原料产地来命名。

表 8-3 为大理石品种参考。

表 8-3　大理石品种

品名	颜色/纹理	规格（长、宽、厚度，mm）	等级	价格（元/m²）	适用范围	产地	备注
黑金花		定制	A	1280	最适合于高档内墙、卫生间、柱身条	意大利	意大利黑金花，黑色底面镶上金黄色的花纹，均匀流畅、富丽堂皇

（续）

品名	颜色/纹理	规格（长、宽、厚度，mm）	等级	价格（元/m²）	适用范围	产地	备注
紫罗红		大板	A	500~1 000	电视柜，台面	土耳其	色泽鲜艳、高贵大方、具有皇室风格，但牢固性不高
深啡网		800，800，20	A	300~500	电视柜，台面，高档内墙，阶梯饰面、柱头饰材	土耳其	强度低，耐水、耐久性差，颜色高贵
浅啡网		大板	A	250~500	电视柜，台面，高档内墙，阶梯饰面、柱头饰材	土耳其	牢固性不强
大花绿		大板	A	200~300	电视柜，台面	印度	颜色鲜亮，有较强的装饰性，纹路细腻
珊瑚红		600，600，20	A	450	电视柜，台面，地面铺装	西班牙	进口石材色彩鲜亮，有国产可替代
热带雨林		800，800，20	A	350	墙面铺装，电视墙	土耳其	有奇特的纹路，具有特别的装饰效果
金碧辉煌		大板	A	80~150	地面及墙体铺装，台面	埃及	一种价格低廉的进口石材，但色彩亮丽，金碧辉煌

（续）

品名	颜色/纹理	规格 （长、宽、厚度，mm）	等级	价格 （元/m²）	适用范围	产地	备注
西班牙米黄		大板	A	300~400	墙面、台面	西班牙	米黄系列中品质较好的，牢固性不高
苏丹米黄		600，600，17	A	260	地面及墙体铺装，台面	土耳其	米黄色大理石，具有良好的颜色效果
金线米黄		1 500，200	A	220	墙面、桌面、台面	埃及	金线米黄纹理好看，但质地有空心之感，感觉不坚实
龙舌兰		217，1 880，18	A	270	墙面、桌面、台面	伊朗	
莎安娜米黄		600，600，18	A	500~100	使用于经受风雨及耐磨、力学性能要求高的场合。如建筑物的外墙、客流量大的厅堂、楼梯踏步、台阶等处装饰	伊朗	产品耐蚀、抗压强度大、硬度高、耐磨性能好、化学稳定性强等优点
伊朗米黄		2 370，1 920，18	A	310~350	建筑内墙干挂，酒店地面铺装	伊朗	
银线米黄		2 870，1 500，17	A	195	地面铺装，前面干挂，台面	伊朗	银线米黄颜色纹路均匀，无色差

（续）

品名	颜色/纹理	规格（长、宽、厚度，mm）	等级	价格（元/m²）	适用范围	产地	备注
埃及米黄		2 650，1 200，18 2 400，1 900，18	A	140～200	地面铺装，前面干挂，台面，桌面	埃及	埃及米黄整体板面豆腐花状，板面颜色均匀
阿曼米黄		1 900，1 800，17	A	280	地面铺装，台面，电视墙装饰	土耳其	阿曼米黄板面颜色和纹路均匀，直纹
土耳其米黄		2 600，1 740，17	A	310	建筑内墙干挂，地面铺装，台面，桌面	土耳其	纹路清晰，无色差
安娜米黄		2 400，1 800，17	A	300	内墙面干挂，台面，柱面	中东地区	颜色较淡，花纹较少
闪电米黄		2 000，1 930，17 2 950，1 850，17	A	290	墙面、台面	罗马尼亚	底色黄无杂质，表面有闪电形白色条纹
世纪米黄		1 850，1 520，17	A	430	墙面干挂，桌面面，酒店休闲会所地面铺装	意大利	颜色均匀，平整度好，特点有水晶线
珊瑚米黄 MA084－02		1 760，1 670，17	A	255	厨房、阶梯饰面、柱头饰材	土耳其	板面颜色亮丽，平整度好

（续）

品名	颜色/纹理	规格（长、宽、厚度，mm）	等级	价格（元/m²）	适用范围	产地	备注
丁香米黄 MA097-02		1 980，1 250，18	A	220	墙面干挂，桌面面，酒店休闲会所地面铺装	土耳其	颜色均匀，没有太多明显花纹
黄金木纹		2 300，1 030，17	A	250	电视墙装饰，艺术墙干挂	埃及	有类似木纹的黄色条纹，具有良好的装饰效果
超白洞		1 930，1 710，18	A	400～500	建筑内墙铺装，干挂	土耳其	底色白无杂质，板面颜色均匀，无色差
雅士白		2 400，1 400，20	A	530	建筑内墙铺装，干挂，电视墙	希腊	色白，板面纹路均匀，无杂质，无裂痕
中花白		2 500，1 780，17	A	250	建筑内墙装贴，桌面，台面	意大利	
爵士白		2 420，1 460，17	A	200	台面，柱面	希腊	一种较纯洁的白色
意大利大花白		2 300，2 000，17	A	285	地面铺装，墙面	意大利	特别的灰色纹路，表面较平滑

（续）

品名	颜色/纹理	规格 （长、宽、 厚度，mm）	等级	价格 （元/m²）	适用范围	产地	备注
希腊 水晶白		1 800，1 200，17	A	420	建筑内墙干挂，电视墙，台面	意大利	一种档次较高的白色石材，但不适合用于室外
白玫瑰		2 012，1 620，17 2 000，1 470，17	B	390	台面、墙面	伊朗	花色均匀，无色差，表面平整
细花白		3 160，1 440，17	A	250	墙面干挂，桌面，台面	印度尼西亚	
木纹白玉		2 180，1 460，17	A	180	室内墙壁干挂，地面铺装，台面、桌面及浴室墙面	法国	有浅色木纹状花纹，具有良好的装饰效果，可用于电视墙等的制作
直纹白		2 350，1 620，17	A	170	桌面板，台面板	罗马尼亚	纹路呈直纹路，颜色均匀
雪花白		2 960，1 880，17	A	1 800	建筑内墙干挂，	意大利	一种品质较高的白色大理石，石面平整度高，镜面效果好，适合于一些高档场所使用
大花白		2 950，1 650，17	A	480	广泛用于酒店大厅地面及墙面铺贴	意大利	具有良好的装饰效果，平整度高

（续）

品名	颜色/纹理	规格 （长、宽、 厚度，mm）	等级	价格 （元/m²）	适用范围	产地	备注
黑白根		600，600，18	B	60～100	公共建筑的室内墙面、柱面、栏杆、窗台板、服务台面	中国广西	质感光洁细腻，耐久、抗冻、耐磨
绿宝		305，305，10	B	60	公共建筑的室内墙面、柱面	中国河南	
玛瑙红		600，600，18	B	80	电视墙装饰	中国广西	拥有鲜艳的色彩及条纹，具有良好的装饰效果但强度、韧性和耐久性较低
杜鹃红		600，600，20	B	80～100	公共建筑的室内墙面、窗台板、服务台面	中国广西	石材稳固性较低
啡网		30，305，15	B	85	建筑内墙干挂，地面铺装，桌面，踢脚线	中国广西	分为深啡网和浅啡网，用途广泛
木纹黄		1 800，260，20	B	60	地面铺装，墙面干挂	中国四川	
松香玉石		大板	A	580～600	台面，桌面	中国河南、湖北、广东	强度、耐水性、牢固性不强

（续）

品名	颜色/纹理	规格（长、宽、厚度，mm）	等级	价格（元/m²）	适用范围	产地	备注
雪花白		600，600，200	B	60~180	地面铺装	中国山东	硬度高，无背网，无裂纹
水晶白		600，600，20	B	120	墙面干挂	中国河南	镜面效果好，颗粒细腻
广西白		600，600，18	B	50	室内地面铺装，桌面，台面	中国广西	
国产大白花		常规	B	60~100	台面、墙面	中国福建	浅色、表面分布了一些灰色条纹状的大网纹
汉白玉		1 600，2 400，20 600，1 200，20	A	100~200	桌面，台面，楼梯踏步，地面铺装	中国北京、湖北	玉白色，微有杂点和脉，表面有磨砂感，强度、韧性较好，但抗污性差
挪威彩玉		大板	A	250	台面、墙面、茶几面	挪威	色泽清新淡雅
英皇白玉		2 400，1 200，18	B	350	台面、墙面、茶几面	英国	一种仿玉材料，质地细腻光滑，通透感强

（续）

品名	颜色/纹理	规格（长、宽、厚度，mm）	等级	价格（元/m²）	适用范围	产地	备注
冰岛白玉		2 500，1 250，17	A	700	台面、墙面、茶几面、电视墙装饰	加拿大	品质较好

8.2.3　天然大理石的选购

选择大理石关键要分清 A、B、C 三类石材标准。《天然石材产品放射防护分类控制标准》（JC 518—1993）中规定：A 类放射性相对较小，其使用范围不受限制；B 类除不宜用于居室内装修，可用于其他地方；C 类只可用于建筑物的外装饰面。一般来说，深色大理石的放射性相对较高。根据检测，不同色彩的石材其放射性也不同，最高的是红色和绿色，白色和黑色最低。

天然大理石板适合于铺设客厅地面，选材宜选用优等品或一等品。常用规格为 400 mm×400 mm 或 500 mm×500 mm。为了减少大理石板铺设时的损耗，大理石板的规格应根据房间净宽决定，使大理石板在房间净宽范围内不出现非整板，例如：房间净宽为 3 060 mm，则宜选用 500 mm×500 mm 的大理石板，在房间净宽范围内正好铺设 6 块，余 60 mm 作为灰缝。

大理石选购时请注意以下 7 点：

① 厚薄要均匀，四个角及切边要整齐，各个直角要相互对应。

② 花纹要均匀，图案鲜明，没有杂色，色差也要一致。

③ 颜色要清纯不混浊，表面无类似塑料的胶质感，板材反面无细小气孔。

④ 用鼻子闻，不应有刺激的化学气味。

⑤ 用手摸表面有光滑感，无涩感、无明显高低不平之感。

⑥ 用指甲划板材表面，无明显划痕。相同两块样品相互敲击，不易破碎。

⑦ 检查产品有无 ISO 质量体系认证、质检报告，有无产品质保卡及相关防伪标志。

每一块天然大理石都具有独一无二的天然图案和色彩，优质的大理石家具会选用整块的石材原料，在家具的不同部位采取不同的用料配比。在主要部位会保有大面积的天然纹路，而边角料会用在椅背、柱头等部位做点缀。

用在家具上的大理石一般有青玉石、紫玉石、水晶珍珠石、麒麟玉、鹤顶红、紫水晶、白水晶等品种，其中一些种类需要染色，而青玉石、紫玉石和红龙石则是纯天然的。一些劣质产品会将低档的白色大理石染成绿色假冒青玉石，而这些产品的颜色多半呈不自然的翠绿色。

人造大理石是用天然大理石或花岗岩的碎石为填充料，用水泥、石膏和不饱和聚酯树脂为黏剂，经搅拌成型、研磨和抛光后制成。人造大理石透明度不好，而且没有光泽。鉴别人造和天然大理石还有更简单的一招：滴上几滴稀盐酸，天然大理石剧烈起泡，人造大理石则起泡弱甚至不起泡。

8.2.4 天然大理石的贮存

由于天然大理石板材表面光亮、细腻、易受污染和划伤，所以板材应在室内贮存，室外贮存时应加遮盖。

板材应按品种、规格、等级或工程料部位分别码放。

板材直立码放时，应光面相对，倾斜度不大于15°，层间加垫，垛高不得超过1.5 m；板材平放时，地面必须平整，垛高不得超过1.2 m。包装箱码放高度不得超过2m。

8.3　天然花岗岩

1）花岗岩简介

花岗岩是火山喷发的熔岩受到压力在熔融状态下隆起至地壳表层形成的构造岩。花岗岩在地壳表层形成过程中缓慢地移动并冷却下来，属于火成岩的一种。火成岩是由含有硅酸盐熔融物的岩浆或熔岩冷却固化结晶形成的一种物质。当熔化的岩浆凝固时，矿物即形成于火成岩，如橄榄石、辉石。其密度最大的铁镁硅酸盐矿物，在岩浆温度最高时形成；密度较小的矿物，如长石和石英，则在冷却的后期形成。形成于熔岩中的矿物，通常可以毫无拘束地生长，并有发育为完好的晶形。

花岗岩为粒状结晶质岩石，主要的成分矿石为碱性长石及石英。通常长石含量多于石英，两者呈互嵌组织，产状有如下3类：

① 不同成分碱性长石单独产出。

② 不同的碱性长石以同形类质成固熔体或双晶状交生。

③ 与钙长石成固熔体造成聚片双晶交生，但其中80%~85%为钠长石。

碱性长石在岩石学是指正长石、微斜长石、钠长石及奥长石或由上述长石合成固熔体，奥长石中所含钠长石分子百分比不低于80%。正长石（钾长石或微斜长石分子）、钠长石分子式分别以$K_2Al_2SiO_6$及$Na_2Al_2SiO_6$表示；钙长石分子式为$CaAl_2Si_2O_8$。钙长石与钠长石成分可以各种比例形成固熔体，即矿物学所谓的斜长石矿物或钙—钠长石类。

商业用花岗岩包括上述花岗岩、片麻岩，片麻花岗岩、花岗片岩及正长岩、花岗闪长岩及成分介于其间的岩石。片麻岩类包括矿物成分、类似花岗岩及具粒状结晶组织。商业用花岗岩亦包括其他类似组织、含少量副成分矿物的长石质结晶岩，如钙斜长石。片麻岩为具粗理结晶质岩石，主要由硅酸盐类矿物组成，呈镶嵌状及粒状结晶，不同类矿物以规则或不规则，交互排列而成。依照美国材料试验协会的分类标准将花岗岩分成普通花岗岩与黑花岗岩两种。普通花岗岩由石英、长石、云石等组成，又因有色矿物而带有黑色或暗绿色，整体而言长石能够影响其色泽。黑花岗岩的暗绿色或黑色岩石，由斜长石、辉石、橄榄石、角闪石等造岩而成，故黑花岗岩又分成斑粝岩、辉绿岩、玄武岩3种。

2）花岗岩的特点

花岗石非常坚硬，表面颗粒较粗，主要由石英、正长石和常见的云母组成。世界各地都出产花岗石，有些属于世界上最老的石头。人类在 6 000 年前就已开始使用花岗石。据说只要有花岗石，就没有什么地方能是新的。

花岗石美丽、耐久、非常坚硬。在古代，如果有了现今的开采、加工设备和技术，它肯定比大理石更流行。

花岗石因通常含有其他矿物质(如角闪石和云母)而呈现各种颜色，包括褐色、绿色、红色和常见的黑色等。因为它结晶过程很慢，它的晶体像魔方一样交织在一起，所以很坚硬。它同房子一样耐久，不掉碎屑，不易刮伤，耐高温。不论颜色还是光度，只要进行基本的养护，都不会褪色或变暗。它几乎不受污染，抛光后的表面光泽度很高，各种杂质几乎都不能黏附在其表面。

花岗石的价格合理。近年来，出现了密集排眼法和火焰喷射法等新工艺。火焰喷射法开采的石块切缝整齐，不生暗伤，生产效率高。加上新切割和抛光方法，花岗石的生产成本在过去几十年间大幅降低。今天，花岗石的价格能与低廉的人造石竞争，而且它比其他任何东西更耐久。更何况，花岗石不污染环境。合成材料常伴有对人体不利的甚至有毒的副产品，在建筑的使用期限内需要几次更换(每次都会有处理问题)。花岗石则不需更换，因为它非常耐久。另外，花岗石非常实用，可做成多种表面——抛光、亚光、细磨、火烧、水刀处理和喷砂。

天然花岗石是火成岩，也称酸性结晶深成岩，属于硬石材。由长石、石英及少量云母组成。花岗石构造致密，呈整体的均粒状结构。常按其结晶颗粒大小分为"伟晶""粗晶"和"细晶" 3 种。其颜色主要是由长石的颜色和少量云母及深色矿物的分布情况而定，通常为灰色、红色、蔷薇色或灰、红相间的颜色，在加工磨光后，便形成色泽深浅不同的美丽斑点状花纹，花纹的特点是晶粒细小均匀，并分布着繁星般的云母亮点与闪闪发光的石英结晶。而大理石结晶程度差，表面很少细小晶粒，而是圆圈形，枝条形或脉状的花纹，所以可以据此来区别这两种石材。

天然花岗岩具有结构细密、性质坚硬，耐酸、耐腐、耐磨，吸水性小，抗压强度高，耐冻性强(可经受 100 ~ 200 次以上的冻融循环)，耐久性好(一般的耐用年限为 75 ~ 200 年)等特点。缺点是自重大，用于房屋建筑会增加建筑物的重量；硬度大，给开采和加工造成困难；质脆，耐火性差，当温度超过 800 ℃时，由于花岗岩中所含石英的晶态转变，造成体积膨胀，导致石材爆裂，失去强度；某些花岗石含有微量放射性元素，对人体有害。

3)天然花岗岩板材的规格和品种

(1)规格

天然花岗岩普型板材产品有正方形和长方形两种，厚度 20 cm，异型板材产品规格由设计或施工部门与生产厂家商定，见表8-4。

表 8-4　天然花岗岩普型板材产品规格

长(mm)	宽(mm)	厚(mm)	长(mm)	宽(mm)	厚(mm)
300	300	20	305	305	20
400	400	20	610	305	20

（续）

长（mm）	宽（mm）	厚（mm）	长（mm）	宽（mm）	厚（mm）
600	300	20	610	610	20
600	600	20	915	610	20
900	900	20	1 067	762	20
1 070	759	20			

（2）品种

我国花岗岩矿产资源极为丰富，储量大，品种多。据调查资料统计，我国天然花岗岩的花色品种100多种。建筑装饰用花岗石的花纹、色泽特征及原料产地来命名。其中品质较好的品种有河南僵师菊花青、雪花青、云里梅，山东济南的济南青，四川石棉的石棉，江西上高的豆绿色，广东中山的中山玉，山西灵丘的贵妃红，橘、麻点白、绿黑花、黄黑花等。花岗岩取材于地下优质的岩石层，经过亿万年自然时效，形态极为稳定，不用担心因常规的温差而发生变形。经严格物理试验选择的花岗石料，结晶细密，质地坚硬。由于花岗岩系非金属材料，无磁性反应，亦无塑性变形。花岗石平台硬度高，精度保持性好。

表8-5为花岗岩品种参考。

表8-5　花岗岩品种

品名	颜色/纹理	规格（长、宽、厚度，mm）	等级	价格（元/m²）	适用范围	产地	备注
黑水晶		600，600，18 300，300，18	BB	95 40	广场，建筑外墙，纪念碑等公共场所	中国内蒙古	质地较坚硬，适合，耐酸碱行较强
黑金沙		600，600，18 600，600，18	AA	200左右	厨柜台面、洗手台，硬度好，耐磨，易清洗，也可用于公共场所	印度、中国山西	板面乌黑发亮，金黄色砂点呈现自然尊贵色彩。有大中细砂点
大花绿		600，600，18	A	280左右	高档酒楼、宾馆写字楼	印度	大方、华贵、抗压，耐磨
绿星		300，300 1 800，600，17	AB	280 90	可用于高档宾馆，酒店铺装，也可用于室外铺装	挪威、中国福建	石材中有较为丰富的颗粒，色彩深沉，档次较高

（续）

品名	颜色/纹理	规格（长、宽、厚度，mm）	等级	价格（元/m²）	适用范围	产地	备注
印度红		600，600，20	A	340	由于其硬度高、耐磨损，除了用作高级建筑装饰工程、大厅地面外，还是露天雕刻的首选之材	印度	不易风化，颜色美观，外观色泽可保持百年以上
南非红		600，600，20	A	360	酒店大堂，地面铺装及室外公共场所	南非	色彩鲜艳，有很强的视觉冲击力
红钻		1 030，600，20	A	400 左右	适合台面，门槛及踏步的制作	芬兰	进口高档石材，颜色均匀，光洁平整，色彩艳丽
加州棕		1 000，1 000	A	380 ~ 550	酒店大堂，建筑外墙及一些娱乐场所	巴西	色彩呈深棕色，档次较高，适合一些高档场所
啡钻		600，600，20	A	250 ~ 300	可用于墙身、地面、橱柜、台桌、面板、洗手盆的铺装	芬兰	
皇室啡		600，600，17	A	400 ~ 500	可用于墙身、橱柜、台桌、面板、洗手盆的铺装	巴西	石材档次较高，适合于一些高档场所铺装
英国棕		600，600，20	A	200 ~ 250	操作台，台面	印度	表面呈深黑褐色，不吸油，耐久性高

（续）

品名	颜色/纹理	规格（长、宽、厚度，mm）	等级	价格（元/m²）	适用范围	产地	备注
金钻麻		600，600，20	A	300～400	室内铺装	巴西	质地坚硬，花色亮丽、独特典雅
加州金麻		900，900，18 600，600，18	AA	350～400 250～300	建筑外墙铺装，地面铺装，同时可用于洗手盆面板	巴西	
金彩麻		600，600，20	A	600～620	适用广场，酒店，商务等楼宇	巴西	矿石色泽光鲜，纹理细致并带粗花，集黄色与金色为一体，自然大方
克什米尔金		600，600，18	A	450～500	地面铺装	印度	色彩鲜亮，颗粒较小
桂树冰花		600，600，20	A	250～300	台面，台阶，踢脚线	葡萄牙	
美国灰麻		600，600，20	A	620～650	台面，地面铺装	美国	档次较高，适合于酒店和大型公司
美国白麻		1 000，1 000，20	A	400～450	桌面，台面	美国	表面空隙较大，颜色较浅，不易清理

（续）

品名	颜色/纹理	规格（长、宽、厚度，mm）	等级	价格（元/m²）	适用范围	产地	备注
中国黑		600，600，20	A	200～250	柱、梯步、外墙面	中国河北、内蒙古	镜面效果较差，不适于卧室铺装，辐射较大
蒙古黑		600，600，20	A	120～150	外墙、踢脚线、柱面	中国内蒙古	镜面效果较好
雅梦黑		600，600，20	B	30～100	各类过程板、梯步	中国	所有石材中最便宜的，无色差，无龟裂
丰镇黑		1 000，100	A	1 000	室外地面铺装	中国内蒙古	结构致密、密度均匀、质地坚硬、抗压抗折强度高
承德绿		600，600，20	A	70～100	广场地面及花坛	中国河北	辐射大，适合小面积使用，牢固性较强
蝴蝶绿		1 500，600，20	A	140	柱、梯步、外墙面	中国山西	颜色清爽自然，内含有较大的浅绿色大颗粒
翡翠绿		600，600，20	B	70	台面，柱面	中国山东	绿底红纹，红绿交映，花纹美观，纹理清晰，如同山水画面一般，质地细腻坚硬

（续）

品名	颜色/纹理	规格 （长、宽、厚度，mm）	等级	价格 （元/m²）	适用范围	产地	备注
幻彩红		600，600，18	A	180	石桌茶几、台板面、门槛石、盲道石、户内外地面工程铺设	中国湖北	色彩丰富、晶格花纹均匀细致、质感强、有华丽高贵的装饰效果
天山红		600，600，20	A	120～150	石桌茶几、台板面、门槛石	中国新疆	
中国红		600，600，20	A	100 以上	石桌茶几、台板面，及室外铺装	中国四川	色彩鲜亮，颗粒较小
桂林红		600，600，18	B	60～80	石桌茶几、台板面、门槛石、户内外地面工程铺设	中国广西	颜色种类较多，选择性大
枫叶红		800，800，18	A	120～180	柱、梯步	中国广西	晶体较大，花纹形状较美观
樱花红		600，600，18	B	60	大型铺设外墙面或广场地面	中国山东	色泽柔和、花型均匀，价格较低适合大型产地铺设
安溪红		1 600，400，10	B	45 以上	家庭室内铺装	中国福建	

（续）

品名	颜色/纹理	规格 （长、宽、 厚度，mm）	等级	价格 （元/m²）	适用范围	产地	备注
牡丹红		任意	B	40～50	石桌，台面，阶梯及地面铺装	中国福建	价格较便宜，应用较广
桃花红		600，600，15	B	20～50	广泛用于路沿石，广场地面铺设	中国福建	是一种价格低廉，使用极广的石材
高粱红		150，300，20	B	30	文化石的制作	中国河北	
蓝钻		6 000，600，20	A	130	是大堂地面，外墙干挂等大型工程的首选石材	中国山西	中国蓝钻石材（又称冰花兰），石质坚硬，耐风化，色差小，光泽度好
蓝宝		600，600，20	A	150～200	主要用于外墙、台面、室外广场（火烧板）	中国新疆	神似进口的"树挂冰花"，所以有着国产"树挂冰花"的美名
紫罗兰		300，600，18	A	50～100	适用面较广	中国辽宁	质地坚硬、色泽艳丽
雪花青		600，600，20	B	40～80	适合大型广场、公园等建筑	中国山东	硬度高、光泽纯朴

（续）

品名	颜色/纹理	规格（长、宽、厚度，mm）	等级	价格（元/m²）	适用范围	产地	备注
济南青		600，600，18	A	60～100	台面，踢脚线	中国山东	山东黑色花岗岩，颜色大方
中国棕		600，600，20	A	120		中国四川	又名冰花棕，因其结晶形似冰花，颜色棕黄而得名。用冰花棕作装饰饰面，清淡幽雅，立体感强
金彩麻		600，600，20	A	200左右	外墙面、柱子、地面	中国福建	质地坚硬，色彩鲜亮
黄锈石		600，400，18	A	60～100	用于墙面、地面	中国山东	强度、韧性、耐久性较强，类似于锈迹的黄点分布于表面
黄金钻		600，600，20	A	100～150	外墙干挂，地面，楼梯踏步铺装	中国河北	
幻彩麻		600，1 800	B	120	外墙干挂，地面，楼梯踏步铺装	中国湖北	
大白花		600，600，20	A	160	地面铺装，台面，楼梯踏步	中国福建	有较丰富的点状颗粒花纹，颜色灰白

（续）

品名	颜色/纹理	规格（长、宽、厚度，mm）	等级	价格（元/m²）	适用范围	产地	备注
山东白麻		800，800	A	150	外墙面、公共建筑等的地面	中国山东	一种价格低廉，使用较普遍的石材
芝麻白		600，600，20	B	30～100	外墙面、公共建筑等的地面	中国福建	价格低廉，使用成本低
珍珠白		600，600，20	A	150～300	前面干挂	中国江西	抗风化能力强，具有较优良的物理性能，表面耐磨性及硬度较高，结构较精密，石料孔隙率不高
吉林白		600，600，20	A	50～100	墙面干挂、地面铺装、广场等公共场所铺设	中国吉林	质地坚硬、光滑度高、色泽艳丽、耐酸性强，是理想的天然装饰材料

4）天然花岗岩应用

天然花岗岩属于高级建筑装饰材料，主要应用于大型公共建筑或装饰等级要求较高的室内外装饰工程。

一般镜面花岗岩板材和细面花岗石板材表面光洁光滑，质感细腻，多用于室内墙面和地面、部分建筑的外墙面装饰。

粗面花岗岩板材表面质感粗糙、粗犷，主要用于室外墙基础和墙面装饰，有一种古朴、回归自然的亲切感。

5）天然花岗岩板材的分类、等级、命名与标记

（1）分类

① 按表面加工强度分类：

a. 细面板材（RB）。

b. 镜面板材（PL）。

c. 粗面板材（RV）。

② 按形状分类：

a. 普型板材（N）。

b. 异型板材(S)。

(2)等级

按板材规格尺寸允许偏差、平面度允许极限公差、角度允许极限公差和外观质量分为优等品(A)、一等品(B)、合格品(C)3个等级。

(3)命名与标记

板材命名顺序：荒料产地地名、花纹色调特征名称、花岗岩(G)。

板材标记顺序：命名、分类、规格尺寸、等级、标准号。

【标记示例】山东济南黑色花岗岩荒料生产的 400 mm × 400 mm × 20 mm 普型镜面优等品板材示例如下：

命名：济南青花岗岩。

标记：济南青(G)N – PL – 400 × 400 × 20 – A – JC205。

8.4　人造石

8.4.1　人造石材

人造饰面石材是人造大理石和人造花岗岩的总称，属水泥混凝土或聚酯混凝土的范畴，它的花纹图案可人为控制，胜过天然石材，且质量轻、强度高、耐腐蚀、耐污染、施工方便，是现代建筑的理想装饰材料。

1)人造石的构成材料

(1)树脂

树脂是做人造石最重要的基体材料，一般来说树脂的性能决定了人造石的最终性能。目前用来制作人造石的树脂通常有苯型、间苯型、新戊二醇型、间苯/新戊二醇型、乙烯基酯型、丙烯酸型等。填充料：人造石只要充料有：氢氧化铝 重质碳酸钙 磷酸氢钙 天然大里石粉 色板颗粒。其主要作用有：一是填充体积；二是增强人造石的石材质感；三是增强人造石的机械力学性能；四是作为阻燃剂。

(2)颜料

颜料在人造石中的作用是调配花色品种，使之颜色丰富多彩，从理论上来讲，任何颜色都可以通过各类颜料调配出来。

(3)促进剂与固化剂

促进剂和固化剂是人造石生产所必不可少的助剂，可控制板材的凝胶时间在预定的范围内。

(4)其他助剂

树脂属高分子聚合材料，适当添加一些助剂可以改善其工艺性能，提高生产效益，改造人造石性能，延长寿命。

2）人造石的生产过程（图8-11）

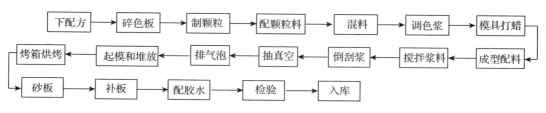

图8-11　人造石生产流程

3）人造石材的分类

（1）按用途分

① 台面类。

② 墙、地面类。

③ 地砖类。

（2）按照所使用的原材料分（图8-12）

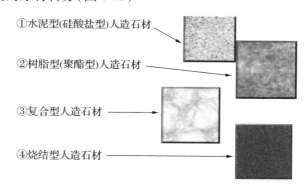

①水泥型(硅酸盐型)人造石材

②树脂型(聚酯型)人造石材

③复合型人造石材

④烧结型人造石材

图8-12　人造石分类

① 纯亚克力人造石。

② 复合亚克力人造石。

③ 铝粉板人造石。

④ 钙粉板人造石。

⑤ 石英石人造石。

其他功能性产品。

a. 纯亚克力人造石：以聚甲丙烯酸甲酯（PMMA）为基体，以超细氢氧化铝为填料的人造石为纯亚克力人造石。因PMMA为流淌性树脂，压制工艺复杂，难度大，目前国内生产的纯压克力板材，树脂中不含不饱和聚酯或其他树脂，有称100%纯亚克力石材，该石材具有更高的硬度，更好的韧性，可以做弯曲加工，而且具有优良的耐火性和机械力学性能，在温差大的情况下不会自然开裂。

b. 复合亚克力人造石：以优质不饱和树脂和MMA搭配改性，以超细氢氧化铝为填料生产的人造石为复合亚克力人造石。混合氢氧化铝填充剂经真空浇铸而成，该石材韧性较好，可以经受较大的温差而不开裂。

　　c. 铝粉板人造石：以不饱和树脂为基体，以氢氧化铝为主要填料生产的人造石。

　　d. 钙粉板人造石：以不饱和树脂为基体，以超细碳酸钙为主要填料生产的人造石。

　　e. 石英石人造石：以高性能树脂为基体，以石英石（二氧化硅）为主要填料生产的人造石。

　　4）人造石的应用

　　（1）台面

　　① 普通台面类：橱柜台面、卫生间台面、窗台、餐台、商业台、接待柜台、写字台、电脑台、酒吧台等。自人造石问世以来，以其"时尚的产品，优良的品质和满意的服务"深受众多中高档橱柜制造商的青睐。设计完整的以人为本的现代化人造石台面，是融合各种高科技理念的新型装饰材料。

　　人造石兼备大理石的天然质感和坚固质地，陶瓷的光洁细腻和木材的易加工性。它的运用和推广，标志着装饰艺术从天然石材时代进入了一个崭新的人造石材新时代。

　　② 医院和实验室台面：人造石耐酸碱性优异，易清洁打理，无缝隙，细菌无处藏身，被广泛应用于医院和实验室台面等重要场所，满足了其对无菌环境的要求。

　　（2）水槽（星盆）

　　人造石高级星盆将洗手盆和台面融为一体，浑然天成，使曲线更完美、结构更坚固，其表面采用先进的高性能胶衣树脂技术，使台面与同类产品相比具有高光泽、高硬度耐污强易清洁等特点，并具有天然大理石的质感、花岗岩的坚硬和陶瓷的光泽，却没有任何副作用和辐射危害。

　　（3）商业装饰

　　① 建筑装饰：人造石具有优于传统建材的耐酸、耐碱、耐冷热和抗冲击等特点，作为一种质感佳、色彩多的饰材，不仅能美化室内外装饰，满足其设计上多样的需求，更能够为建筑师和设计师提供极为广泛的设计素材，人造石丰富的表现力和塑造力，也提供给设计师源源不断的灵感。无论是凝重沉稳的检点风格，还是简洁的时尚现代风格，人造石都能完美表现，为生活空间增添优雅气质。

　　人造石表面光滑如镜，清理容易，颜色绚丽多彩，可塑性强，成为各种窗台板设计的最佳搭配。

　　② 商业与娱乐场所装饰：在各类商业与娱乐场所，若建筑装饰选用人造石，可使其设计华丽典雅，能产生广阔的运用空间和完美的装饰透光效果，使人倍感温馨。特殊的弧度造型，精致的镶嵌，粗犷的拱突，典雅的蚀镂，赏心悦目的抛光，高贵典雅的罗马拱柱，流畅的吧台，和谐雅致的商业柜台，美仑美奂的创意效果无不彰显人造石和谐典雅的装饰效果，烘托商业主题与娱乐的氛围，人造石还可配合多种材料和多种加工手段，营造出独具魅力的特殊设计效果。

　　（4）家具装饰

　　人造石是高级家具台面的理想材料。

　　（5）卫浴装饰

　　人造石洁具浴缸是个性化的卫浴设施，健康环保的人造石卫浴，集多种优点于一身，是引领潮流和高品质生活的代表。

表 8-6 为市场上常见的人造石品种。

表8-6　人造石品种

品名	颜色/纹理	规格 （长、宽、 厚度，mm）	等级	价格 （元/m²）	适用范围	备注
春江夜色		2 440×760× （6～12）	A	480	台面，建筑装饰，商业和娱乐场所装饰，浴室装饰	耐酸碱性优异，抗冲击，易清洁打理，颜色丰富，可塑性强
红粉佳人 SMRS－514		2 400，760，12 3 080，760，12	A	480	台面，建筑装饰，商业和娱乐场所装饰，浴室装饰	纹理自然天成、有规律而不重复，极具天然玉石瑰丽色彩、晶莹剔透
荷塘月色		2440，760， （6～12）	A	480		色彩碧绿鲜亮
杨柳晓绿		2440，760， （6～12）	A	480		
平湖秋月		2 440，760， （6～12）	A	480		
早春翠绿		2 400，760，12 3 080，760，12	A	750	台面，建筑装饰，商业和娱乐场所装饰，浴室装饰	耐酸碱性优异，抗冲击，易清洁打理，颜色丰富，可塑性强
翠堤春晓 SMRS－525		2 400，760，12 3 080，760，12	A	750	台面，建筑装饰，商业和娱乐场所装饰，浴室装饰	

（续）

品名	颜色/纹理	规格 （长、宽、 厚度，mm）	等级	价格 （元/m²）	适用范围	备注
梦幻兰		3 000，1 200，18	A	275		颜色均匀清晰，板面平整度好
银晶蓝 NS00009		3 000，1 200，17	A	225		纹理自然天成、有规律而不重复，极具天然玉石瑰丽色彩、晶莹剔透
海星兰 GNS00015		3 000，1 200，17	A	220		
海天一色		2 440，760， （6~12）	A	480	台面、建筑装饰，商业和娱乐场所装饰，浴室装饰	人造石耐酸碱性优异，抗冲击，易清洁打理，颜色丰富，可塑性强
碧海蓝天 SMRS－524		2 400，760，12 3 080，760，12	A	750	台面、建筑装饰，商业和娱乐场所装饰，浴室装饰	
蓝钻石 SMS－5416		3 000，1 200，18	A	275		应用纳米技术形成的荷叶表面结构，抗污抗菌能力大大提高
双色蓝 RFH1240		1 200，2 400，17	A	320		纹理自然天成、有规律而不重复，极具天然玉石瑰丽色彩、晶莹剔透

（续）

品名	颜色/纹理	规格 （长、宽、 厚度，mm）	等级	价格 （元/m²）	适用范围	备注
晴空万里 SMRS－520		2 400，760，12 3 080，760，12	A	750		
南国佳人		2 440，760， （6～12）	A	480	台面，建筑装饰，商业和娱乐场所装饰，浴室装饰	耐酸碱性优异，抗冲击，易清洁打理，颜色丰富，可塑性强
紫气东来 SMRS－512		2 400，760，12 3 080，760，12	A	750	台面，建筑装饰，商业和娱乐场所装饰，浴室装饰	纹理自然天成、有规律而不重复，极具天然玉石瑰丽色彩
芙蓉白		3 000，1 200，18	A	175		
阳春白雪		2 440，760， （6～12）	A	480		纹理自然天成、有规律而不重复，极具天然玉石瑰丽色彩
北国风雪		2 400，760，12 3 080，760，12	A	760		
冰肌玉脂		2 440，760， （6～12）	A	480	台面，建筑装饰，商业和娱乐场所装饰，浴室装饰	耐酸碱性优异，抗冲击，易清洁打理，颜色丰富

（续）

品名	颜色/纹理	规格 （长、宽、厚度，mm）	等级	价格 （元/m²）	适用范围	备注
金色年华		2 440，760， （6～12）	A	280	台面，建筑装饰，商业和娱乐场所装饰，浴室装饰	
鹅黄雪柳		2 440，760， （6～128）	A	480		
冰晶玉洁		2 400，760，12 3 080，760，12	A	750		纹理自然天成、有规律而不重复，极具天然玉石瑰丽色彩、晶莹剔透
金玉满堂		2 400，760，12 3 080，760，12	A	750		

8.4.2　文化石

1）文化石的分类

文化石按其来源可分为人造文化石和天然文化石两种。一般用于室外或室内局部装饰。

（1）天然文化石

天然文化石是开采的天然石材，其中的板岩、砂岩、石英石，经过加工成为一种装饰建材。天然文化石材质坚硬、色泽鲜明、纹理丰富、风格各异，具有抗压、耐磨、耐火、耐寒、耐腐蚀、吸水率低等特点。

（2）人造文化石

人造文化石是采用硅钙、石膏等材料精制而成的。它模仿天然石材的外形纹理，具有质地轻、色彩丰富、不霉变、不可燃、便于安装等特点。天然文化石最主要的特点是耐用，不怕脏，可无限次擦洗。但装饰效果受石材原纹理限制，除了方形石外，其他的施工较为困难，尤其是拼接时(图8-13)。

文化石本身并不具有特定的文化内涵，但是文化石具有粗糙的质感、自然的形态，可以说，文化石是人们回归自然、返璞归真的心态在室内装饰中的一种体现。这种心态，我们也可以理解为是一种生活文化。

2）人造文化石的突出优点

（1）质地轻

比重为天然石材的 1/4～1/3，无须额外的墙基支撑。

（2）经久耐用

不褪色、耐腐蚀、耐风化、强度高、抗冻与抗渗性好。

（3）绿色环保

无异味、吸音、防火、隔热、无毒、无污染、无放射性。

（4）防尘自洁功能

经防水剂工艺处理，不易黏附灰尘，风雨冲刷即可自行洁净如新，免维护保养。

图 8-13　天然文化石的拼接

（5）安装简单，费用省

无需将其铆接在墙体上，直接粘贴即可；安装费用仅为天然石材的 1/3。

（6）选择性强

风格颜色多样，组合搭配使墙面极富立体效果。

3）人造文化石的应用范围

广泛地应用于别墅、公寓、度假村、宾馆、园林、庭院、高尔夫球场、酒吧、咖啡厅、文化娱乐场所、家庭居室大厅等建筑内外墙的装饰，适合北美、欧式、中式、地中海、西班牙式等各类风格的建筑（图 8-14、图 8-15）。

图 8-14　文化石背景墙

图 8-15　文化石在居室大厅中的应用

表 8-7 为常见文化石品种。

表8-7　文化石品种

品名	颜色纹理	规格 （长、宽、厚度， mm）	等级	价格 （元/m²）	适用范围	产地	备注
故乡石		（10~50），（3~15），（30~50）	B	110	别墅，公寓，度假村，宾馆，园林，庭院，高尔夫球场，酒吧，咖啡厅，文化娱乐场所，家庭居室大厅，等建筑内外墙的装饰	中国	由原石样直接翻模浇注，纹理，色泽，宛若天成；色调统一，并能够根据建筑设计要求调配色
岸礁条石GM01-3		（20，30，50），10，（15~35）	B	84	别墅，公寓，度假村，宾馆，园林，庭院，高尔夫球场，酒吧，咖啡厅，文化娱乐场所，家庭居室大厅，等建筑内外墙的装饰	中国	吸水率低，无需防水处理，可直接用于外墙
岸礁条石GM01-8		（20，30，50），10，（15~35）	B	84	别墅，公寓，度假村，宾馆，园林，庭院，高尔夫球场，酒吧，咖啡厅，文化娱乐场所，家庭居室大厅，等建筑内外墙的装饰	中国	强度高，特别是抗折强度，高达3.4MPa，牢固耐用，不易破损
薄石板		40，25，（1~15）	B	84	别墅，公寓，度假村，宾馆，园林，庭院，高尔夫球场，酒吧，咖啡厅，文化娱乐场所，家庭居室大厅，等建筑内外墙的装饰	中国	表面强度高，致密耐磨，不粉化
美礁石		（20，30，50），10，（30~60）	B	132	别墅，公寓，度假村，宾馆，园林，庭院，高尔夫球场，酒吧，咖啡厅，文化娱乐场所，家庭居室大厅，等建筑内外墙的装饰	中国	容量低，不到天然石材容量的1/2

（续）

品名	颜色纹理	规格 （长、宽、厚度，mm）	等级	价格 （元/m²）	适用范围	产地	备注
千层岩		（20，30，50），10，（15～35）	B	90	别墅，公寓，度假村，宾馆，园林，庭院，高尔夫球场，酒吧，咖啡厅，文化娱乐场所，家庭居室大厅，等建筑内外墙的装饰	中国	不含放射性物质，环保无辐射
原野石		（10～45），（4～30），（30～60）	B	110	别墅，多层，高层，公寓，度假村，宾馆，园林，庭院，高尔夫球场，酒吧，咖啡厅，文化娱乐场所，家庭居室大厅，等建筑内外墙的装饰	中国	由原石样直接翻模浇注，纹理，色泽，宛若天成；色调统一，并能够根据建筑设计要求调配色
仿古砖 GM114		20，6，（1～15）	B	75	别墅，多层，高层，公寓，度假村，宾馆，园林，庭院，高尔夫球场，酒吧，咖啡厅，文化娱乐场所，家庭居室大厅，等建筑内外墙的装饰	中国	吸水率低，无须防水处理，可直接用于外墙
仿古砖 GM 1110		（20，30，50），10，（15～35）	B	84	别墅，多层，高层，公寓，度假村，宾馆，园林，庭院，高尔夫球场，酒吧，咖啡厅，文化娱乐场所，家庭居室大厅，等建筑内外墙的装饰	中国	强度高，特别是抗折强度，高达 3.4 MPa，牢固耐用，不易破损
风化岩		（20～22），10，（15～20）	B	90	别墅，多层，高层，公寓，度假村，宾馆，园林，庭院，高尔夫球场，酒吧，咖啡厅，文化娱乐场所，家庭居室大厅，等建筑内外墙的装饰	中国	表面强度高，致密耐磨，不粉化

（续）

品名	颜色纹理	规格（长、宽、厚度，mm）	等级	价格（元/m²）	适用范围	产地	备注
古城堡石		（20，30，50），10，（30～60）	B	132	别墅，多层，高层，公寓，度假村，宾馆，园林，庭院，高尔夫球场，酒吧，咖啡厅，文化娱乐场所，家庭居室大厅，等建筑内外墙的装饰	中国	容量低，不到天然石材容量的1/2
美国砂岩板		60，30，20	B	90	别墅，多层，高层，公寓，度假村，宾馆，园林，庭院，高尔夫球场，酒吧，咖啡厅，文化娱乐场所，家庭居室大厅，等建筑内外墙的装饰	中国	不含放射性物质，环保无辐射
蘑菇石		40，20，30	B	95	别墅，公寓，度假村，宾馆，园林，庭院，高尔夫球场，酒吧，咖啡厅，文化娱乐场所，家庭居室大厅，等建筑内外墙的装饰	中国	由原石样直接翻模浇注，纹理、色泽、宛若天成；色调统一，并能够根据建筑设计要求调配色
比利时砖		19，4.5，10	B	72	别墅，公寓，度假村，宾馆，园林，庭院，高尔夫球场，酒吧，咖啡厅，文化娱乐场所，家庭居室大厅，等建筑内外墙的装饰	中国	吸水率低，无须防水处理，可直接用于外墙
仿古木		90，20，20	B	180	别墅，公寓，度假村，宾馆，园林，庭院，高尔夫球场，酒吧，咖啡厅，文化娱乐场所，家庭居室大厅，等建筑内外墙的装饰	中国	强度高，特别是抗折强度，高达3.4MPa，牢固耐用，不易破损

（续）

品名	颜色纹理	规格 （长、宽、厚度， mm）	等级	价格 （元/m²）	适用范围	产地	备注
乱石片		（5~30），（4~25），（20~25）	B	102	别墅，公寓，度假村，宾馆，园林，庭院，高尔夫球场，酒吧，咖啡厅，文化娱乐场所，家庭居室大厅，等建筑内外墙的装饰	中国	表面强度高，致密耐磨，不粉化
乱石条		（20~50），（4~10），20	B	96	别墅，公寓，度假村，宾馆，园林，庭院，高尔夫球场，酒吧，咖啡厅，文化娱乐场所，家庭居室大厅，等建筑内外墙的装饰	中国	容量低，不到天然石材容量的1/2
欧洲城堡石		（20~50），（4~10），20	B	96	别墅，公寓，度假村，宾馆，园林，庭院，高尔夫球场，酒吧，咖啡厅，文化娱乐场所，家庭居室大厅，等建筑内外墙的装饰	中国	不含放射性物质，环保无辐射
石砖		（10，20，30，40），10，25	B	96	别墅，公寓，度假村，宾馆，园林，庭院，高尔夫球场，酒吧，咖啡厅，文化娱乐场所，家庭居室大厅，等建筑内外墙的装饰	中国	由原石样直接翻模浇注，纹理，色泽，宛若天成；色调统一，并能够根据建筑设计要求调配色
现代木		100，15，20	B	180	别墅，公寓，度假村，宾馆，园林，庭院，高尔夫球场，酒吧，咖啡厅，文化娱乐场所，家庭居室大厅，等建筑内外墙的装饰	中国	吸水率低，无须防水处理，可直接用于外墙
蘑菇石 XLM-1308D		400，400，30	B	55	别墅，公寓，度假村，宾馆，园林，庭院，高尔夫球场，酒吧，咖啡厅，文化娱乐场所，家庭居室大厅，等建筑内外墙的装饰	中国	强度高，特别是抗折强度，高达3.4MPa，牢固耐用，不易破损

（续）

品名	颜色纹理	规格（长、宽、厚度，mm）	等级	价格（元/m²）	适用范围	产地	备注
文化石 XLW-003		600，15，20	B	85	别墅，公寓，度假村，宾馆，园林，庭院，高尔夫球场，酒吧，咖啡厅，文化娱乐场所，家庭居室大厅，等建筑内外墙的装饰	中国	表面强度高，致密耐磨，不粉化
文化石 XLW-011		600，15，20	B	70	别墅，公寓，度假村，宾馆，园林，庭院，高尔夫球场，酒吧，咖啡厅，文化娱乐场所，家庭居室大厅，等建筑内外墙的装饰	中国	容量低，不到天然石材容量的1/2

8.5　石材施工工艺

8.5.1　干挂法

1）石材干挂安装工艺

石材干挂安装工艺为（图8-16）：放控制线→石材排版放线→挑选石材→预排石材→打膨胀螺栓→安装钢骨架→安装调节片→石材开槽→石材固定→打胶→调整→成品保护。

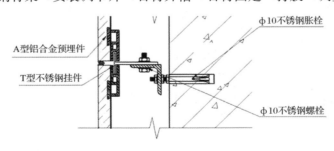

图8-16　干挂法

（1）基层处理

① 将墙面基层表面清理干净，对局部影响骨架安装的凸出部分应剔凿干净。

② 检查饰面基层及构造层的强度、密实度，应符合设计规范要求。

③ 根据装饰墙面的位置检查墙体，局部进行剔凿，以保证足够的装饰厚度。

（2）放控制线

① 石材干挂施工前需安设计标高在墙体上弹出 50 cm 水平控制线和每层石材标高线，并在墙上做控制桩，拉线控制墙体水平位置，找出房间及墙面的规矩和方正。

② 根据石材分隔图弹线，确定金属胀锚螺栓的安装位置。

（3）挑选石材

石材到现场后需对材质、加工质量、花纹和尺寸等进行检查，将色差较大、缺棱掉角、崩边等有缺陷的石材挑出并加以更换。

（4）预排石材

将挑出的石材按使用部位和安装顺序进行编号，选择在较为平整的场地做预排，检查拼接出的板块是否存在色差、是否满足现场尺寸要求，完成此项工作后将板材按编号存放备用。

（5）打膨胀螺栓孔

按设计的石材排版和骨架设计要求，确定膨胀螺栓的间距，划出打孔点，用冲击钻在结构上打出孔洞以便安装膨胀螺栓，孔洞大小按照膨胀螺栓的规格确定。

（6）安装骨架

① 对非承重的空心砖墙体，干挂石材时采用镀锌槽钢和镀锌角钢做骨架，采用镀锌槽钢做主龙骨，镀锌角钢做次龙骨形成骨架网（在混凝土墙体上可直接采用挂件与墙体连接）。

② 骨架安装前按设计和排版要求的尺寸下料，用台钻钻出骨架的安装孔并刷防锈漆处理。

③ 按墙面上的控制线用 $\varphi 8 \sim 12$ mm 的膨胀；螺栓固定在墙面上，或采用预埋钢板，使骨架与钢板焊接，焊接质量应符合规范规定。要求满焊，除去焊渣后补刷防锈漆。

④ 热镀锌骨架选用 50 mm × 50 mm × 5 mm 方管，角钢为 40 mm × 40 mm × 4 mm 或 50 mm × 50 mm × 5 mm。安装骨架时应注意保证垂直度和平整度，并拉线控制，使墙面墙面或房间方正。本工程骨架采用方管、角铁均为热镀锌钢材。

（7）安装调节片

调节片根据石材板块规格确定，调节挂件采用热镀锌制成，分 40 mm × 3 mm 和 50 mm × 5 mm 两种，按设计要求加工。利用螺丝与骨架连接，调节挂件需安装牢固。

（8）石材开槽

石材安装前用云石机在侧面开槽，开槽深度根据挂件尺寸确定，一般要求不小于 10 mm 且在板材后侧边中心。为保证开槽不崩边，开槽距边缘距离为 1/4 边长且不小于 50 mm，注意将槽内的石灰清理干净以保证灌胶粘结牢固。

（9）石材安装

① 从底层开始，吊垂直线依次向上安装。对石材的材质、颜色、纹路和加工尺寸应进行检查。

② 根据石材编号将石材轻放在 T 形干挂件上，按线就位后调整准确位置，并立即清孔，槽内注入 AB 胶，保证 T 型干挂件与石材凝固时间，以避免过早凝固而脆裂，过慢凝固而松动。

③ 板材垂直度、平整度拉线校正后拧紧螺栓。安装时应注意各种石材的交接和接口，保证石材安装交圈。

（10）留缝要求

本工程由于干挂石材墙面均处于室内恒温、恒湿状态中，对石材的膨胀与收缩可以忽略，因此石材板块间采用密封拼接，不用打胶。

（11）清理

石材挂接完毕后，用面纱等柔软物对石材表面的污物进行初步清理，待胶凝固后再用壁纸刀、棉纱等清理石材表面。打蜡一般应按蜡的使用操作方法进行，原则上应烫硬蜡、擦软蜡，要求均匀不露底色，色泽一致，表面整洁。

2）关键控制点

（1）石材订货加工

按设计确定的石材及石材样品对石材进行翻样、编号、订货加工，必须保证石材的加工质量。

（2）石材进场检验

石材进场时需按设计要求的饰面石材规格、品种、颜色和花纹进行检查，石材质量必须满足设计和施工要求；石材应具有合格证和检验报告，检查合格后按石材排版图的编号顺序码放，保存备用。

（3）钢骨架

干挂石材使用的钢骨架主要材料有方钢、角钢，按规格准备齐全，槽钢、角钢需有合格证及检验报告，材质应符合设计要求；焊接部位均为满焊，焊缝处理后做防锈处理。

（4）膨胀螺栓

按现场情况及设计要求准备膨胀螺栓，一般 $\varphi 8 \sim 12$ mm。

（5）施工检查

所有窗套、窗施工抹灰时应留出余量，检查各部分节点连接情况，若现场与设计图纸有出入应及时纠正。对墙面的垂直度及平整度进行检查，经处理后才可进行下道工序。

（6）储存

石材存放时要放入室内保存，避免日晒雨淋，在石材下垫方木，不得使用稻草绳缠绑石材，以防着水后污染。石材储存及搬运时应防止磕碰，安装完毕后应对情面进行遮挡保护，避免意外损伤。

8.5.2 湿挂法（灌浆法）

湿挂法安装工艺如下所示。

湿挂法安装流程：施工准备（钻孔、剔槽）→穿铜丝或镀锌铁丝 →绑扎钢网吊垂直、找规矩弹线 →安装石材→分层灌浆→擦缝。

（1）基层处理

① 挂贴石材的基层或基体，应有足够的稳定性和刚度，且表面应平整粗糙。

② 光滑的基层或基体表面，镶贴前应进行打毛处理，凿毛深度为 5 ~ 15 mm，间距不大于 30 mm。

③ 基层或基体表面残留的砂浆，尘土和油渍等应用钢丝刷刷净，并用清水冲洗。

（2）施工准备

① 安装前，应根据设计图纸，认真核实结构实际偏差，检查基体墙面垂直平整情况，偏差较大的应剔出或修补，超出允许偏差的，则应在保证基体与墙面板表面距离不小于 5 cm 的前提下重新分块。

② 柱面应先测出柱的实际高度和柱子中心线，以及柱子与柱子之间上、中、下部水平通线，确定出柱饰面板各面边线，才能决定饰面板分块规格尺寸。

③ 对于复杂墙面（如楼梯墙裙，圆形及多边形墙面等），则应实测后放足尺寸大小核对，或者用三厘板或五厘板等材料放尺寸大样。

④ 根据墙、柱面核对实测的规格尺寸（包括饰面板间的接缝宽度），计算出板块的排挡，并按安装顺序编号，绘制石材大样图以及节点大样图，作为加工定货的依据。

（3）施工方法

① 裁割：石材裁切燕尾槽口，深 35 ~ 40 mm，每块石材，边缝裁切两处，槽口距石材侧边 70 mm，在切口处绑上双股 2.5 mm² 的铜线（一般长度约为 30 cm）。

② 清理：石材背面清理干净。

③ 绑扎钢筋网片：根据设计方案、石材大样图、尺寸，打眼下膨胀螺栓 $\varphi 8 = 600$ mm 或过墙螺栓。然后焊制 $\varphi 6$ 钢筋网片，竖向间距 600 mm，横向间距随石材规格，高度，如板材高度为 600 cm 时，第一道横筋在地面以上 ±10 cm 处与主筋焊接，用作绑扎第一层板材的下口固定铜丝，再往上每 600 mm 绑扎一道横筋即可。

④ 弹线：首先将石材的墙面、柱面和门、窗套用大线锤从上至下找出垂直，并应考虑石材厚度，灌注砂浆的空隙和钢丝网所占尺寸，一般石材外皮距结构面的厚度应以 5 ~ 7 cm 为好，找出垂直后，在墙柱面两端拉出外轮廓线，此线即为第一层石材的安装基准线。编好号的石材在固定的基准线上画出就位线，每片留 1 mm 缝隙（如设计要求拉开缝，则按设计规定留出缝隙）。

⑤ 安装石材：

a：将石材就位，石板上口外仰，右手伸入石材背面，把石材下口铜丝绑扎在横筋上，绑时不要太紧，可留余量，只要把铜丝和横筋栓牢即可（灌浆后即会牢固）把石板竖起，便可绑石材上口的铜丝，并用木楔垫稳，块材与基层间缝隙（即灌浆厚度）一般为 30 ~ 50 mm。

b：用靠尺板检查调整木楔，根据偏差度再松紧铜丝，依次向另一方进行。柱面可按顺时针方向安装，一般先从正面开始，第一层安 装完毕再用靠尺垂直，水平尺平整，方尺找阴阳方正，在安装石材间发现不符石材规格标准不准用或石材之间的缝隙不符，应用铅皮垫牢，使石材之间缝隙均匀一致，并保证一层石板上口的垂直，找完垂直，平整，方正后，用大力胶粘住，在石材上下之间，使这两层石材结成一整体，木楔处亦可粘贴大力胶，再用靠尺板检查有无变形等大力胶硬化后方可灌浆。

⑥ 灌浆：

a：把配合比为 1:2.5 水泥砂浆（一般为中沙）加水调成粥状（稠度一般为 8 ~ 12 cm），用盆舀浆徐徐倒入，注意不要碰石材，边灌边用橡皮锤轻轻敲击石材面使灌入砂浆排气，第一层灌浆高度为 15 cm，不能超过石材高度的 1/3，第一层灌浆很重要，因为既要紧固石材的下口铜丝又要固定石材，所以要轻轻操作，防止碰撞和猛灌，如发生石材移动，应立即拆除重新安装。

b：第一次灌入 15 cm 后停 1~2 h，等砂浆初凝时应检查石材是否移动，再进行第二层灌浆，灌浆高度一般为 20~30 cm，待初凝后再继续灌浆。第三层灌浆高度至低于板口 5~10 cm 处为止。

⑦ 擦缝：全部石材安装完毕后，清除表面污迹，胶印，用干净布擦洗干净，并按石材颜色调制色浆擦缝。

如图 8-17 所示。

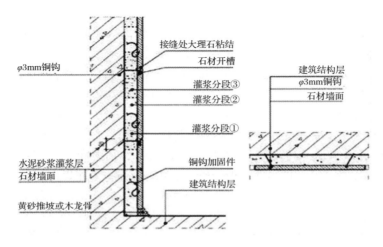

图 8-17　湿挂法施工工艺

【实训 8-1】　建筑装饰石材性能检测

一、实训目的

石材应用到建筑的各个方面，所经受的自然、人为的条件有很大的区别，将石材可能遇到的各种条件人为地归纳在一起，以此来证明某种石材的使用性能是否合乎设计要求，为设计使用者提出了科学的参考数据。于是提出了一套针对石材的测试内容，成为检测石材的物理、化学的天然饰面石材试验方法。

二、材料及用具

(1)设备及量具

试验机：具有球形支座的示值相对误差不超过 ±1%，试验破坏载荷应在示值的 20%~90% 范围以内的材料试验机。

游标卡尺：读数精确至 0.01 mm。

万能角度尺：精度为 2′。

干燥箱：温度可控制在 105 ℃ ±2 ℃ 范围内。

冷冻箱：温度可控制在 −20 ℃ ±2 ℃ 范围内。

（2）石材试样

尺寸：边长 50 mm 的正方体或者 650 mm，直径 50 mm×高度 50 mm 的圆柱体。

数量：每种试验的试样需准备 5 个，5 个为一组进行数据统计。干燥、水饱和、冻融循环后的压缩强度试验要 15 个试样；若进行干燥、水饱和、冻融循环后的垂直层理试验又进行平行层理的压缩强度试验则需制备 30 个试样。

试样应标明层理方向：有些石材具有明显的层理方向，应用色笔在层理处划出。如花岗石、大理石、板石的许多品种都有此现象，其他分裂的方向可分为以下 3 种。

① 裂理方向：是石材最容易分裂的方向，用笔标出。

② 纹理方向：次易分裂的方向，用笔标出。

③ 源粒方向：最难分裂的方向，用笔标出。

三、方法及步骤

石材物理、化学测试方法共包括 11 个方面内容。

① 干燥、水饱和、冻融循环后压缩强度试验方法。

② 干燥、水饱和弯曲强度试验方法。

③ 体积密度、真密度、真气孔率、吸水率试验方法。

④ 耐磨性试验方法。

⑤ 肖氏硬度试验方法。

⑥ 耐酸性试验方法。

⑦ 检测板材挂件组合单元挂装强度试验方法。

⑧ 用均匀静态压差检测石材挂装系统结构强度试验方法。

⑨ 石材化学成分（各矿物含量组成）分析。

⑩ 石材放射性评价。

⑪ 石材综合评价体系：包括装饰性能评价，绿色石材指标，绿色石材综合评价体系，综合评价体系的使用方法。

此外，还有抗拉强度、热膨胀系数、比热容、热导率、体积电阻率、介电常数、介电损耗角正切、介电强度等多项指标是石材在化工、机械、地质等领域被要求使用的。但作为建筑装饰石材一般只要满足以上 11 个方面内容，尤其要满足前 10 个方面要求即可。

四、考核评估

实验报告要求实验数据完整，得出石材检测结论。

单元 9　陶瓷装饰材料

学习目标

1. 掌握陶瓷的原料、分类和生产工艺。
2. 掌握陶瓷锦砖、釉面砖的特点与应用。
3. 了解陶瓷砖试验的依据和步骤。
4. 熟悉其他陶瓷制品。

9.1　陶瓷概述

9.1.1　陶瓷原料及分类

1）陶瓷的概念

陶瓷是指所有以黏土以及其他各种天然矿物为主要原料，经过粉碎、加工、成形、烧结等工艺制成的制品。图9-1所示为陶瓷工艺品。

2）陶瓷的原料

①石英：化学成分为二氧化硅，可用来改善陶瓷原料过黏的特性。

②长石：是以二氧化硅及氧化铝为主，又含有钾、钠、钙等元素的化合物。

③高岭土：高岭土是一种白色或灰白色有丝绢般光泽的软质矿物。

图9-1　陶瓷工艺品

3）陶瓷的分类

按照产品种类，陶瓷制品可分为陶质、瓷质、炻质。

（1）陶

陶器通常有一定吸水率，断面粗糙无光，不透明，敲之声粗哑，有的无釉，有的施釉（图9-2）。

（2）瓷

瓷器的坯体致密，几乎不吸水，有一定的透明度，有釉层，比陶器烧结度高（图9-3）。

（3）炻

图9-2　陶

图9-3　瓷

介于陶器与瓷器之间的一类产品，国外通称炻器，也有称为半瓷。我国科技文献中称为原始瓷器或称为石胎瓷。炻器与瓷器的区别主要是，炻器坯体多数都带有颜色且半透明（图9-4）。

凡以陶土、河砂等为主要原料经低温烧制而成的制品称为陶器。气孔率较大，强度较低，断面粗糙，吸水率较大。分粗陶、精陶两种。精陶也可用瓷土制作。缸管、红砖等属于粗陶；陶板、面砖等属于精陶。

图 9-4　炻

凡以磨细的岩石粉如瓷土粉、长石粉、石英粉等为主要原料经高温烧制成的制品称为瓷器。结构致密，气孔率较小，强度较大，断面细致，敲之有金属声，吸水率小，比陶器坚硬，但质地较脆。瓷分硬瓷、软瓷、粗瓷、细瓷数种。粗瓷接近于精陶；硬瓷含玻璃相较少，含莫来石相较多；软瓷烧温较低，含玻璃相较多，含莫来石较少。陶瓷中莫来石含量越高，质量越好。建筑陶瓷（包括耐酸砖、耐酸瓷板及其他耐酸陶瓷）、园林陶瓷及卫生陶瓷等均属瓷类。

陶瓷材料不仅能够制成各种建筑用材、生活实用器皿和摆设的工艺品，而且大量用于各种不同工艺结构和艺术形式的壁画、雕刻等室内外的景观，其特有的工艺效果与艺术魅力，是其他材料无法比拟的。

传统的陶瓷材料主要是硅酸盐矿物类材料。生产的发展与科技的进步要求充分利用陶瓷材料的物理与化学性质，因而制成了许多新型陶瓷品种。如氧化物陶瓷、压电陶瓷、金属陶瓷等特种陶瓷，所采用的材料扩大到化工原料和合成矿物，组成范围也伸展到无机非金属材料的范畴中。

炻器按其坯体的细密性、均匀性以及粗糙程度分粗炻器和细炻器两大类。建筑装饰上用的外墙砖、地砖以及耐酸化工陶瓷、缸器均属于粗炻器；日用炻器和陈设品则属于细炻器。驰名中外的宜兴紫砂陶即是一种不施釉的有色细炻器（图 9-5）。

图 9-5　紫砂陶

9.1.2　陶瓷工艺

（1）淘泥

高岭土是烧制瓷器的最佳原料，千百年来，多少精品陶瓷都是从这些不起眼的瓷土演变而来。陶泥是制瓷的第一道工序，是把瓷土淘成可用的瓷泥。

（2）摞泥

淘好的瓷泥并不能立即使用，要将其分割开来，摞成柱状，以便于储存和拉坯用。

（3）拉坯

将摞好的瓷泥放入大转盘内，通过旋转转盘，用手和拉坯工具，将瓷泥拉成瓷坯。

（4）印坯

拉好的瓷坯只是一个雏形，还需要根据要做的形状选取不同的印模将瓷坯印成各种不同的形状。

（5）修坯

刚印好的毛坯厚薄不均，需要通过修坯这一工序将印好的坯修刮整齐和匀称，修坯又分为湿修和干修。

（6）捺水

捺水是一道必不可少的工序，即用清水洗去坯上的尘土，为接下来的画坯、上釉等工序做好准备工作。

（7）画坯

在坯上作画是陶瓷艺术的一大特色，画坯有好多种，有写意的、有贴好画纸勾画的，无论怎样画坯都是陶瓷工序的点睛之笔。

（8）上釉

画好的瓷坯，粗糙而又呆涩，上好釉后则全然不同，光滑而又明亮；不同的上釉手法，又有全然不同的效果，常用的上釉方法有浸釉、淋釉、荡釉、喷釉、刷釉等。

（9）烧窑

千年窑火，延绵不息，经过数十道工具精雕细琢的瓷坯，在窑内经受高温的烧炼，就像一只丑小鸭行将达化一只美天鹅。现在的窑有气窑、电窑等。

（10）成瓷

经过几天的烧炼，窑内的瓷坯已变成了精美的瓷器。

（11）成瓷缺陷的修补

一件完美的瓷器有时烧出来会有一点瑕疵，用 JS916－2（劲素成）进行修补，可以让成瓷更完美。

图 9-6 所示为陶瓷工艺举例。

9.1.3 陶瓷表面装饰

装饰是对陶瓷制品进行艺术加工的重要手段。根据设计的需要装饰，既能提高陶瓷材料品的外观效果，又能起到对制品本身一定的保护作用。我们日常使用的陶瓷器，一般都穿着一身光润、平滑的"衣裳"，特别是日用陶瓷，对"衣裳"更为讲究，有的洁白如玉，有的五彩缤纷，十分美观。陶瓷的这种衣裳，名叫"釉"。

汉字中的釉，其含义是指有油状的光泽，所以用"油"字来表示瓷器表面的光泽，但又因为"油"字代表食物，经后人修改取表示光彩的"采"，加上油字的"由"，合成为"釉"字。

1）釉的作用与分类

所谓釉是指附着于陶瓷坯体表面的连续玻璃质层。它具有与玻璃相似的某些物理与化学性质，但釉毕竟不是玻璃，二者并不完全相同。

釉与玻璃的差别在于釉在溶化时必须很黏稠，不易流动，能在直立的表面上不下坠，只有这样才能保证在烧制时保持它原有表面形态。但某些艺术釉除外（流动釉等），它们在烧制时需要釉料具有较大流动性。

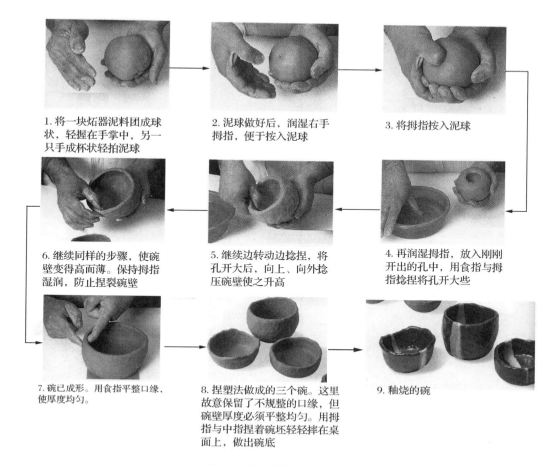

1. 将一块炻器泥料团成球状，轻握在手掌中，另一只手成杯状轻拍泥球

2. 泥球做好后，润湿右手拇指，便于按入泥球

3. 将拇指按入泥球

6. 继续同样的步骤，使碗壁变得高而薄。保持拇指湿润，防止捏裂碗壁

5. 继续边转动边捻捏，将孔开大后，向上、向外捻压碗壁使之升高

4. 再润湿拇指，放入刚刚开出的孔中，用食指与拇指捻捏将孔开大些

7. 碗已成形。用食指平整口缘，使厚度均匀。

8. 捏塑法做成的三个碗。这里故意保留了不规整的口缘，但碗壁厚度必须平整均匀。用拇指与中指捏着碗坯轻轻摔在桌面上，做出碗底

9. 釉烧的碗

图 9-6　陶瓷碗的捏塑成型

（1）釉料的性质

陶瓷施釉的目的在于改善坯体的表面性能，提高力学强度。陶瓷的釉料应有下列性质：

① 釉料必须能够在坯体烧结的温度下成熟。

② 釉料的组成要选择适当。

③ 釉料在高温熔化后，要具有适当的黏度和表面张力。

④ 釉层质地坚硬，不易磕破或磨损。

（2）釉的分类

陶瓷品种繁多，烧制工艺各不相同，因而釉的种类和它的组成都极为复杂，分类方法也多，常见的分类方法如下：

① 按坯体种类分为　瓷器釉、陶器釉、炻器釉。

② 按化学组成分　长石釉、石灰釉、滑石釉、混合釉、铅釉、硼釉、铅硼釉、食盐釉、土釉。

③ 按烧成温度分　易熔釉（1 100 ℃）、中温釉（1 100～1 250 ℃）。

④ 按置备方法分　生料釉、熔快釉。

⑤按外表特征分　透明釉、乳浊釉、有色釉、光亮釉、无光釉、结晶釉、砂金釉、碎纹釉、珠光釉、花釉。

图9-7所示为准备施釉的坯体。

2）主要的釉彩装饰法

（1）釉下彩绘

在生坯（或素烧釉坯）上进行彩绘，然后施一层透明釉，最后釉烧即为釉下彩绘。

图9-7　准备施釉

釉下彩绘所用彩料由颜料、胶结剂与描绘剂等组成。胶结剂是指能使陶瓷颜料在高温烧成后能黏附在坯体上的材料，常用釉料、釉下溶剂或长石等。描绘剂是指在彩绘时使陶瓷颜料能展开的材料，如茶汁、阿拉伯树胶、甘油与水，牛胶与水、糖汁与水，乳香油与松节油。按使用温度不同，釉下彩料分成：使用于1 250 ℃以下的（精陶制品）与使用1 250 ℃以上两种。我国釉下彩料多数是使用于还原焰1 300 ℃左右烧制的瓷器。这时常用的釉下颜料为：红色的锰红与金红，黄色的锑锡黄与锌钛黄，绿色的青松绿与草绿等，蓝色的海碧与海蓝，黑色的鲜黑与艳黑，灰色的钒灰与银灰，褐色的金褐茶与茶色。以上商品釉下颜料很少直接使用，多数情况是用来调制中间色，也可用"罩色"法（图9-8）。

图9-8　釉下彩青花瓷

（2）釉上彩

釉上彩绘是在烧过的陶瓷釉上用低温颜料进行彩绘，然后在较低的温度下（660～900 ℃）彩烧的装饰方法。

釉上彩料通常由陶瓷颜料与助熔剂配成。釉上彩几乎可以采用目前所有的陶瓷颜料（少数除外）。助熔剂是一种低熔点玻璃料。古彩的技艺特点是用不同粗细线条来构成图案，且线条刚健有力，用色较浓且有强烈的对比特性。粉彩是由古彩发展来的，它与古彩的技艺上不同点在于：粉彩在填色前，须将类似图案，如花卉、植物、人物等要求凸起部分涂上一层玻璃白，然后在白粉上再渲染各种彩料使之显出深浅阴阳之感，具有立体浮雕感（图9-9）。

（3）光泽彩

光泽彩是在釉面上涂有能映现出各种彩虹颜色的金属或氧化物薄膜的装饰法。光泽彩的光泽彩虹是由于入射光与光亮的光泽彩料薄膜的反射光相互发生干涉的现象。与水面上浮着一层薄层油的干涉现象相类似。光泽彩的薄膜可以是无色或有色的金属氧化物薄膜，或者是金属薄膜。后者与前者的制造

清乾隆
（公元1736-1795年）

图9-9　釉上彩——景德镇窑粉彩八仙人物图瓶

工艺不同，差别仅在于后者采用还原性气体烧制。光泽彩装饰工艺与釉上彩相似，可以用毛笔描画或喷洒方法将彩料涂在烧过的釉面上，但彩料层要薄，待干燥后，在隔焰炉中约 600～900 ℃ 下彩烧(图 9-10)。

(4)裂纹釉

当采用具有比坯体热膨胀系数高的釉时，在迅速冷却中可以使釉表面产生裂纹。依照釉面裂纹的形态，分别创建不同裂纹釉陶瓷制品的名称，如鱼子纹、百圾碎、冰裂纹、蟹爪纹、牛毛纹以及鳝鱼纹等。按釉面裂纹颜色呈现技法不同分成夹层裂纹釉与镶嵌裂纹釉两种(图 9-11)。

(5)无光釉

图 9-10　光泽彩

无光釉的表面对光的反射不强，故没有玻璃那样的高度光泽，只能在平滑表面上显示出丝状或绒状的光泽。这种釉的使用于可在艺术陶瓷上得到特殊的艺术效果，因而是一种珍贵的艺术釉(图 9-12)。

无光釉的冷却速度是制造良好无光釉的关键技术之一，一般宜延长冷却时间。过快冷却，可变成透明釉。

(6)流动釉

流动袖是用易熔釉在烧成温度下，由于过烧而釉沿着制品的斜面向下流动，形成自然活泼条纹的一种艺术釉(图 9-13)。

流动釉可以采用浇釉、浸釉、喷釉以及筛釉等方法。

图 9-11　裂纹釉

图 9-12　无光釉

图 9-13　流动釉

9.2　外墙面砖

(1)概念

外墙面砖是以陶土为原料，经压制成型，而后在 1 100 ℃ 左右煅烧而成的。

(2)外墙面砖特点及用途

外墙面砖具有坚固耐用，色彩鲜艳，易清洗，防火，防水，耐磨，耐腐蚀和维修费用低等特点。它作外墙饰面，装饰效果好，不仅可以提高建筑物的使用质量，并能美化建筑，改善城市面貌，且能保护墙体，延长建筑物的使用年限。一般用于装饰等级要求较高的工程。

（3）外墙面砖的主要规格：

外墙面砖的主要规格有 100 mm × 100 mm，150 mm × 150 mm，300 mm × 300 mm，400 mm × 400 mm，115 mm × 60 mm，240 mm × 60 mm，200 mm × 200 mm，150 mm × 75 mm，300 mm × 150 mm，200 mm × 100 mm，250 mm × 80 mm 等。

（4）外墙面砖的不同排列铺贴

不同表面质感的外墙面砖，具有不同的装饰效果，同一种外墙面砖采用不同的排列方式进行铺贴，也可获得完全不同的装饰效果（图 9-14、图 9-15 为外墙面砖）。

图 9-14　外墙面砖

图 9-15　外墙面砖的应用

9.3　室内墙地砖

1）釉面砖

釉面砖又称为陶瓷砖、瓷片或釉面陶土砖，是一种传统的卫生间、浴室墙面砖，是以黏土或高岭土为主要原料，加入一定的助溶剂，经过研磨、烘干、筑模、施釉、烧结成型的精陶制品。釉面砖的正面有釉，背面呈凸凹方格纹（图 9-16）。

腰线是建筑装饰的一种作法，一般指建筑墙面上的水平横线，在卫生间的墙面上用不同花色的瓷砖（有专门的腰线瓷砖）贴一圈横向的线条，也称为腰线（图 9-17）。

图 9-16　釉面砖

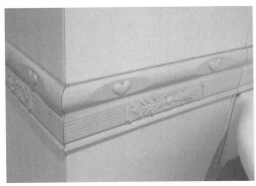

图 9-17　腰线

花片：瓷砖，装饰装潢、家装材料，就是带花纹的瓷砖。如家装卫生间墙上的带花纹的瓷砖，价格很贵，不带花纹的十几元一片，带花纹的，几十到上百元一片，规格如：300 mm×300 mm（图 9-18、图 9-19）。

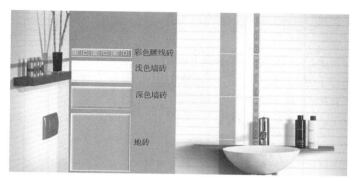

图 9-18 釉面砖

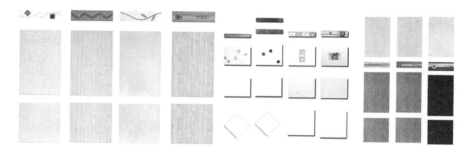

图 9-19 花片

2）通体砖

通体砖是将岩石碎屑经过高压压制而成，表面抛光后坚硬度可与石材相比，吸水率更低，耐磨性好。表面不上釉的陶瓷砖，而且正反两面的材质和色泽一致，只不过正面有压印的花色纹理。通体砖是一种耐磨砖，虽然现在还有渗花通体砖等品种，但花色比不上釉面砖（图 9-20、图 9-21）。

图 9-20 通体砖

图 9-21 通体砖的工字形铺贴效果

3）抛光砖

抛光砖是通体陶瓷砖，是通体砖的一种，表面经过打磨而制成的一种光亮砖体，外观光洁，质地坚硬耐磨，通过渗花技术可制成各种仿石、仿木效果。表面也可以加工成抛光、亚光、凸凹等效果。抛光砖的使用相对比较高档，表面平滑光亮，坚硬耐磨，适合室内外大面积铺贴。

但是在抛光时留下的凸凹气孔容易藏污纳垢。因此，优质抛光砖都增加了一层防污层，也可在施工前打上水蜡以防止污染，在使用中也要注意保养。

抛光砖的商品名称很多，如铂金石、银玉石、钻影石、丽晶石、彩虹石等。规格通常为（长×宽×厚）400 mm×400 mm×6 mm、500 mm×500 mm×6 mm、600 mm×600 mm×8 mm、800 mm×800 mm×10 mm、1 000 mm×1 000 mm×10 mm 等（图9-22、图9-23）。

图 9-22　抛光砖地面装饰

图 9-23　抛光砖墙面装饰

4）玻化砖

玻化砖是20世纪80年代后期由意大利、西班牙引入中国。由于它具有表面光洁，易清洁保养，耐磨耐腐蚀，强度高，装饰效果好，用途广泛，使用量大等特点，而被称之为"地砖之王"。

玻化砖特有的微孔结构是它的致命缺陷。一般铺完玻化砖后，要对砖面进行打蜡处理，3遍打蜡后进行抛光。以后每3个月或半年打一次蜡，如果不打蜡，那么水会从砖面微孔渗入砖体，如果是有颜色的水，如酱油、墨水、菜汤、茶水等，那么这些颜色就会渗入砖面后留在砖体内，形成花砖。如果不打蜡，砖面的光泽会渐渐失去，影响美观，因此，玻化砖的养护耗时较多。

优点：色调高贵、质感优雅、色差小、性能稳定，强度高、耐磨、防滑性好、吸水率低、耐酸碱、色差小。不含氡气，各种理化性能比较稳定，符合环境保护的要求，是替代天然石材较好的瓷制产品。广泛用于用于客厅，门庭等的建筑装饰（图9-24）。

图 9-24　玻化砖

缺点：色泽、纹理较单一，不够防滑。

5）马赛克

马赛克原意为：镶嵌，镶嵌图案，镶嵌工艺。发源于古巴比伦。早期希腊人的大理石马赛克最常用黑色与白色来相互搭配。陶瓷马赛克一词其实是"Mosaic"的音译，意即镶嵌工艺品、镶嵌砖。马赛克的制作是一种最古老的艺术形态之一。由于它是被一块块排好粘贴在一定大小的纸皮上，以方便铺设，故也被称为"纸皮石"。各企业的规格有差异，品种，花色五花八门，不一而同。陶瓷马赛克用途十分广泛，现在新型的陶瓷马赛克广泛用于宾馆、酒店的高层装饰和地面装饰。

陶瓷马赛克是由各种不同规格的小瓷砖，粘贴在牛皮纸或专用的尼龙丝网上拼成联构成的。单块规格一般为 25 mm × 25 mm、45 mm × 45 mm、100 mm × 100 mm、45 mm × 95 mm或圆形、六角形等形状的小砖组合而成的，单联的规格一般有 285 mm × 285 mm、300 mm × 300 mm 或 318 mm × 318 mm 等。各企业的规格有差异，品种花色五花八门，各不相同。这些小小的陶瓷砌块，每一块均经高温烧制，表面上釉，色泽绚丽多彩。由于它是被一块块排好，粘贴在一定大小的纸皮上以方便铺设，故也被称为"纸皮石"。数千年前人类就开始运用马赛克来装饰物体外观，把各种各样的嵌块镶砌在墙上、地板上、圆柱上、盾牌上、雕刻物和宝石装饰品上。

根据《陶瓷砖和卫生陶瓷分类及术语》（GB/T 9195—2011）的规定，陶瓷马赛克属瓷质砖的范畴，其物理性能，如吸水率应小于 0.5%、抗冻性、破坏强度、断裂模数、抗热震性、耐化学腐蚀性、耐磨性、抗冲击性、摩擦系数、耐酸碱性、热膨胀系数等都应达到《陶瓷砖》（GB/T 4100.1—2015）之瓷质砖的技术要求，但陶瓷马赛克又有其独特性，由于是有数块小瓷砖组成联的特性，因此，不仅每块小砖的外观和变形达到《陶瓷马赛克》（JC/T 456—2015）行业标准的要求，同时拼贴成联的每块小砖的间距，即每联的线路要均匀一致，以达到满意的铺贴效果。另外，在铺贴方式上，有纸联反铺贴和网状联正铺贴两种。网状联正铺贴效果好，逐步取代纸联铺贴。

大理石马赛克是由天然石材经过特殊工艺制造而成，本身并没有加入任何化学染料。图中大理石马赛克很好地保留了石材本身所特有的古朴色彩，这种天然大理石马赛克使人置身于朴实无华的颜色与绝佳的天然质感所构筑的空间中，很自然地会忘掉现实中的浮华与喧嚣，在这个模糊了时间的空间中体味着真实与质朴（图9-25）。

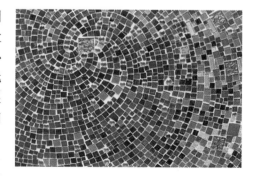

图9-25 大理石马赛克装饰效果

【选购注意事项】

① 规格齐整：选购时要注意颗粒之间是否同等规格、大小一样，每小颗粒边沿是否整齐，将单片马赛克置于水平地面检验是否平整，单片马赛克背面是否有太厚的乳胶层。

② 工艺严谨：首先是触摸釉面，可以感觉其防滑度；然后看厚度，厚度决定密度，密度高才吸水率低；最后是看质地，内层中间打釉通常是品质好的马赛克。

③ 吸水率低：这是保证马赛克持久耐用的要素，所以还要检验吸水率，把水滴到马赛

克的背面，水滴往外溢的质量好，往下渗透的质量劣。

6）仿古砖

仿古砖仿造以往的样式做旧，用带着古典的独特韵味吸引着人们的目光，为体现岁月的沧桑，历史的厚重，仿古砖通过样式、颜色、图案，营造出怀旧的氛围（图9-26、图9-27）。

图 9-26　仿古砖　　　　　　　　　　图 9-27　仿古砖

7）抛晶砖

抛晶砖又称抛釉砖、釉面抛光砖。是在坯体表面施一层耐磨透明釉，经烧成、抛光而成的。抛晶砖具有彩釉砖装饰丰富和瓷质吸水率低、材质性能好的特点，又克服了彩釉砖釉上装施不耐磨、抗化学腐蚀的性能差和瓷质砖装饰方法简单的弊端。抛晶砖采用釉下装饰、高温烧成、釉面细腻、高贵华丽，属高档产品（图9-28）。

图 9-28　抛晶砖　　　　　　　　　　图 9-29　微晶石

8）微晶石

晶石在行内称为微晶玻璃复合板材，是将一层3～5 mm的微晶玻璃复合在陶瓷玻化石的表面，经二次烧结后完全融为一体的高科技产品。微晶玻璃陶瓷复合板厚度在13～18 mm，光泽度大于95%（图9-29）。

9）全抛釉

全抛釉是一种可以在釉面进行抛光工序的一种特殊配方釉，它是施于仿古砖的最后一道釉料，目前一般为透明面釉或透明凸状花釉，施于全抛釉的全抛釉砖集抛光砖与仿古砖优点于一体的，釉面如抛光砖般光滑亮洁，同时其釉面花色如仿古砖般图案丰富，色彩厚重或绚丽（图9-30）。

图 9-30　全抛釉

10）劈离砖

劈离砖又名劈开砖或劈裂砖，是一种用于内外墙或地面装饰的建筑装饰瓷砖，它以长石、石英、高岭土等陶瓷原料经干法或湿法粉碎混合后制成具有较好可塑性的湿坯料，用真空螺旋挤出机挤压成双面以扁薄的筋条相连的中空砖坯，再经切割，干燥然后在 1 100 ℃以上高温下烧成，再以手工或机械方法将其沿筋条的薄弱连接部位劈开而成两片（图9-31、图9-32）。

图 9-31　劈离砖

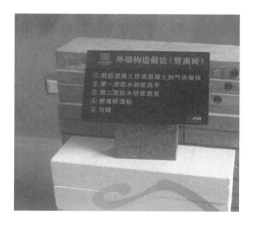

图 9-32　劈离砖

11）广场砖

广场砖属于耐磨砖的一种。主要用于休闲广场、市政工程、园林绿化、屋顶美观、花园阳台、商场超市、学校医院、汽车 4S 店等人流量众多的公共场合。其砖体色彩简单，砖面体积小，多采用凹凸面的形式。广场砖具有防滑、耐磨、修补方便的特点（图9-33）。

图 9-33　广场砖

9.4　建筑装饰陶瓷施工工艺

1)地砖及其施工方法

(1)施工工艺流程

基层处理→做找平层→ 做防水层→抹结合层砂浆→镶贴地砖→擦缝→ 清洁→养护。

(2)施工要点

① 基层处理:混凝土楼地面如果比较光滑,则应进行凿毛处理,凿毛深度 5 ~ 10 mm,凿毛痕的间距为 30 mm 左右,基层处理还尤其要注意清理表面残留的砂浆、尘土、油渍等,并用水冲洗地面。

② 基层找平:根据楼地面的设计标高,用 1:2.5(体积比)干硬性水泥砂浆找平,如地面有坡度排水,应做好找坡,并做出基准点,在基准点拉水平通线进行铺设。在基层铺抹干硬性水泥砂浆之前,应先在基层表面均匀抹素水泥浆一遍,增加基层与找平层之间的黏结度。

③ 弹线定位:弹线时以房间中心点为原点,弹出相互重叠的定位线,其注意事项:应距墙边留出 200 ~ 300 mm 作为调整区间;房间内外地砖品种不同,其交接线应在门扇下蹭位置,且门口不应出现非整砖,非整砖应放在房间不显眼的位置。

④ 设置地面标准高度面:按铺地砖的工艺,较小房间做丁字形,较大房间做十字形,贴两行地砖。

⑤ 铺设:有两种铺设方法。其一,留缝铺设法。铺设地砖之前,在底子灰面层上先撒上一层水泥,在稍洒水随即铺地砖,铺贴时,水泥浆应饱满地抹于瓷砖的背面,并用橡皮锤敲定,并且一边铺贴,一边用水平尺检查校正,同时即刻擦去表面的水泥浆,铺缝均匀,不留半砖,从门口开始在已经铺好的地砖上垫上木板,人站在板上铺装。铺横缝时用米厘条铺一皮放一根,树缝根据弹线走齐。随铺随用棉纱布洗擦干净。其二,满铺法。无须弹线,从门口往里铺,出现非整块时用随手用小锤沿板拍打一遍,将缝拨直,再拍再

拨，直到平实为止。留缝铺设取出米厘条，用 1:1 水泥砂浆扫缝（砂子需经过砂网过筛）。铺完一片，清洁一片，随即覆盖一层塑料薄膜进行养护，3~5 d 内不准上人踩踏，以确保装饰工程质量。

⑥ 铺贴完养护：2 d 以后，进行干水泥擦缝，将白水泥调成干性团，以缝隙上擦抹，使瓷地砖缝内填白水泥，再将瓷砖表面擦净。

2）面砖及其施工方法

（1）施工流程

基层处理→防水涂料→结合层施工→选砖→排砖弹线→贴标准点→镶贴瓷砖→勾缝→擦缝、清理保护

（2）施工工艺

① 基层处理：墙面甩素水泥浆一道（内掺建筑胶）；用 1:3 水泥砂浆打底压实抹平至9mm 厚；墙面不平整处用聚合物水泥砂浆修补平整。

② 防水涂料：按照设计要求在墙面基层刷防水涂料。结合层施工：水泥砂浆结合层。

③ 选砖：瓷砖选用符合设计图纸要求的图案、样式、品种。排砖弹线：按图纸设计要求结合实际和瓷砖规格进行排砖、弹线。贴标准点：正式粘贴前应贴标准点，用废瓷砖加粘贴剂粘贴在墙或柱上，用以控制整个粘贴瓷砖表面平整度。

④ 镶贴瓷砖：粘贴瓷砖自下而上粘贴，瓷砖背面满刮瓷砖粘贴剂，要随时用靠尺检查平整度，随黏随检查，同时要保证缝隙宽度一致，柱面上墙面上直角处按设计要求拼角，粘贴时要随时擦掉砖缝中流出的粘贴剂。

⑤ 勾缝：使用 DTG 砂浆勾缝

3）马赛克及其施工方法

（1）施工工艺流程

施工准备 → 清理刷洗基层 → 刮腻子粉 → 弹水平及竖向分格线缝 → 墙面湿水 → 抹结合层 → 二次弹线 → 马赛克刮浆 → 铺贴马赛克 → 拍板赶缝 → 闭缝刮浆 → 洒水湿纸 → 撕纸 → 再次闭缝刮浆 → 清洗 施工准备。

（2）技术准备

① 施工前，应认真会审图纸，做出各种样板，确定施工方案。

② 根据已定施工方案，具体制定马赛克镶贴的施工工艺流程，认真组织人力和保障材料供应。

（3）材料要求

① 马赛克：为保证接缝平直，在镶贴前应对马赛克每联逐张挑选，剔除严得缺棱掉角或尺寸偏差过大的产品，且应挑选色泽均匀者。

② 水泥：使用不低于 425 号的水泥。存放过久且受潮结块的水泥不能使用。

③ 乳液或 107 胶：无浑浊物或污染变色现象。

④ 脚手架：搭设好脚手架，采用分层搭设外挑金属钢管脚手架进行外贴作业。

（4）工艺要求

① 基层处理：使用定型组合钢模板现浇的混凝土面层，光滑平整，以附着有脱模剂，

易使粘贴发生空鼓脱落，可用浓度10%的碱溶液刷洗，然后用1:1水泥砂浆刮2~3 mm厚腻子灰一遍。为增加黏结力，腻子灰中可掺水泥质量3%~5%的乳液或适量107胶。

② 中层处理：中层抹灰必须具备一定强度，而不能用软底铺贴。因为马赛克要用拍板拍压赶缝，如果中层无强度，易造成表面不平整。

③ 拌和灰浆：结合层水泥浆水灰比以0.32为最佳。施工时可集中调制，也可人工在工作面手工拌和，其水灰比更易控制。在拌和前除了注意理论水灰比和体积配合比外，更重要的还要强调"不稀稍稠"，并应加强检查和指导。

④ 撕纸清洗：施工中的清洗是最重要的一道工序，由于马赛克粗糙多孔，而水泥浆又无孔不入。如果撕纸清洗不及时、不干净，会使马赛克表面层非常脏。若待以后返工，就几乎不可能拭干净。

⑤ 滴水线粘贴：窗台板马赛克应低于窗框，并还应将马赛克塞进窗框一点。缝隙用水泥砂浆勾联，勾缝也不能超过窗框，使雨水向外墙排泄。若锦砖高于窗框，缝隙即会渗水，并沿着内墙面流出。

【实训9-1】 瓷砖鉴别和选购

一、实训目的

通过实训，掌握瓷砖鉴别方法和选购技巧。

二、材料及用具

(1)设备及量具

游标卡尺：读数值精确至0.01 mm。

万能角度尺：精度为2′。

水杯及水。

(2)石材试样

尺寸：边长15 mm的瓷砖样品。

数量：每种试验的试样需准备2个，2个为一组进行数据统计。

三、方法及步骤

瓷砖可以通过以下步骤选购。

(1)倒水

吸水率反映的是瓷砖的密度问题，也间接地反映出瓷砖硬度的好坏，但瓷砖并不是吸水率越低越好。这里的吸水率测试，是针对客厅、卧室、走道等区间的瓷砖而做的测试。测试时，先把水倒到瓷砖的正反两面(图9-34)，细心观察水的渗透情况，如果是抛光砖，水立刻被吸进去，则认定此产品为劣质的抛光砖。

(2)注意表面平整度

瓷砖表面铺起来后可能会出现不平整的状况，有两个方面原因：一是装修师傅手艺不精；另外是瓷砖本身的质量问题。在瓷砖还没有铺的时候，要先检查瓷砖表面的平整度，确认无误后，再叫装修师傅动工，这样既可避免因瓷砖的问题而引起的美观问题，又可避免师傅把自己手艺问题推卸到瓷砖问题上去(图9-35)。

图 9-34　吸水率测试

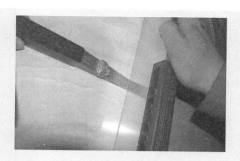

图 9-35　表面平整度测试

（3）边角直度测试

瓷砖边角的直度测试目的是要测试瓷砖整体铺贴是否整齐，缝隙大小是否一致。测试时，拿起几块瓷砖一同铺放到平整的地面上，留心观察瓷砖与瓷砖的缝隙是否一致，瓷砖的边角是否可以拼凑而没有太大排斥。如果边角直度不正规的话，铺起来的瓷砖一定是不整齐的，会影响整体的瓷砖铺贴效果（图 9-36）。

（4）弄上污迹

这一步主要考察的是瓷砖的耐污性，防污测试非常简单，只需要在瓷砖表面写上几个大字，等一会墨水干了，看看是否容易清洗掉，如果留有墨迹的话，则认定此产品耐污性差（图 9-37）。

图 9-36　边角直度测试

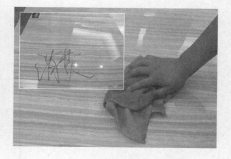

图 9-37　耐污性测试

（5）刮

现在的瓷砖在耐磨性上进行了一系列的革新，无论是抛光砖、微晶石、全抛釉、仿古砖之类的，都有一个质的飞跃，那么初步判断表面是否耐磨，我们只需拿起手中的利刃或钥匙，尽情地往瓷砖表面刮，看看是否会把瓷砖表面的釉层刮掉（图 9-38）。

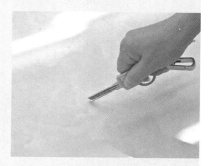

图 9-38　耐磨性测试

四、考核评估

书写实验报告，要求实验数据完整；掌握瓷砖鉴别选购方法。

单元 10　玻璃

学习目标
  1. 掌握玻璃的分类、组成和特性。
  2. 掌握平板玻璃、节能玻璃和玻璃装饰品的特点、应用。
  3. 了解玻璃幕墙工程的构造和施工工艺。
  4. 掌握玻璃马赛克的应用。

10.1　玻璃概述

10.1.1　玻璃基本性质

玻璃坚硬、透明，具有优良的气密性、不透性、装饰性、化学耐蚀性、耐热性及电学、光学等性能，而且能采用吹、拉、压、铸、槽沉等多种成型和加工方法制成各种形状和大小的制品。

玻璃是由石英砂、纯碱、长石及石灰石等在 1 550 ~ 1 600 ℃高温下熔融后经拉制或压制成。如在玻璃中加人某些金属氧化物、化合物或经过特殊工艺处理时，又可制得具有各种特殊性能的特种玻璃。

玻璃是一种重要的装饰材料。其制品由过去单纯具有采光和装饰功能，逐渐向控制光线，调节热量、节约能源、控制噪音、降低建筑物自重、改善建筑环境、提高建筑艺术等功能发展。

图 10-1 和图 10-2 所示为玻璃在建筑装饰中的应用。

图 10-1　玻璃装饰　　　　　　　　　　图 10-2　玻璃屋

玻璃是一种各向同性的非结晶体材料，是无机氧化物的熔融混合物，没有特定的固定组成。主要的化学成分有氧化硅、氧化铝、氧化钙和氧化钠等。

玻璃态物质，没有固定的熔点，在一定温度范围内逐渐软化，化学性质稳定，但易被氢氟酸腐蚀。

10.1.2　玻璃加工

1）玻璃成型

玻璃的成型是将熔融的玻璃液加工成具有一定形状和尺寸的玻璃制品的工艺过程。

（1）压制成型

压制成型是在模具中加入玻璃熔料加压成形，多用于玻璃盘碟、玻璃砖（图 10-3）。

（2）吹制成型

吹制成型是先将玻璃黏料压制成雏形型块，再将压缩气体吹入处于热熔态的玻璃型块

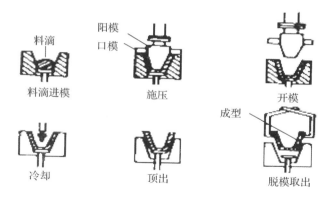

料滴　阳模　口模　施压　开模　成型

料滴进模　冷却　顶出　脱模取出

图 10-3　压制成型

中，使之吹胀成为中空制品。吹制成型可分为机械吹制成型和人工吹制成型，用采制造瓶、罐、器皿、灯泡等（图 10-4、图 10-5）。

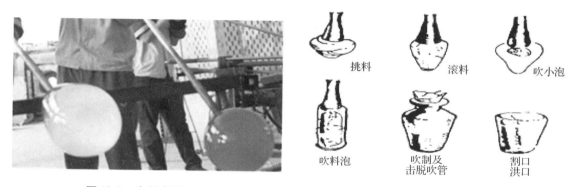

图 10-4　吹制成型（一）

挑料　滚料　吹小泡

吹料泡　吹制及击脱吹管　割口洪口

图 10-5　吹制成型（二）

（3）拉制成型

拉制成型是利用机械拉引力将玻璃熔体制成制品，分为垂直拉制和水平拉制，主要用来生产平板玻璃、玻璃管、玻璃纤维等。

（4）压延成型

压延成型是用金属辊将玻璃熔体压成板状制品，主要用来生产压花玻璃、夹丝玻璃等，该成型分为平面压延与辊间压延成型。

2）玻璃加工

生产工艺：垂直引上法（图 10-6）、平拉法（图 10-7）和浮法（图 10-8）。

3）玻璃的二次加工

成型后的玻璃制品，除极少数能直扭符合要求外（如瓶罐等），大多数还需作进一步加工，以得到符合要求的制品。经过二次加工可以改善玻璃制品的表面性质、外观质量和外观效果。玻璃制品的二次加工可分为冷加工、热加工和表面处理 3 大类。

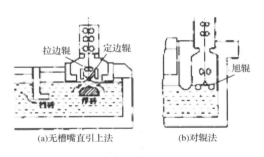

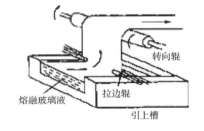

(a)无槽嘴直引上法 (b)对辊法

图 10-6 引上法工艺生产示意图   图 10-7 平拉法生产工艺示意图

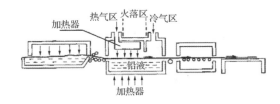

图 10-8 浮法玻璃的生产工艺示意图

（1）玻璃制品的冷加工

冷加工是指在常温下通过机械方法来改变玻璃制品印外形和表面状态所进行的工艺过程。冷加工的基本方法包括研磨、抛光、切割、喷砂、钻孔和车刻等。

① 研磨：目的是为了去除玻璃制品的表面缺陷或成形后残存的凸出部分，使制品获得所要求的形状、尺寸和平整度。

② 抛光：用抛光材料消除玻璃表面在研磨后仍残存的凹凸层和裂纹，以获得光滑平整的表面。

③ 切割：用金刚石或硬质合金刀具划割玻璃表面并使之在划割处断开的加工过程，如图 10-9 所示。

④ 导边：磨除玻璃边缘棱角和粗糙截面的方法。

⑤ 喷砂：通过喷枪用压缩空气将硬料喷射到玻璃表面以形成花纹图案或文字的加工方法。如图 10-10 所示。

⑥ 钻孔：是利用硬质合金钻头、钻石钻头或超声波等方法对玻璃制品进行打孔。

⑦ 车刻：又称刻花，是用砂轮在玻璃制品表面刻磨图案的加工方法，如图 10-11 所示。

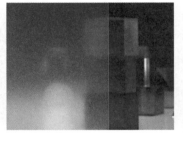

图 10-9 切割   图 10-10 喷砂   图 10-11 车刻

（2）玻璃制品的热加工

有很多形状复杂和要求特殊的玻璃制品，需要通过热加工进行最后成型。此外，热加工还用来改善制品的性质和外观质量。热加工的方法主要有：火焰切割、火抛光、钻孔、锋利边缘的烧口等。

（3）玻璃制品的表面处理

表面处理包括玻璃制品光滑面与敞光面的形成（如器皿玻璃的化学刻蚀。灯泡的毛蚀、玻璃化学抛光等）、表面着色和表面涂层（如镜子镀银、表面导电）等。

① 表面着色：表面着色是在玻璃表面涂敷金属、金属氧化物等，形成透明、半透明或不透明的颜色涂层。在浮法玻璃生产线中可以用电浮法或采用热喷涂法，制成表面着色的颜色玻璃。还可以用印刷或喷涂玻璃色釉等，制成釉面玻璃（图 10-12）。

② 化学蚀刻：利用氢氟酸的腐蚀作用，使玻璃获得不透明毛面的方法。先在玻璃表面涂石蜡、松节油等作为保护层在其上刻绘图案，再用氢氟酸溶液腐蚀刻绘所露出的部分。蚀刻程度可通过调节酸液浓度和腐蚀时间控制，蚀刻完毕除去保护层。多用于玻璃仪器的刻度和标字，玻璃器皿和平板玻璃的装饰（图 10-13）。

③ 表面镀膜：镀膜玻璃也称反射玻璃。镀膜玻璃是在玻璃表面涂镀一层或多层金属、合金或金属化合物薄膜，以改变玻璃的光学性能，满足某种特定要求（图 10-14）。

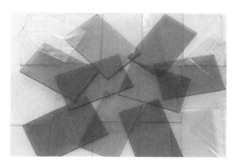

图 10-12　表面着色

图 10-13　化学蚀刻

图 10-14　表面镀膜

10. 1. 3　玻璃的分类

（1）按化学组成分类

可分为钠玻璃、钾玻璃、铝镁玻璃、铅玻璃、硼硅玻璃、石英玻璃。

（2）按功能分类

可分为平板玻璃、热反射玻璃、吸热玻璃、异形玻璃、钢化玻璃、夹层玻璃太阳能玻璃、光致变色玻璃、泡沫玻璃、中空玻璃、特厚玻璃、印刷玻璃、装饰玻璃镜、异型玻璃、玻璃砖、玻璃马赛克等。

10.2　普通玻璃和装饰玻璃

10.2.1　普通平板玻璃

平板玻璃是指未经其他加工的平板状玻璃制品，也称为白片玻璃或净片玻璃，如图 10-15 所示。

1）平板玻璃的生产方法

按生产方法不同，可分为普通平板玻璃和浮法玻璃。

2）平板玻璃的应用

平板玻璃的用途有两个方面：3～5 mm 的平板玻璃一般直接用于门窗的采光，8～12 mm 的平板玻璃可用于隔断、玻璃构件。

图 10-15　普通平板玻璃

另外一个重要用途是作为钢化、夹层、镀膜、中空等深加工玻璃的原片。

平板玻璃主要用于门窗，起采光（可见光透射比 85%～90%）、围护、保温、隔声等作用，也是进一步加工成其他技术玻璃的原片。平板玻璃常用厚度为 3 mm、5 mm、6 mm。平板玻璃有透光、隔声、透视性好的特点，并有一定隔热性、隔寒性。平板玻璃硬度高，抗压强度好，耐风压，耐雨淋，耐擦洗，耐酸碱腐蚀；但质脆，怕强震、怕敲击。平板玻璃主要用于木质门窗、铝合金门窗、室内各种隔断、橱窗、橱柜、柜台、展台、展架、玻璃隔架、家具玻璃门等。

3）平板玻璃的分类

按厚度，分为薄玻璃、厚玻璃、特厚玻璃。

按表面状态，可分为普通平板玻璃、压花玻璃、磨光玻璃、浮法玻璃等。

按生产方法不同，分为普通平板玻璃和浮法玻璃。

4）平板玻璃的品种

按照国家标准，平板玻璃根据其外观质量进行分等定级，普通平板玻璃分为优等品、一等品、二等品三个等级。浮法玻璃分为优等品、一级品和合格品三个等级。同时规定，玻璃的弯曲度不得超过 0.3%。

5）平板玻璃的规格

平板玻璃按其用途可分为窗玻璃和装饰玻璃。不同生产工艺制成的玻璃按其厚度可分为以下几种规格：

引拉法生产的普通平板玻璃：2 mm、3 mm、4 mm、5 mm 四类。

浮法玻璃：3 mm、4 mm、5 mm、6 mm、8 mm、10 mm、12 mm 七类。

上法生产的玻璃其长宽比不得大于 2.5。

6）影响平板玻璃外观质量的缺陷

（1）波筋

厚度不均匀、或表面不平整；化学成分及物质密度等存在差异。

（2）气泡

玻璃液体中含有气体，在成型可能的形成气泡。

（3）线道

玻璃上出现的很细很亮连续不断的条纹。

（4）疙瘩与砂粒

平板玻璃中突出的颗粒物，大的称疙瘩或结石，小的称为砂粒。

10.2.2 压花玻璃

压花玻璃又称花纹玻璃或滚花玻璃，有无色、有色、彩色数种。主要用于办公室、会议室、浴室、厕所、卫生间等公共场所分隔室的门窗和隔断处。玻璃表面（一面或两面）压有深浅不同的各种花纹图案。由于表面凹凸不平，所以当光线通过时即产生漫反射，因此从玻璃的一面看另一面的物体时，物像模糊不清，形成玻璃透光不明的特点。另外，压花玻璃表面有各种压花图案，所以具有一定的装饰效果。将熔融的玻璃液在冷却的过程中，用带有花纹图案的辊轴压制而成。常用厚度有 2 mm、4 mm、6 mm 等（图 10-16）。

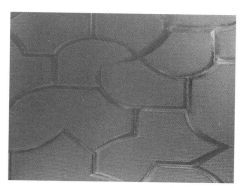

图 10-16 压花玻璃

10.2.3 印刷玻璃

在普通平板玻璃的表面用特殊的材料印制成各种图案的一类玻璃。图案和色彩丰富，图案有线条形、方格形、圆形和菱形等。印刷处不透光，空露的部位透光，有特殊的装饰效果。用于商场、宾馆、酒店、酒吧、眼镜店和美容美发厅等装饰场所的门窗及隔断玻璃。这种印刷玻璃图案有线条形，花纹形多种。玻璃印刷图案处不透光，空格处透光，因而形成了特有的装饰效果，非常好看（图 10-17）。

图 10-17 印刷玻璃

10.2.4 刻花玻璃

刻花玻璃指用机械加工或化学腐蚀的工艺，在普通平板玻璃的表面加工出各种花形图案的一类玻璃。

此类玻璃表面图案丰富、立体感较强、装饰效果好。常用厚度有 5 mm、6 mm、8

mm、10 mm。主要用于商场、宾馆、酒店、歌舞厅等商业娱乐场所的隔断及吊顶等部位的装饰(图10-18)。

10.2.5　装饰玻璃镜

特别适合各种商业性场所和娱乐性的墙面、柱面、天花面、造型面的装饰,以及洗手间、美发厅、家具上用于整衣装的穿戴镜。装饰玻璃镜是采用高质量平板玻璃、茶色平板玻璃为基材,在其表面经镀银工艺,再覆盖一层镀银,加之一层涂底漆,最后涂上灰色面漆而制成。装饰玻璃镜与手工镀银镜、真空镀铝镜相比,具有镜面尺

图 10-18　刻花玻璃

寸大,成像清晰逼真,抗盐雾、抗温热性能好,使用寿命长的特点(图10-19)。

图 10-19　玻璃镜

图 10-20　压花玻璃

10.2.6　冰花玻璃

冰花玻璃可用于宾馆、酒楼、饭店、酒吧厅、娱乐场等场所的门窗、隔屏、隔断、家庭等场所,还可以用于灯具上当作柔光玻璃。它是一种用平板玻璃经特殊处理形成自然的冰花纹理。具有立体感强,花纹自然,质感柔和,透光不透明,视感舒适的特点。给人以典雅清新之感,是一种新型的室内装饰玻璃。有无色、茶色、绿色、蓝色之分,装饰效果优于压花玻璃(图10-20)。

10.2.7　彩色玻璃(有色玻璃)

彩色玻璃按透明程度可分为:透明、半透明和不透明3种。是在普通平板玻璃的制作原料中加入一定量的金属氧化物(如氧化铜、氧化铬、氧化铁和氧化锰等)而使玻璃具有各种色彩。彩色玻璃的颜色丰富,有蓝色、绿色、黄色、棕色和红色等。彩色玻璃的装饰性好,具有耐腐蚀、易清洁的特点。

10.2.8　艺术镶嵌玻璃

起源于中世纪的欧洲，最初用于教堂装饰，广泛用于门窗、隔断、屏风、采光顶棚等处。用铜条或铜线与玻璃经镶嵌加工，组合成具有强烈装饰效果的艺术镶嵌玻璃，在欧洲及北美非常流行（图 10-21）。

图 10-21　艺术镶嵌玻璃　　　　　　　　图 10-22　磨砂玻璃

10.2.9　磨砂玻璃

磨砂玻璃主要用于室内门窗、各种隔断、各式屏风等处。长度规格与普通透明玻璃相同，也可定做。是采用普通平板玻璃，以硅砂、金刚砂、石棉石粉为研磨材料，加水研磨而成，透光而不透明（图 10-22）。

10.3　安全玻璃

10.3.1　钢化玻璃

将玻璃加热到接近玻璃软化点的温度（600~650℃）以迅速冷却或用化学方法钢化处理所得的玻璃深加工制品。

钢化玻璃常常用于高层建筑门窗，以及商场、影剧院、候车厅、医院等人流量较大的公共场所的门窗、橱窗、展台、展柜等处。因为这种玻璃是利用加热到一定温度后迅速冷却并用化学方法特殊处理的玻璃，具有普通平板透明玻璃同样的透明度外，还具有很高的温度急变抵抗性，耐冲击性和机械强度高等特点。钢化玻璃破碎后，碎片小而无锐角，在使用中较其他玻璃安全，也称安全玻璃。

（1）钢化玻璃的特性

① 强度高。

② 弹性好。

③ 热稳定性能好。

④ 安全性好。

⑤ 形体的完整性好。

（2）种类

根据处理程度的不同，可分为全钢化玻璃和半钢化玻璃。

（3）生产工艺

图 10-23 为钢化玻璃应力图。

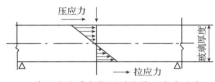
(a)普通琅琅受弯作用时的截面应力分布

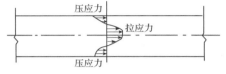
(b)钢化琅琅截面上的内应力层分布

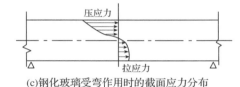
(c)钢化玻璃受弯作用时的截面应力分布

图 10-23　钢化玻璃应力图

（4）规格尺寸

受生产设备的影响。钢化玻璃最大宽度在 2～2.5 m，最大长度在 4～6 m，厚度从 2～19 mm。

（5）使用要点

钢化玻璃会产生自爆现象，主要的原因为：

① 钢化玻璃的表面压应力过大。

② 玻璃钢化后使得玻璃内存在的结石或杂质部位上形成较大的集中应力。

③ 玻璃表面的划伤或缺陷使得表面的压应力层分布不均，玻璃内部的应力平衡遭到破坏。

④ 玻璃边部在加工时出现的质量问题。

图 10-24 所示为钢化玻璃应用。图 10-25、图 10-26 所示为普通玻璃与钢化玻璃碎片对比。

图 10-24　钢化玻璃的应用

图 10-25　普通玻璃

图 10-26　钢化玻璃

10.3.2　夹丝玻璃(防碎玻璃或钢丝玻璃)

夹丝玻璃是制造玻璃时，在玻璃中设置连续的金属网。可以用在仓库、高层建筑、宾馆等的通道门窗、防火门，或者公共建筑室外采光顶棚、天窗等。玻璃具有破而不缺、裂而不散的性能，能经受一定的震动和外加冲击，即便破损，飞散脱落也很少，碎片伤害较小，具有很高的安全性和防震作用。在发生火灾时，玻璃不会炸裂，能防止火焰和火星的溅出，具有防火性。夹丝玻璃的用途：夹丝玻璃主要用于天窗、天棚、阳台、楼梯、电梯井、易受振动的门窗以及防水门窗等处。以彩色玻璃原片制成的彩色夹丝玻璃，其色彩与内部隐隐出现的金属丝网相配，具有较好的装饰效果。

根据玻璃基板不同分为：普通夹丝玻璃、彩色夹丝玻璃、压花夹丝玻璃等。常用厚度有 6 mm、7 mm、10 mm

长度和宽度的尺寸有：

1 000 mm×800 mm、1 200 mm×900 mm、2 000 mm×900 mm、1 200 mm×1 000 mm、2 000 mm×1 000 mm 等。

夹丝玻璃的特点是安全性和防火性好。夹丝玻璃由于钢丝网的骨架作用，不仅提高了玻璃的强度，而且在受到冲击或温度骤变而破坏时，碎片也不会飞散，避免了碎片对人的伤害。在出现火情时，夹丝玻璃受热炸裂，由于金属丝网的作用，玻璃仍能保持固定，隔绝火焰，故又称为防火玻璃(图 10-27、图 10-28)。

图 10-27　夹丝玻璃

图 10-28　夹丝玻璃的应用

10.3.3 夹层玻璃

两片或多片玻璃之间嵌夹透明塑料薄片，经加热、加压黏合而成的玻璃制品。

常见规格有 2 mm + 3 mm、3 mm + 3 mm、5 mm + 5 mm 等，层数有 2、3、5、7 等，最大可达 9 层(图 10-29)。

物理性能应满足以下要求：

夹层玻璃应用范围：

① 防爆、防盗、防弹。如汽车、飞机的挡风玻璃，有特殊要求的建筑门窗玻璃，屋顶采光天窗等(图 10-30)。

② 陈列柜、展览厅、水族馆、动物园、观赏性玻璃隔断。

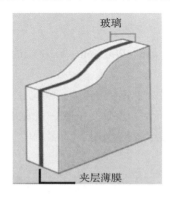

图 10-29　夹层玻璃结构示意

图 10-30　夹层玻璃的防弹效果

10.4　特种玻璃

10.4.1 中空玻璃

中空玻璃是由两片或多片平板玻璃用边框隔开，中间充以干燥的空气或惰性气体，四周边缘部分用胶结或焊接方法密封而成的，其中以胶结方法应用最为普遍。

中空玻璃按玻璃层数，有双层和多层之分，一般是双层结构(图 10-31、图 10-32)。

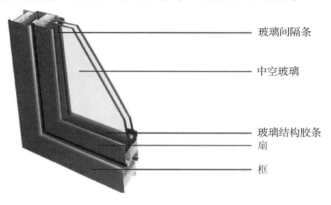

图 10-31　中空玻璃

图 10-32　中空玻璃

　　制作中空玻璃的原片可以是普通玻璃、浮法玻璃、钢化玻璃、夹丝玻璃、着色玻璃和热反射玻璃、低辐射膜玻璃等，厚度通常是 3 mm、4 mm、5 mm 和 6 mm。

　　中空玻璃具有以下特点：

　　（1）隔热性能

　　由双层热反射玻璃或低辐射玻璃制成的高性能中空玻璃，隔热保温性能更好。高性能中空玻璃的外侧玻璃原片应为低辐射玻璃。中空玻璃的中间空气层厚度为 6 ~ 12 mm。颜色有无色、绿色、茶色、蓝色、灰色、金色、棕色等。中空玻璃比单层玻璃具有更好的隔热性能。

　　（2）隔声性能

　　中空玻璃具有较好的隔声性能，一般可使噪声下降 30 ~ 40 dB，能将街道汽车噪声降低到学校教室的安静程度。

　　（3）装饰性能

　　中空玻璃的装饰性主要取决于所采用的原片，不同的原片玻璃使制得的中空玻璃具有不同的装饰效果。中空玻璃主要用于需要采暖、空调、防噪音、控制结露、调节光照等建筑物上，或要求较高的建筑场所，也可用于需要空调的车、船的门窗等处。

　　中空玻璃是在工厂按尺寸生产的，现场不能切割加工，所以使用前必须先选好尺寸。

　　中空玻璃失效的直接原因主要有两种：一是间隔层内露点上升；二是中空玻璃的炸裂。

10.4.2　吸热玻璃

　　一种能吸收阳光中大量辐射热，同时又能保持良好透视性的玻璃。吸热性能的着色剂（氧化亚铁等），表面喷涂有吸热性能的物质（氧化锡等），6 mm 透明浮法玻璃与 6 mm 吸热玻璃对阳光透过性能的比较。如图 10-33 和图 10-34 所示。

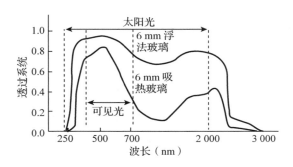

图 10-33　吸热玻璃与浮法玻璃的透射光波长比较

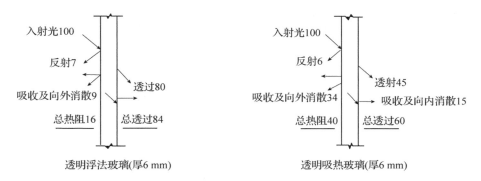

图 10-34　吸热玻璃浮法玻璃与吸热玻璃阳光透过性能比较

10.4.3　热反射玻璃

在平板玻璃表面涂覆金属或金属氧化物薄膜制成的。薄膜包括金、银、铜、铝、铬、镍、铁等金属及其氧化物。

热反射玻璃具有特性：

(1)较强的热反射性能

辐射反射率为 7% ~ 8%，热反射玻璃则可高达 30%。

(2)良好的隔热性能

(3)单向透视性

品种较多，颜色有灰色、青铜色、茶色、金色和浅蓝色等。规格尺寸有：1 600 mm × 2 100 mm、1 800 mm × 2 000 mm、2 100 mm × 3 600 mm。

常用的厚度规格有：3 mm、6 mm 等。热反射玻璃由于具有良好的隔热性能，在建筑工程中获得广泛应用，常用来制作中空玻璃或夹层玻璃窗，以提高其隔热性能。

这种玻璃主要用于宾馆、饭店、商场、影剧院等建筑的外立面、门面、门窗等处。也可用于室内隔断墙、造型面、屏风等处。因为这种玻璃表面经特殊工艺，形成金属氧化膜，像镜面一样反光，即在强光处看不见位于玻璃背面弱光处的物体(图 10-35)。

10.4.4 特厚玻璃

特厚玻璃主要用在高级宾馆、影剧院、展览馆、酒楼、商场、银行的门面、大门、玻璃墙、隔断墙的，也可用于橱窗、柜台、展台大型玻璃展架，是一种高级装饰玻璃。具有无色、透明度高，内部质量好，加工精细、耐冲击，机械强度高等特点。常用厚度有 12 mm、15 mm、18 mm，最大可达 160 mm。

10.4.5 弧形玻璃

将平板玻璃加热软化后用于专用模具中，然后经退火加工成型的一种曲面玻璃。如图 10-36 所示。

图 10-35 热反射玻璃

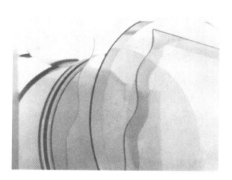

图 10-36 弧形玻璃

10.4.6 变色玻璃

能随外部条件的变化而改变自身颜色的玻璃。根据变色条件和机理：光致变色玻璃、电致变色玻璃，能够自动控制进入室内的太阳、辐射能、降低能耗，改善室内的自然采光条件，具有防窥视、防眩光的作用。用于高档写字楼、别墅、宾馆等建筑物的门窗和隔断（图 10-37）。

10.4.7 防火玻璃

防火玻璃在防火时的作用主要是控制火势

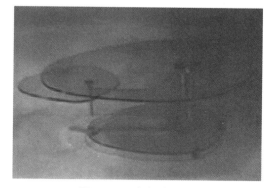

图 10-37 变色玻璃

的蔓延或隔烟，是一种措施型的防火材料，由两层或多层玻璃原片附之一层或多层水溶性无机防火胶夹层复合而成。防火玻璃的原片玻璃可选用浮法平面玻璃、钢化玻璃、复合防火玻璃，还可选用单片防火玻璃制造。

10.4.8 吸音玻璃

表面凹凸不平，具有较大的粗糙度能够衰减声波的声能。

10.4.9　泡沫玻璃

泡沫玻璃是以玻璃碎屑为原料，加少量发气剂，发泡后脱模退火而成的一种多孔轻质玻璃。

10.5　其他玻璃装饰材料

10.5.1　玻璃空心砖

带有干燥空气层的、周边密封的玻璃制品。表面花纹图案十分丰富有橘皮纹、平行纹、斜条纹、花格纹、水波纹、流星纹、菱形纹和钻石纹等。

用于商场、宾馆、舞厅、住宅、展览厅和办公楼等场所的外墙、内墙、隔断采光天棚、地面和门面的装饰用材。

具有抗压强度高、保温隔热性能好、不结霜、隔音、防水、耐磨、不燃烧和透光不透视的特点。玻璃砖常用砌筑透光的墙壁、建筑物的非承重内外隔墙、淋浴隔断、门厅、通道等。特别适用于高级建筑、体育馆用作控制透光、眩光和太阳光等场所。玻璃砖被誉为"透光墙挂"它具有强度高、绝热、隔音、透明度高、耐水、防火等特性。

图 10-38　玻璃空心砖

一般规格为 220 mm × 220 mm × 90 mm、200 mm × 200 mm × 90 mm、150 mm × 150 mm × 40 mm，一般结缝为 10 mm（图 10-38）。

10.5.2　玻璃马赛克（玻璃锦砖）

作为一种小规格的方形彩色饰面玻璃块。质地坚硬、性能稳定、表面不易受污染、耐久性好。有透明和半透明的，颜色丰富多彩。

单粒的规格为：20 mm × 20 mm × 4 mm、20 mm × 20 mm × 4.2 mm

单联尺寸有：305 mm × 305 mm、325 mm × 325 mm

与陶瓷马赛克不同之处在于：陶瓷马赛克是由瓷土制成的不透明陶瓷材料，而玻璃马赛克则是半透明玻璃质材料（图 10-39）。

10.5.3　槽型玻璃（U 形玻璃）

此类玻璃纵向呈条形，横截面为槽型。规格：3 000 mm × 260 mm × 6 mm，槽高 40 mm。如图 10-40 所示。

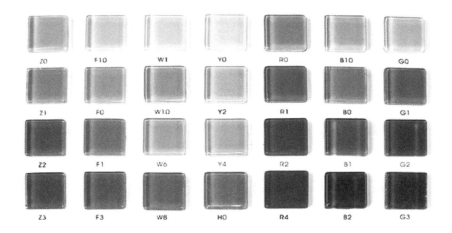

图 10-39　玻璃马赛克

图 10-40　槽形玻璃

图 10-41　微晶玻璃

10.5.4　微晶玻璃

　　微晶玻璃又称玻璃陶瓷、玻璃石材。微晶玻璃是指在玻璃中加入某些成核物质，通过热处理、光照或化学处理等手段，在玻璃内均匀地析出大量的微小晶体，形成致密的微晶相和玻璃相的多相复合体，使微晶玻璃和我们常见的玻璃看起来大不相同。它具有玻璃和陶瓷的双重特性，普通玻璃内部的原子排列是没有规则的，这也是玻璃易碎的原因之一。而微晶玻璃跟陶瓷类似，是由晶体组成，也就是说，它的原子排列是有规律的。所以，微晶玻璃比陶瓷的亮度高，比玻璃韧性强。如图 10-41 所示。

10.6　玻璃装饰材料施工工艺

10.6.1　玻璃屏风施工

　　玻璃屏风一般以单层玻璃板，安装在框架上。常用的框架为木制架和不锈钢柱架。玻璃板与基架相配有两种方式：一种是挡位法；另一种是黏结法。

（1）木基架与玻璃板的安装

① 玻璃与基架木框的结合不能太紧密，玻璃放入木板后，在木框的上部和侧边应留有3mm左右的缝隙，该缝隙是为玻璃热胀冷缩用的。对大面积玻璃板来说，留缝尤为重要，否则在受热变化时将会开裂。

② 安装玻璃前，要检查玻璃的角是否方正，检查木框的尺寸是否正确，有否走形现象。在校正好的木框内侧，定出玻璃安装的位置线，并固定好玻璃板靠位线条。

③ 把玻璃放入木框内，其两侧距木框的缝隙应相等，并在缝隙中注入玻璃胶，然后钉上固定压条，固定压条最好用钉枪钉。

对于面积较大的玻璃板，安装时应用玻璃吸盘器吸住玻璃，再用手握住吸盘器将玻璃提起来安装。

（2）玻璃与金属方框架安装

① 玻璃与金属方框架安装时，先要安装玻璃靠位线条，靠位线条可以是金属角线或是金属槽线。固定靠位线条通常是用自攻螺钉。

② 根据金属框架的尺寸裁割玻璃，玻璃与框架的结合不能太紧密，应该按小于框架3~5 mm的尺寸裁割玻璃。

③ 安装玻璃前，应在框架下部的玻璃放置面上，涂一层厚2 mm的玻璃胶。玻璃安装后，玻璃的底边就压在玻璃胶层上。或者放置一层橡胶垫，玻璃安装后，底边压在橡胶垫上。

④ 把玻璃放入框内，并靠在靠位线条上。如玻璃板面积较大，应用玻璃吸盘器安装。玻璃板距金属框两侧的缝隙相等，并在缝隙中注入玻璃胶，然后安装封边压条。

如果封边压条是金属槽条，而且为了表面美观不得直接用自攻螺钉固定时，可采用先在金属框上固定木条，然后在木条上涂万能胶，把不锈钢槽条或铝合金槽条卡在木条上，以达到装饰目的。如果没有特殊要求，可用自攻螺钉直接将压条槽固定在框架上。常用的自攻螺钉为M4或M5。安装时先在槽条上打孔，然后通过此孔在框架上打孔，这样安装就不会走位。打孔的钻头要小于自攻螺钉的直径0.8 mm。在全部槽条的安装孔位都打好后，再进行玻璃的安装。

（3）玻璃板与不锈钢圆柱框的安装

目前玻璃板与不锈钢圆柱框的安装形式主要有：

① 玻璃板四周不锈钢槽，其两边为圆柱。

② 玻璃板两侧是不锈钢槽与柱，上下是不锈钢管，且玻璃底边由不锈钢管托住。

a. 玻璃板四周不锈钢槽固定的操作方法为：先在内径宽度大于玻璃厚度的不锈钢槽上划线，并在角位处开出对角口，对角口用专用剪刀剪出，并用什锦锉修边，使对角口合缝严密。

在对好角位的不锈钢槽框两侧，相隔200~300 mm的间距钻孔。钻头小于所用自攻螺钉0.8 mm。在不锈钢柱上面划出定位线和孔位线，并用同一钻孔头在不锈钢柱上的孔位处钻孔。再用平头自攻螺钉，把不锈钢槽框固定在不锈钢柱上。

将按尺寸裁好的玻璃，从上面插入不锈钢槽框内。玻璃板的长度尺寸应比不锈钢槽框的长度小 4~6 mm，以便让出槽内自攻螺钉头的位置。然后向槽内注入玻璃胶，最后将上封口的不锈钢槽卡在玻璃上边，并用玻璃胶固定。如果玻璃板上边不用不锈钢槽封边，那么玻璃板上边就必须倒角处理或磨出圆边，以防止玻璃板快口伤人。

b. 两侧不锈钢槽固定玻璃板的安装方法为：首先按玻璃的高度锯出二截不锈钢槽，并在每个不锈钢槽内打两个孔，并按此洞孔的位置在不锈钢柱上打孔。上端孔的位置可在距端头 30~50 mm 处，而下端孔的位置，就要以玻璃板向上抬起后，可拧入自攻螺钉为准。也就要看上横不锈钢管与玻璃板上边的距离。这个距离一般要大于 20 mm。否则就要减少玻璃板的高度(上下横不锈钢管一般在制作框架时，就与立柱焊接在一起了)。

安装玻璃前，先将两侧的不锈钢槽分别在上端用自攻螺钉固定于立柱上。再摆动两槽，使其与不锈钢柱错位，并同时将玻璃板斜位插入两槽内。然后转动玻璃板，使之与不锈钢柱同线，再用手向上托起玻璃板，使玻璃板一直顶至上部的不锈钢横管。将不锈钢槽内下部的孔位与不锈钢立柱下部的孔对准后，用自攻螺钉穿入拧紧。最后放下玻璃板，并在不锈钢槽与玻璃之间、玻璃板与下横不锈钢管之间注入玻璃胶，并将流出的胶液擦干净。

10.6.2　厚玻璃装饰门安装施工

现代室内装饰工程中，经常用厚玻璃组成全玻璃装饰门。厚玻璃门是指用 12 mm 以上厚度的玻璃板，直接作门扇的无门扇框玻璃门。常见的厚玻璃装饰门由活动扇和固定玻璃的部分所组合而成，其门框部分通常用不锈钢，铜和铝合金饰面。

1)厚玻璃门固定部分的安装

(1)安装前的准备

安装厚玻璃前，地面饰面施工应完毕，门框的不锈钢或其他饰面应完成。门框顶部的厚玻璃限位槽已留出。其限位槽的宽度应大于玻璃厚度 2~4 mm，槽深 10~20 mm。

不锈钢饰面的木底托，可用木楔钉的方法固定在地面上。然后再用万能胶将不锈钢饰面板黏卡在木方上。铝合金方管可用铝角固定在框柱上，或用木螺钉固定于地面埋入的木楔上。

厚玻璃的安装尺寸，应从安装位置的底部、中部和顶部测量，选择最小尺寸为玻璃板宽度的切裁尺寸。如在上中下测得的尺寸一致，则裁玻璃时，其宽度要小于实测 2~3 mm，高度要小于 3~5 mm。裁好厚玻璃后，要在四周边进行倒角处理，倒角宽 2 mm，四个角位的倒角要特别小心，一般应用手握细砂轮块，慢慢磨角，防止崩边崩角。

(2)安装施工

用玻璃吸盘器把厚玻璃吸紧，然后手握吸盘器把厚玻璃板抬起。抬起时应有 2~3 人同时进行。抬起后的厚玻璃板，应先插入门框顶部的限位槽内，然后放到底托上，并对好安装位置，使厚玻璃板的边部，正好封住侧框柱的不锈钢饰面对缝口。

底托上固定厚玻璃的方法为：在底托木方上钉木板条，其距厚玻璃板 4 mm 左右。然后在木板条上涂刷万能胶，将饰面不锈钢板片黏卡在木方上。在顶部限位槽处和底托固定处，以及厚玻璃与框柱的对缝处注入玻璃胶。

(3)注玻璃胶封口的操作方法

首先将一支玻璃胶开封后装入玻璃胶注射枪内，用玻璃胶枪的后压杆端头板，顶住玻璃胶罐的底部。然后一只手托住玻璃胶注射枪身一只手握着注胶压柄，并不断松、压循环地操作压柄，使玻璃胶从注口处少量挤出。然后把玻璃胶的注口对准需封口的缝隙端。

注玻璃胶的封口操作，应从缝隙的端头开始。操作的要领就是握紧压柄用力要均匀，同时顺着缝隙移动的速度也要均匀，同时顺养缝隙移动的速度也要均匀，即随着玻璃胶的挤出，匀速移动注口，使玻璃胶在缝隙处，形成一条表面均匀的直线。最后用塑料片刮去多余的玻璃胶，并用干净布擦去胶迹。

(4)厚玻璃板之间的对接

门上固定部分的厚玻璃板，往往不能用一块来完成。在厚玻璃对接时，对接缝应留2~3 mm的距离，厚玻璃边需倒角。两块相接的厚玻璃定位并固定后，用玻璃胶注入缝隙中，注满之后用塑料片在厚玻璃的两面刮平玻璃胶，用净布擦去胶迹。

2)厚玻璃活动门扇安装

厚玻璃活动门扇的结构没有门扇框。活动门扇的开闭是用地弹簧来实现地弹簧装方法与铝合金门相同。厚玻璃门的安装步骤与方法如下：

① 门扇安装前，地面地弹簧与门框顶面的定位销应定位安装固定完毕，两者必须同轴线，即地弹簧转轴与定位销的中心线，必须在一条垂直线上。测量是否同轴线的方法可用锤线方法。

② 在门扇的上下横档内划线，并按线固定转动销的销孔板和地弹簧的转动轴连接板。安装时可参考地弹簧所附的安装说明。

③ 厚玻璃应倒角处理，并打好安装门把手的孔洞（通常在购买厚玻璃时，就要求加工好）。注意厚玻璃的高度尺寸，应包括插入上下横档的安装部分。通常厚玻璃裁切尺寸，应小于测量尺寸5 mm左右，以便进行调节。

④ 把上下横档分别装在厚玻璃门扇上下边，并进行门扇高度的测量。如果门扇高度不够，也就是上下边距门框和地面的缝隙超过规定值。可向上下横档内的玻璃底下垫木夹板条。如果门扇高度超过安装尺寸，则需请专业玻璃工，裁去厚玻璃门扇的多余部分。

⑤ 在定位好高度之后，进行固定上下横档操作。其方法为：在厚玻璃与金属上下横档内的两侧空隙处，两边同时插入小木条，并轻轻敲入其中，然后在小木条、厚玻璃、横档之间的缝隙中注入玻璃胶。

⑥ 门扇定位安装方法为先将门框横梁上的定位销，用本身的调节螺钉调出横梁平面1~2 mm。再将玻璃门扇竖起来，把门扇下横档内的转动销连接件的孔位，对准地弹簧的转动销轴，并转动门扇将孔位套入销轴上。然后以销轴为中心，将门扇转动90°（注意转动时要扶正门扇），使门扇与门框横梁成直角。这时就可把门扇上横档中的转动连接件的孔，对正门框横梁上定位销，并把定位销调出，插入门扇上横档转动销连接件的孔内15 mm左右。

⑦ 安装玻璃门拉手应注意拉手的连接部位，插入玻璃门拉手孔时不能很紧，应略有松动。如果过松，可以在插入部分裹上软质胶带。安装前在拉手插入玻璃的部分涂少许玻璃胶。拉手组装时，其根部与玻璃贴靠紧密后，再上紧固定螺钉，以保证拉手没有丝毫松动现象。

10.6.3　玻璃镜安装施工

室内装饰中玻璃镜的使用较为广泛，玻璃镜的安装部位主要是有顶面、墙面和柱面。安装固定通常用玻璃钉、黏结和压线条的方式。

1）顶面玻璃镜安装

① 基面应为板面结构，通常是木夹板基面，如果采用嵌压式安装基面可以是纸面石膏板基板面。基面要求平整、无鼓肚现象。

② 嵌压式安装通常用压条为木压条、铝合金压条、不锈钢压条。顶面嵌压式固定前，需要根据吊顶骨架的布置进行弹线，因为压条应固定在吊顶骨架上。并根据骨架来安排压条的位置和数量。木压条在固定时，最好用 20～25 mm 的钉枪来固定，避免用普通圆钉，以防止在钉压条时震破玻璃镜。铝压条和不锈钢压条可用木螺钉固定在其凹部。如采用无钉工艺，可先用木衬条卡住玻璃镜，再用万能胶将不锈钢压条黏卡在木衬条上，然后在不锈钢压条与玻璃镜之间的角位处封玻璃胶。

2）玻璃钉固定安装

① 玻璃钉需要固定在木骨架上，安装前应按木骨架的间隔尺寸在玻璃上打孔，孔径小于玻璃钉端头直径 3 mm。每块玻璃板上需钻出四个孔，孔位均匀布置，并不能太靠镜面的边缘，以防开裂。

② 根据玻璃镜面的尺寸和木骨架的尺寸，在顶面基面板上弹线，确定镜面的排列方式。玻璃镜应尽量按每块尺寸相同来排列。

③ 玻璃镜安装应逐块进行。镜面就位后，先用直径 2 mm 的钻头，通过玻璃镜上的孔位，在吊顶骨架上钻孔，然后再拧入玻璃钉。拧入玻璃钉后应对角拧紧，以玻璃不晃动为准，最后在玻璃钉上拧入装饰帽。

④ 玻璃镜在垂直面的衔接安装。

玻璃镜在两个面垂直相交时的安装方法有：角线托边和线条收边等几种。

3）黏结加玻璃钉双重固定安装

在一些重要场所，或玻璃镜面积大于 1 m^2 的顶面、墙面安装，经常用黏结后加玻璃钉的固定方法，以保证玻璃镜在开裂时也不致下落伤人。玻璃镜黏结的方法为：

① 将镜的背面清扫干净，除去尘土和沙粒。

② 在镜的背面涂刷一层白乳胶，用一张薄的牛皮纸粘贴在镜背面，并用塑料片刮平整。

③ 分别在镜背面的牛皮纸上和顶面木夹板面涂刷万能胶，当胶面不黏手时，把玻璃镜按弹线位置粘贴到顶面木夹板上。

④ 用手抹压玻璃镜，使其与顶面黏合紧密，并注意边角处的粘贴情况。然后用玻璃钉将镜面再固定四个点，固定方法如前述。

注意：粘贴玻璃镜时，不得直接用万能胶涂在镜面背后，以防止对镜面涂层的腐蚀损伤。

4）墙面、柱面安装

墙面柱面上的玻璃镜安装与顶面安装的要求和工艺均相同。

另外墙面组合粘贴小块玻璃镜面时，应从下边开始，按弹线位置向上逐块粘贴。并在块与块的对接缝边上涂少许玻璃胶。

玻璃镜在墙柱面转角处的衔接方法有线条压边、磨边对角和用玻璃胶收边等。用线条压边方法时，应在粘贴玻璃镜的面上，留出一条线条的安装位置，以便固定线条；用玻璃胶收边，可将玻璃胶注在线条的角位，也可注在两块镜面的对角口处。

如果玻璃镜直接与建筑基面安装时，应检查其基面的平整度。如不平整应重新批荡或加木夹板基面。玻璃镜与建筑基面安装时，通常用线条嵌压或用玻璃钉固定，但在安装前，应在玻璃镜背面粘贴一层牛皮纸保护层，线条和玻璃钉都是钉在埋入墙面的木楔上。

10.6.4 玻璃砖隔墙施工

玻璃砖亦称玻璃半透花砖，是目前较新颖的装饰材料。其形状是方扁体空心的玻璃半透明体，其表面或内部有花纹现出。玻璃砖以砌筑局部墙面为主，其特色是可以提供自然采光，且兼能隔热、隔声和装饰作用，其透光与散光现象所造成的视觉效果，非常富于装饰性。

1）施工准备

① 根据需砌筑玻璃砖的面积和形状，来计算玻璃砖的数量和排列次序。玻璃砖本身的尺寸通常有两种：250 mm×50 mm 和 200 mm×80 mm（边长×厚度），为了防止玻璃砖墙的松动，在砌玻璃墙时使用白水泥砌铺，两玻璃砖对砌缝的间距为 5~10 mm。

② 根据玻璃砖的排列做出基础底角。底角通常厚度为 40 mm 或 70 mm，即略小于玻璃砖厚度。

③ 将与玻璃砖隔墙相接的建筑墙面的侧边整修平整垂直。

④ 如玻璃砖是砌筑在木质或金属框架中，则应先将框架做出来。

2）砌筑施工

① 按白水泥：细砂 = 1:1 的比例调水泥浆，或按白水泥：107 胶 = 100:7 的比例调水泥浆（重量比）。白水泥要有一定稠度，以不流淌为好。

② 按上、下层对缝的方式，自下而上砌筑。

③ 为了保证玻璃砖墙的平整性和砌筑的方便，每层玻璃砖在砌筑之前，要在玻璃砖上放置木垫块。方法为：用木夹板制作木垫块，其宽度为 20 mm 左右。而长度有两种，玻璃砖厚 50 mm 时木垫块长 35 mm 左右，玻璃砖厚 80 mm 时木垫块长 60 mm 左右。

然后在木垫块的底面涂少许万能胶，将其粘贴在玻璃砖的凹槽内，每块玻璃砖上放二至三块。

④ 白水泥砂浆加在玻璃砖上进行砌筑，其配比为白水泥：细砂 = 1:1，并控制用水量，使白水泥砂浆有一定的稠度。并将上层玻璃砖下压在下层玻璃砖上，同时使玻璃砖的中间槽卡在木垫块上，两层玻璃砖的间距为 5~8 mm。

⑤ 每砌完一层后，要用湿布将玻璃砖面上蘸着的水泥浆擦去。

⑥玻璃砖墙砌筑完后，即进行表面勾缝，先勾水平缝，再勾竖缝，缝内要平滑，缝深度一致。如果要求砖缝与玻璃砖表面一平，就可采用抹面方法将其面抹平。勾缝或抹缝完成后，用布或棉丝把砖表面擦洗干净。

⑦如果玻璃砖墙没有外框，就需要进行饰边处理。饰边通常有木饰边和不锈钢饰边等。

a. 木饰边：常用的有厚木饰边、阶梯饰边、半圆饰边等。

b. 不锈钢饰边：常用的不锈钢饰边有不锈钢单柱饰边、双柱饰边、不锈钢板槽饰边等。

10.6.5　楼梯扶手厚玻璃的安装

楼梯扶手中安装厚玻璃主要有半玻式和全玻式两类。与厚玻璃相组合的楼梯扶手，通常是不锈钢管和全钢管扶手。

1)半玻式安装

半玻式厚玻璃是用卡槽安装与楼梯扶手立柱之间，或者在立柱上开出槽位，将厚玻璃直接安装在立柱内，并用玻璃胶固定。

采用卡槽安装时，卡槽的下端头必须是封闭形，以便起到托住厚玻璃的作用。

由于厚玻璃要随楼梯的斜角裁切，所以卡槽也应在其端头两种封闭端，一种封闭端上斜，一种封闭端下斜，安装时配对使用。

2)全玻式安装

全玻式楼梯扶手的厚玻璃是在下部与地面安装，上部与不锈钢或全钢管连接。厚玻璃与不锈钢管式全钢管的连接方式有 3 种：第一种是在管子下部开槽，厚玻璃插入槽内；第二种是在管子下部安装卡槽，厚玻璃卡装在槽内；第三种是用玻璃胶直接将厚玻璃黏结于管子下部。

厚玻璃的下部与楼梯的结合方式也有两种，但厚玻璃与楼梯的接触面必须是平面或是斜平面。第一种结合方式是用一截截角钢将厚玻璃先夹住定位，然后再用玻璃胶把厚玻璃固定；另一种结合方式是用花岗岩或大理石饰面板，在安装厚玻璃的位置处留槽，留槽宽度大于玻璃厚度 5~8 mm，将厚玻璃安放在槽后，再加注玻璃胶。

10.6.6　玻璃安装的注意事项

①安装玻璃前应检查玻璃板的周边有否快口边，如有应用磨角机或砂轮打磨，以防锋利的快口边割伤人的皮肤。

② 1 m² 以上的玻璃板安装时，应使用玻璃吸盘器。

③大块玻璃安装时，要与边框留有空隙，该空隙是适应玻璃热胀冷缩的尺寸(为5mm)。

10.6.7　防水施工

1)防水制作

此项工作为关键工作中的关键。待地面完全干后(间隔时间为一周)进行第一遍防水处理，配合比为1:2，1份防水涂料、2份稀料。待12 h后进行第二遍防水，涂料施工配合比为1:1，防水涂料1份、稀料1份。等24 h后进行第三遍防水，配合比根据需要确定。

2）闭水试验

待防水层完全干后（涂刷后12 h）进行48 h闭水试验，确认不漏水后进行下道工序。

【实训10-1】　玻璃幕墙施工实训

一、实训目的

熟悉玻璃幕墙施工工艺

二、材料及用具

设备：实验机房在规定上机时间保证每位同学一台计算机，配备实验要求环境；

教学方法：视频教学

三、方法及步骤

玻璃幕墙的一般作法及要求

1. 基本要求

（1）作业条件

① 应编制幕墙施工组织设计，并严格按施工组织设计的顺序进行施工。

② 幕墙应在主体结构施工完毕后开始施工。对于高层建筑的幕墙，实因工期需要，应在保证质量与安全的前提下，可按施工组织设计沿高分段施工。在与上部主体结构进行立体交叉施工幕墙时，结构施工层下方及幕墙施工的上方，必须采取可靠的防护措施。

③ 幕墙施工时，原主体结构施工搭设的外脚手架宜保留，并根据幕墙施工的要求进行必要的拆改（脚手架内层距主体结构不小于300 mm）。如采用吊篮安装幕墙时，吊篮必须安全可靠。

④ 幕墙施工时，应配备必要的安全可靠的起重吊装工具和设备。

⑤ 当装修分项工程会对幕墙造成污染或损伤时，应将该项工程安排在幕墙施工之前施工，或应对幕墙采取可靠的保护措施。

⑥ 不应在大风大雨气候下进行幕墙的施工。当气温低于−5 ℃时不得进行玻璃安装，不应在雨天进行密封胶施工。

⑦ 应在主体结构施工时控制和检查固定幕墙的各层楼（屋）面的标高、边线尺寸和预埋件位置的偏差，并在幕墙施工前应对其进行检查与测量。当结构边线尺寸偏差过大时，应先对结构进行必要的修正；当预埋件位置偏差过大时，应调整框料的伺距或修改连接件与主体结构的连接方式。

（2）幕墙安装

① 应采用（激光）经纬仪、水平仪、线锤等仪器工具，在主体结构上逐层投测框料与主体结构连接点的中心位置，X、Y和Z轴三个方向位置的允许偏差为±1 mm。

② 对于元件式幕墙，如玻璃为钢化玻璃、中空玻璃等现场无法裁割的玻璃，应事先检查玻璃的实际尺寸，如与设计尺寸不符，应调整框料与主体结构连接点中心位置。或

可按框料的实际安装位置(尺寸)定制玻璃。

③按测定的连接点中心位置固定连接件,确保牢固。

④单元式幕墙安装宜由下往上进行。元件式幕墙框料宜由上往下进行安装。

⑤当元件式幕墙框料或单元式幕墙各单元与连接件连接后,应对整幅幕墙进行检查和纠偏,然后应将连接件与主体结构(包括用膨胀螺栓锚固)的预埋件焊牢。

⑥单元式幕墙的间隙用 V 形和 W 形或其他胶条密封,嵌填密实,不得遗漏。

⑦元件式幕墙应按设计图纸要求进行玻璃安装。玻璃安装就位后,应及时用橡胶条等嵌填材料与边框固定,不得临时固定或明摆浮搁。

⑧玻璃周边各侧的橡胶条应各为单根整料,在玻璃角都断开,橡胶条型号应无误,镶嵌平整。

⑨橡胶条外涂敷的密封胶,品种应无误(镀膜玻璃的镀膜面严禁采用醋酸型有机硅酮胶),应密实均匀,不得遗漏,外表平整。

⑩单元式幕墙各单元的间隙、元件式幕墙的框架料之间的间隙、框架料与玻璃之间的间隙,以及其他所有的间隙,应按设计图纸要求予以留够。

⑪单元式幕墙各单元之间的间隙及隐式幕墙各玻璃之间缝隙,应按设计要求安装,保持均匀一致。

⑫镀锌连接件施焊后应去掉药皮,镀锌面受损处焊缝表面应刷两道防锈漆。所有与铝合金型材接触的材料(包括连结件)及构造措施,应符合设计图纸,不得发生接触腐蚀,且不得直接与水泥砂浆等材料接触。

⑬应按设计图纸规定的节点构造要求,进行幕墙的防雷接地以及所有构造节点(包括防火节点)和收口节点的安装与施工。

⑭清洗幕墙的洗涤剂应经检验,应对铝合金型材镀镁、玻璃及密封胶条无侵蚀作用,并应及时将其冲洗干净。

2)单元式幕墙的安装工艺

单元式幕墙的现场安装工艺流程如下:

测量放线→检查预埋 T 形槽位置→穿入螺钉→固定牛腿→牛腿找正→牛腿精确找正→焊接牛腿→将 V 形和 W 形胶带大致挂好→起吊幕墙并垫减震胶垫→紧固螺丝→调整幕墙平直→塞入热压接防风带→安设室内窗台板、内扣板→填塞与梁、柱间的防火保温材料。

3)元件式幕墙的安装工艺

(1)明框玻璃幕墙安装工艺

检验、分类堆放幕墙部件→测量放线→主次龙骨装配→楼层紧固件安装→安装主龙骨(竖杆)并抄平、调整→安装次龙骨(横杆)→安装保温镀锌钢板→在镀锌钢板上焊铆螺钉→安装层间保护矿棉→安装楼层封闭镀锌板→安装单层玻璃窗密封条、卡→安装单层玻璃→安装双层中空玻璃密封条、卡→安装双层中空玻璃→安装侧压力板→镶嵌密封条→安装玻璃幕墙铝盖条→清扫→验收、交工。

（2）隐框玻璃幕墙安装工艺

测量放线→固定支座的安装→立柱横杆的安装→外围护结构组件的安装→外围护结构组件密封及周边收口处理→防火隔层的处理→清洁及其他。

4）无骨架玻璃安装工艺

由于玻璃长、大、体重，施工时一般采用机械化施工方法，即在叉车上安装电动真空吸盘，将玻璃吸附就位，操作人员站在玻璃上端两侧搭设的脚手架上，用夹紧装置将玻璃上端安装固定。每块玻璃之间用硅胶嵌缝。

5）幕墙安装质量要求及验收

（1）安装质量要求

① 幕墙以及铝合金构件要横平竖直，标高正确，表面不允许有机械损伤（如划伤、擦伤、压痕），也不允许有需处理的缺陷（如斑点、污迹、条纹等）。

② 幕墙全部外露金属件（压板），从任何角度看均应外表平整，不允许有任何小的变形、波纹、紧固件的凹进或突出。

③ 牛腿铁件与T形槽固定后应焊接牢固，与主体结构混凝土接触面的间隙不得大于1 mm，并用镀锌钢板塞实。牛腿铁件与幕墙的连接，必须垫好防震胶垫。施工现场焊接的钢件焊缝，应在现场涂二道防锈漆。

④ 在与砌体、抹面或混凝土表面接触的金属表面，必须涂刷沥青漆，厚度大于100 μm。

⑤ 玻璃安装时，其边缘与尤骨必须保持间隙，使上、下、左、右各边空隙均有保证。同时，要防止污染玻璃，特别是镀膜一侧应尤加注意，以防止镀膜剥落形成花脸。安装好的玻璃表面应平整，不得出现翘曲等现象。

⑥ 橡胶条和胶条的嵌塞应密实、全面，两根橡胶条的接口处必须用密封胶填充严实。使用封缝胶密封时，应挤封饱满、均匀一致，外观应平整光滑。

⑦ 层间防火、保温矿棉材料，要填塞严实，不得遗漏。

（2）成品保护

① 吊篮升降应由专人负责，其里侧要设置弹性软质材料，防止碰坏幕墙和玻璃。收工时，应将吊篮放置在尚未安装幕墙的楼层（或地面上）固定好。

② 已安装好的幕墙，应设专人看管，其上部应架设挡板遮盖，防止上层施工时，料具坠落损坏幕墙。上层进行电气焊作业时，应设置专用的"接火花斗"防止火花飞溅损坏幕墙。靠近幕墙附近施工时，亦应采取遮挡措施，防止污染铝合金材料和破损玻璃。

③竣工前应用擦窗机擦洗幕墙。

（3）工程验收

① 幕墙工程验收应在建筑物完工（不包括二次装修）后进行，验收前应将其表面擦洗干净。

② 幕墙工程验收时应提交下列资料：

a. 设计图纸、文件、设计修改和材料代用文件；

b. 材料、构件出厂质量证书，型材试验报告、结构硅酮密封胶相容性和黏结力试验报告；

   c. 隐蔽工程验收文件；

   d. 施工安装自检记录。

③ 幕墙工程质量应按观感检验和抽样检验进行检验。以一幅幕墙为检验单元，每幅幕墙均应检验。

④ 幕墙工程观感检验，应按下列要求进行：

   a. 明框幕墙框料应竖直横平；单元式幕墙的单元拼缝或隐框幕墙分格玻璃拼缝应竖直横平，缝宽应均匀，并符合设计要求；

   b. 玻璃的品种、规格与色彩应与设计相符，色泽应基本均匀，铝合金料不应有析碱、发霉和镀膜脱落等现象；

   c. 玻璃的安装方向应正确；

   d. 金属材料的色彩应与设计相符，色泽应基本均匀，铝合金料不应有脱膜现象；

   e. 铝合金装饰压板，表面应平整，不应有肉眼可察觉的变形、疲纹或局部压碾等缺陷；

   f. 幕墙的上下边及侧边封口、沉降缝、伸缩缝、防震缝的处理及防雷体系应符合砖门规定；

   g. 幕墙隐蔽节点的遮封装修应整齐美观；

   h. 幕墙不得渗漏。

单元 11　壁纸墙布与建筑装饰织物

学习目标

1. 掌握墙面装饰物和墙纸的分类和功能。
2. 掌握不同种类地毯的特性。
3. 了解窗帘帷幔的品种、选择及功能。

11.1 墙面装饰

11.1.1 壁纸墙布概述

壁纸(wall paper)，即用于装饰墙壁用的一类特种纸。1 m 宽的卷筒纸，定量 150 g/m² 以上。具有一定的强度、美观的外表和良好的抗水性能。表面易于清洗，不含有害物质。壁纸墙布图案丰富，色彩质感多样，吸声、隔热、防菌、防霉耐水、维护保养简单，用久后调换更新容易，且有高、中、低品种供选，是目前使用广泛的内墙面装饰材料。根据产品的质量要求，产品分为很多类，如涂布壁纸、覆膜壁纸、压花壁纸等。通

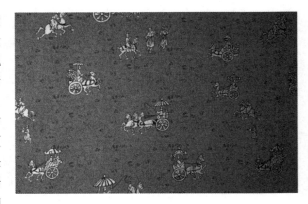

图 11-1　壁纸

常用漂白化学木浆生产原纸，再经不同工序的加工处理，如涂布、印刷、压纹或表面覆塑，最后经裁切、包装后出厂。用于住宅、办公室、宾馆的室内装修等(图 11-1)。

壁纸具有以下特点。

① 图案逼真装饰效果较强。壁纸的花色、图案种类繁多，选择余地大，装饰后效果富丽多彩。现在的壁纸已经解决了褪色问题。

② 维护保养方便，耐擦洗，不易损伤，更换容易。

③ 覆盖力强。

④ 颜色持久。

⑤ 更环保，无异味。

⑥ 防裂。乳胶漆容易出现裂缝，而壁纸能很好地起到规避这一缺陷的作用。乳胶漆墙面要把墙面的乳胶漆表层去掉才能重新做乳胶漆 。而墙纸损坏后可以直接撕去铺贴，方便省事。

⑦ 具有隔音防潮的效果。

⑧ 性价比高。

11.1.2 壁纸的分类

壁纸总的来说分两大类，布基壁纸和纸基墙纸。布基壁纸是在一层基布之上层压或包覆一层装饰层。布基壁纸的基布与其他涂层或层压织物所采用的基布一样，基本都是经编基布。布基壁纸的优势在于基底，由于使用经编基布，其抗拉扯穿刺的强度较高，使用寿命比纸基墙纸要高。而且一些壁纸用户反映布基壁纸黏在墙上更牢固，尤其是在比较潮湿的环境中，如卫生间或厨房等。

1）纯纸壁纸

特点：纯纸、环保

纯纸壁纸主要由草、树皮及新型天然加强木浆（含 10% 的木纤维丝）加工而成，粘贴简易，不宜翘边、气泡、无异味、透气性强，环保性好，是儿童房间的首选壁纸。现代新型壁纸更耐擦洗，防静电，不吸尘等特点。

纯纸壁纸表面涂有薄层蜡质、无其他任何有机成分，是纯天然绿色环保壁纸。

专用纸多为纸基壁纸也成为复合壁纸。是由表纸和底纸经施胶压合而成，合为一体后，在经印制、压花、涂布等工艺生产出来的。它的结构一般为三层，其中最底层是纸基，纸基上是纸、纤维（织纺物）、最后还有一层涂有无机制材料的装饰层，这一装饰层有优良的防火性能，而且易于清洗打理，弄脏时，只需用湿布轻轻擦拭，即可清洁如新，十分容易打理。

图 11-2　纯纸壁纸

纸面墙纸可印图案或压花，基底透气性好，使墙体基层中的水分向外散发，不会引起变色、鼓包等现象。这种墙纸较便宜，但容易磨损及变黄，不耐水，不能清洗（图 11-2）。

2）塑料壁纸

塑料壁纸一般分为两层，表面是塑料层，基材是纸基层。

塑料壁纸图案清晰、色调雅丽、立体感强、无毒、无异味、无污染、施工简便、可以擦洗、品种多、款式新、选择性强，适用于各种建筑的内墙、顶棚、柱面的装饰（图 11-3）。

其表面主要采用聚氯乙烯树脂，主要有以下3 种：

图 11-3　塑料壁纸

（1）普通型

以 80 g/m^2 的纸为纸基，表面涂敷 100 g/m^2 PVC 树脂。其表面装饰方法通常为印花、压花或印花与压花的组合。

（2）发泡型

以 100 g/m^2 的纸为纸基，表面涂敷 300 ~ 400 g/m^2 的 PVC 树脂。按发泡倍率的大小，又有低发泡和高发泡的分别。其中高发泡壁纸表面富有弹性的凹凸花纹，具有一定的吸声效果。

（3）功能型

其中耐水壁纸是用玻璃纤维布作基材，可用于装饰卫生间、浴室的墙面；防火壁纸则采用 100 ~ 200 g/m^2 的石棉纸为基材，并在 PVC 面材中掺入阻燃剂。

PVC 壁纸有一定的防水性，施工方便。表面污染后，可用干净的海绵或毛巾擦拭。

3）发泡壁纸

以 100 g/m² 的原纸为基层，涂以 300 ~ 400 g/m² 的掺有发泡剂的聚氯乙烯糊状树脂为面层，或以 0.17 ~ 0.2 mm 的掺有发泡剂的聚氯乙稀薄膜压延复合，经印花、发泡压花而成。呈现富有弹性的凹凸花纹、立体感强、吸声、文饰逼真，适用于影剧院、居室、会议厅等建筑的天棚、内墙装饰(图 11-4)。

图 11-4　发泡壁纸

这类壁纸比普通壁纸显得厚实、松软。其中高发泡壁纸表面呈富有弹性的凹凸状；低发泡壁纸是在发泡平面上印有花纹图案，形如浮雕、木纹、瓷砖等效果。

4）纺织物壁纸

纺织物纸时下较流行，是用丝、羊毛、棉、麻等纤维织成的，质感好、透气性好，但价格贵。用这种墙纸装饰环境，给人以高向雅致、柔和舒适的感觉，但表面易积灰尘、不易清洗，而且使用时须配备洗尘设备，可以用作高级房间的墙面和天花板装饰(图 11-5)。

特点：有质感、透气性强；表面易积灰，打理时会用到吸尘设备。

图 11-5　纺织物壁纸

5）天然材料壁纸

它是用草、木材、树叶等制成面层的墙纸，风格古朴自然，素雅大方，生活气息浓厚，给人以返璞归真的感受。天然材质的壁纸一般具有：高环保性，即不含任何聚氯乙烯、聚乙烯和氯元素，完全燃烧时，只产生二氧化碳和水，无化学墙纸所产生的浓烈黑烟和刺鼻刺眼的气味；良好的透气性，由于木纤维和木浆的环保原料特性，具有呼吸功能，透气、防潮、防霉变性能良好；良好的光稳定性能，色泽自然典雅，无反光感，具有极好的上墙效果；可重复粘贴性，即可在同系列壁纸上重复张贴，不容易出现褪色、起泡翘边现象，产品更新无须将原有墙纸铲除(凹凸纹除外)，可直接粘贴在原有墙纸上，并得到双重墙面保护(图 11-6)。

图 11-6　天然材料壁纸

图 11-7　金属壁纸

6）金属壁纸

金属墙纸是一种在基层上涂布金属膜制成的墙纸，这种墙纸构成的线条异常壮观，给人一重金碧辉煌、庄重大方的感觉，耐抗性好，使用于气氛热烈的场所，如宾馆、饭店（图 11-7）。

7）液体壁纸

液体壁纸是一种新型艺术涂料，也称壁纸漆和墙艺涂料，是集壁纸和乳胶漆特点于一身的环保水性涂料。通过各类特殊工具和技法配合不同的上色工艺，使墙面产生各种质感纹理和明暗过渡的艺术效果。

液体壁纸采用高分子聚合物与进口珠光颜料及多种配套助剂精制而成，无毒无味、绿色环保、有极强的耐水性和耐酸碱性、不褪色、不起皮、不开裂（图 11-8）。

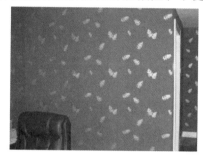
图 11-8　液体壁纸

图 11-9　玻璃纤维墙布

8）玻璃纤维墙布

以中碱玻璃纤维为基材，表面涂以耐磨树脂，印上彩色图案而制成。颜色鲜艳、花色繁多；防火、防水、耐湿、不虫蛀、不霉、可洗刷；有布纹质感，价格便宜，施工方便，适用于宾馆、饭店、商店、展览馆、住宅、餐厅等的内墙饰面，特别适合于室内卫生间、浴室等的强面装饰（图 11-9）。

9）布基 PVC 壁纸

它是用高强度的 PVC 材料作主材表层，基层用不同的网底布、无纺布、丝布构成其底层。在生产时，它在网面上加入 PVC 进行高压调匀，再利用花滚调色平压制成不同图案与各种表面。与其他墙纸不同的是它用纯棉布做底，非常结实耐用，具有防火、耐磨、可用皂水洗刷等特点。而且施工简便、粘贴方便，易于更换。但由于其不具备透气性，在家用空间一直不能大面积推广应用。广泛适用于星级酒店、走廊、写字楼、高档公寓及其他客流量大的公用空间等场合。布基壁纸选用高档纱布与聚酯材料及天然的材料制成，效果比较自然，质感与布比较接近，给人自然而温馨的感觉。

10）无纺布墙纸

无纺布壁纸是目前国际上最流行的新型绿色环保壁纸材质，它是以棉麻等天然植物纤维或涤纶、腈纶等合成纤维，经过无纺成型的一种壁纸（一次性口罩和纸尿裤上的表层都采用该种材料），不含聚氯乙烯、聚乙烯和氯元素，完全燃烧时只产生二氧化碳和水，无化学元素燃烧时产生的浓烈黑烟和刺激气味,本身富有弹性、不易老化和折断、透气性和防潮性较好,擦洗后不易褪色,色彩和图案明快,也是家庭装修特别是卧室装修一种比较好的材料。

无纺布墙纸的缺点首先是花色相对 PVC 来说较单一,而且色调较浅,以纯色或是浅色系居多。其次是相对 PVC 墙纸和纯纸墙纸来说,价格也高一些。

11)纸基胶面墙纸

纸基胶面墙纸(大部分是纸基和 PVC),是指由 PVC 表层和底纸经施胶压合而称,合为一体后,在经印制、压花、涂布等工艺生产出来的。它的结构一般为两层,其中最底层是纸基,纸基层越厚(在一定范围内),墙纸的硬度和坠性越好,也不容易卷边或是出现其他的施工问题。上面一层涂有无机制材料的装饰层(有一点像强化地板的耐磨层),一般是 PVC 材质,这一装饰层不但距有优良的防火性能,还使的壁纸易于清洗打理。而且采

图 11-10　纸基墙纸

用这种工艺做出来的墙纸克服了纯纸墙纸的缺陷,可以制造出许多纯纸墙纸不能达到的特殊花纹,如有仿木纹、皮纹、拼花、仿瓷砖等,图案逼真,立体感强,装饰效果好,适用于室内墙裙、客厅和楼内走廊等装饰。缺点之一是透气性不如纯纸,对于潮湿的墙面容易发霉,不过现在墙上都刷基膜,只要基膜刷的好,影响也不大(图 11-10)。

11.1.3　纸的选购

市面上最多的纯纸墙纸,无纺布墙纸和 PVC(树脂)墙纸的各项指标(表 11-1)。

表 11-1　墙纸指标对比

种　类	环保性	颜色持久性	价格
PVC 墙纸	一般	好	适中
纯纸墙纸	好	一般	高于 PVC
无纺布墙纸	好	好	高于 PVC

墙纸的质量一般包括以下 5 个方面来鉴别:

①判别材质:天然材质或合成(PVC)材质,简单的方法可用火烧来判别。一般天然材质燃烧时无异味和黑烟,燃烧后的灰尘为粉末白灰,合成(PVC)材质燃烧时有异味及黑烟,燃烧后的灰为黑球状。

②水擦洗:好的壁纸色牢度可用湿布擦洗保养。

③绿色无害:选购时,不妨贴近产品闻是否有任何异味,有味产品可能含有过量甲苯、乙苯等有害物质,则有致癌的影响。

④色泽长驻:墙纸表面涂层材料及印刷颜料都需经优选并严格把关,能保证墙纸经长期光照后(特别是浅色、白色墙纸)不发黄。

⑤图纹风格是否独特,制作工艺是否精良。

11. 2　地毯

11. 2. 1　地毯概述

　　地毯是一种历史悠久、世界性的产品，最早以动物毛为原料编织而成，可铺地御寒湿及坐、卧之用。随着社会生产的发展，逐渐采用棉、麻、丝和合成纤维作为制造地毯的原料。我国生产和使用地毯起源于西部少数民族地区的游牧部落，已有 2000 多年的历史，产品闻名于世。

　　地毯既有实用价值又有艺术装饰的效能，它能隔热保温、隔声防噪、抗风湿、富于弹性且脚感舒适，且于室内装饰，具有其他材料难以达到的那种高贵、华丽、美观、悦目的气氛。地毯已成为现代建筑室内装饰的重要材料。

　　一般来说，地毯由 3 部分组成：软面、第 1 层和第 2 层衬背，有时候还有第 4 部分——衬料。

　　软面就是我们能看到、能摸到的线纱。纤维可以是合成的，也可以是天然的。软面的密度是地毯质量的检验标准：软面的密度越大，地毯的质量就越好。高密度的地毯保持形状长久一些，抗污物、抗污渍性能好一些。一个简单的检验方法是，把一小块地毯折一下，如果衬背很容易看见，质量就不是很好。软面的密度用 68 cm 宽的地毯上软面线头或毛撮(毛圈)的数目来衡量，对于编织地毯来说，这个比例称为节距；对于绒毛地毯来说，这个比例称为隔距。地毯耐用性的另一个标志是地毯单位面积的重量，每平方码(0.836 m^2)的面子纤维重量(以 oz 或 g 为单位，1 oz = 28.35 g)称为面重。面重值越大，地毯的质量越好。软面的高度是衡量地毯质量的第三个标准，长纤维比短纤维好。软面纤维所示承受的捻度是第四个标准，捻度越大，地毯质量越好。

　　衬背在地毯的下边那一面，它为软面上的毛撮(毛圈)做后盾，决定着地毯的强度和稳度。多数地毯有两层衬背，纱线附在第一层衬背上，外面这一层衬背叫做第二层衬背。有一层胶乳黏合剂在两层之间，把软面毛撮固定在第一层衬背上。

　　衬背的种类包括黄麻(从印度和孟加拉国进口的一种天然纤维)、聚丙烯(合成热塑性树脂)、泡沫乳胶。常常把泡沫衬背附在第一层衬背上，给地毯提供一种内部衬料，以免另加衬料。不太贵的地毯多属这种类型。对于价格高的地毯来说，有乳胶涂层的黄麻就是制作第二层衬背的好材料了。但是，合成衬背的防霉、防气味、防干枯的性能好一些，而且不会引起过敏。

　　衬料可以放在地毯下面，额外提供一层隔离层，可隔音，增加舒适感，像"缓冲器"一样可延长地毯使用寿命。常见的衬料包括泡沫乳胶、氨基甲酸乙酯泡沫以及像黄麻与头发的混合物这样的天然材料。对衬料的选择取决于所用地毯的种类、舒适程度以及地毯在正常情况下的磨损程度和类型。

11.2.2 地毯分类

1）按制作方法分类

（1）机制地毯

① 机制威尔顿地毯：该机种发源于比利时，其特点是：织物丰满，结构紧密，平方米绒毛纱克重大，由于设备是双层织物，故效率较高。威尔顿地毯得使用方向主要是酒店的客房用毯，由于该地毯织物丰满，弹性好，铺设房间脚感舒适，是各大酒店客房地毯的理想产品。

② 机制阿克敏明斯特地毯：织机原产英国，已有 100 多年历史，该设备生产的地毯最大特点是花色最高可多达 8 色甚至更多。由于编织工艺的不同，地毯成品的稳定性较好，是个酒店走廊及公共部分最佳首选产品。由于该机属单层织物，且速度很低，地毯织造效率非常低，其效率仅为威尔顿的 40%，因而该地毯价格昂贵，是各类机织地毯中之上品。

③ 簇绒地毯：该地毯也属机织地毯的一大分类，但它不是经纬交织而是将绒头纱经过钢针插植在当天底布上，然后经后道上胶握持绒头而成。由于该地毯生产效率较高，价格较机织威尔顿和阿克明斯特地毯低廉，是各酒店客房的选择产品。

（2）手工地毯

① 手工编织地毯：是将经纱固定在机梁上，由人工将绒头毛纱手工打结编织固定在经线上。手工地毯不受色泽数量的限制。手工编织地毯密度大、毛丛长，经后道工序整修处理呈现出色彩丰富和立体感很强的特征。

② 手工枪刺地毯：是织工用针刺枪，经手工或电动将地毯绒头纱人工织入底布，经后道上胶处理而成。

2）按原料分类

（1）羊毛地毯

羊毛属天然蛋白质纤维，因其纤维本身所具备的吸湿性能好，卷曲好及鳞片覆盖，易染色等性能，使羊毛地毯具有化纤地毯所没有的稳定性及使用效果。羊毛地毯在相对稳定的温度，湿度状态下，它的公定回潮为 15%，即在温度 22℃，相对湿度 65%～70%，羊毛的吸湿率为 15%。由于这一优越的物理性能，羊毛的导电性能好，地毯在使用过程中不可能产生静电。由于羊毛的吸湿性能好，羊毛地毯不易被空气中灰尘离子依附，故羊毛地毯的抗污性能极佳。由于羊毛纤维的自然卷曲度好，在不拉断纤维的情况下可拉伸 30%，这就造成羊毛地毯的弹性及弹性恢复非常好，地毯脚感舒适。羊毛地毯由于吸湿性能好，燃点极高，在正常情况下明火不易点燃，具有天然的阻燃，难点燃和自熄性能。由于羊毛纤维是蛋白质纤维，在烟头等火种落到地毯后虽可烫一炭痕，但只需轻微用力搓擦炭痕即可消除。羊毛纤维外层有鳞片覆盖，加上羊毛本身的回潮率很高，地毯一般不易污染，由于鳞片的作用，羊毛地毯非常易清洗。羊毛地毯的不足之处是不易干燥。由于羊毛纤维吸湿性能极好，地毯在洗涤后不易干燥，所以使用羊毛地毯在洗涤时必须配有性能相当好的抽洗、脱水、烘干等洗涤设备。

（2）尼龙地毯

尼龙地毯也称聚酰胺纤维。该纤维具有最佳的打磨性能，而且刚性好，易染色，是化学纤维在地毯用料中最好的材料。尼龙材料大分子结构紧密，抗老化，弹性好，尼龙纤维染色色团好，使用常规染料在常温下即可染出鲜艳的色泽，而且色牢度好。尼龙纤维的刚性好决定了该纤维地毯的弹性恢复特好，尼龙地毯属纤维地毯中上乘的产品。尼龙纤维和羊毛混纺可以充分体现两种纤维的各自优点，又可相互抵消各自的不足，使用高档羊毛机织地毯一般都混合 20% 的尼龙纤维，以提高地毯品质。

（3）涤纶和腈纶

这两种化学纤维都具备地毯材料的各种特性，但由于本身的局限性，如涤纶纤维耐磨性，弹性，抗老化性等都通尼龙纤维相同，涤纶纤维的熔点和燃点极高，是所有化学纤维中阻燃效果最好的一种，但该纤维染色温度要求极高，须在 110 ℃ 以上的高温状态下染色最好，如萱涤纶纤维作为混纺的化学原料，不但混纺地毯品质可以保证，而且会降低产品价格，但生产厂家必须拥有高温高压染色设备和科学的、先进的染色工艺。

腈纶纤维染色基团好，色泽鲜艳，但该纤维单纤维旦数很细，刚性不好，故地毯弹性差，该纤维一般不作为地毯原料单独使用。

（4）丙纶纤维

丙纶纤维是化学纤维用于地毯制作深红最早的一种纤维，在 20 世纪 60 年代占据了化纤地毯产品的 80%。该纤维的基本特征是刚性好，回弹性能好等，都能满足地毯生产的需要。但该纤维有致命的弱点，即不抗老化，日晒牢度差，阻燃性能差。所以从 80 年代后该纤维逐渐退出了高档酒店场合的使用。从地毯生产使用较发达的美国及西欧各国的地毯生产及使用情况调查，丙纶地毯只占全部地毯生产量的 13%，而且大部分都销往发展中国家及欠发达国家。

3）按毛毯使用方向分类

（1）商用地毯

广义上讲是指除家用及工业用地毯以外的地毯使用单位及场所。商用地毯在国内还仅限于宾馆、酒店、写字楼、办公楼、酒楼等，而在美国及西方发达国家，商用地毯除上述使用场所外，已在机场候机楼、码头候船大厅、车站候车室、超市、医院、学校、养老院、托儿所、影剧院普遍使用，并随着经济发展和社会进步，商用地毯的使用量将会逐渐加大，覆盖面更广。

（2）家用地毯

顾名思义就是家庭用地毯。家用地毯在我国仍停留在条地毯上，因为中国家庭的装修仍大量以木地板为主，而西方发达国家家用地毯满铺和方块地毯相结合，中国的家用地毯潜力很大，如想普及出经济条件外，室外环境的彻底改变也是重要因素。

（3）工业用地毯

国内外工业用地毯仅限用于汽车、飞机、客船等的装饰。

单元 12　合成高分子材料

学习目标
1. 熟悉合成高分子材料的性能特点及主要高分子材料的品种。
2. 熟悉建筑工程中合成高分子材料的主要制品及应用。

合成高分子材料根据材料性能可分为结构材料和功能材料两大类。对于结构材料，主要利用的是它的力学性能，需要了解材料的强度、刚度、变形等特性。结构材料主要包括塑料、橡胶和纤维三大合成材料。塑料的主要品种有聚乙烯、聚丙烯、聚氯乙烯、聚苯乙烯等；橡胶的主要品种有丁苯橡胶、顺丁橡胶、异戊橡胶、乙丙橡胶等；化纤的主要品种有尼龙、腈纶、丙纶、涤纶等。对于功能材料，主要使用它的声、光、电、热等性能。功能材料用的高分子化合物一般称为功能高分子，根据功能可分为反应型高分子（如高分子催化剂）、光敏型高分子（如光刻胶、感光材料、光致变色材料）、电活性高分子（如导电高分子）、膜型高分子（如分离膜、缓释膜）、吸附型高分子（如离子交换树脂等）。此外，高分子材料在黏合剂、涂料、聚合物基复合材料、聚合物合金、生物高分子材料领域也有广泛用途。目前，合成高分子材料已经广泛应用于人类生活的各个方面，成为工业、农业、国防和科技等建设领域的重要施工材料。

高分子材料包括塑料、橡胶、纤维、薄膜、胶黏剂和涂料等许多种类，其中塑料、合成橡胶和合成纤维被称为现代三大高分子材料。它们质地轻巧、原料丰富、加工方便、性能良好、用途广泛，因而发展速度大大越过了传统的三大基本材料。

12.1　建筑塑料

12.1.1　塑料概述

1）建筑塑料的特点

（1）建筑塑料的优点

建筑塑料与传统的建筑及装饰材料相比，具有以下一些优良的特性。

① 优良的加工性能：塑料可采用比较简单的方法制成各种形状的产品，如薄板、薄膜、管材、异形材料等，并可采用机械化大规模生产。

② 质量轻、比强度高：塑料的密度一般为 $0.8 \sim 2.2 \ g/cm^3$，是钢材的 1/5，混凝土的 1/3，铝的 1/2，与木材相近。塑料的比强度（强度与表观密度的比值）较高，已接近或超过钢材，为混凝土的 $5 \sim 15$ 倍，是一种优良的轻质高强材料。因此，塑料及其制品不仅广泛应用于建筑装饰工程中，而且广泛应用于工业、农业、交通、航空航天等领域。

③ 绝热性好，吸声、隔声性好：塑料制品的热导率小，其导热能力为金属的 $1/600 \sim 1/500$，混凝土的 1/40，砖的 1/20，泡沫塑料的热导率与空气相当，是理想的绝热材料。塑料（特别是泡沫塑料）可减小振动，降低噪声，是良好的吸声材料。

④ 装饰性好：塑料制品不仅可以着色，而且色泽鲜艳持久，图案清晰。可通过照相制版印刷，模仿天然材料的纹理达到仿真的效果。还可通过电镀、热压、烫金等制成各种图案和花型，使其表面具有立体感和金属质感。

⑤ 耐水性和耐水蒸气性强：塑料属憎水性材料，一般吸水率和透气性很低，可用于防水、防潮工程。

⑥ 耐化学腐蚀性好，电绝缘性好：塑料制品对酸、碱、盐等有较好的耐腐蚀性，特别适合作化工厂的门窗、地面、墙壁等。塑料一般是电的不良导体，电绝缘性好，可与陶

瓷、橡胶媲美。

⑦功能的可设计性强：改变塑料的组成配方与生产工艺，可改变塑料的性能，生产出具有多种特殊性能的工程材料。如强度超过钢材的碳纤维复合材料；具有承重、保温、隔声功能的复合板材；柔软而富有弹性的密封、防水材料等。

⑧经济性：塑料制品是消耗能源低、使用价值高的材料。生产塑料的能耗低于传统材料，其能耗范围为 $63 \sim 188$ kJ/m^3，而钢材为 316 kJ/m^3，铝材为 617 kJ/m^3。塑料制品在安装使用过程中，施工和维修保养费用低，有些塑料产品还具有节能效果。如塑料窗保温隔热性好，可节省空调费用；塑料管内壁光滑，输水能力比铁管高 30%，节省能源十分可观。因此，广泛使用塑料及其制品有明显的经济效益和社会效益。

（2）建筑塑料的缺点

建筑塑料虽然具有以上许多优点，但也存在一些缺点，有待进一步改进。建筑塑料的缺点主要有以下 4 个方面：

①耐热性差：塑料一般受热后都会产生变形，甚至分解。一般的热塑性塑料的热变形温度仅为 $80 \sim 120$ ℃；热固性塑料的耐热性较好，但一般也不超过 150 ℃。在施工、使用和保养时，应注意这一特性。

②易燃烧：塑料材料是碳、氢、氧元素组成的高分子物质，遇火时很容易燃烧。因此，塑料易燃烧的这一特性应引起人们足够的重视，在工程设计和施工中，应选用有阻燃性能的塑料，或采取必要的消防和防范措施。

③刚度小、易变形：塑料的弹性模量低，只有钢材的 $1/20 \sim 1/10$，且在荷载的长期作用下易产生蠕变，因此，塑料用作承重材料时应慎重。但在塑料中加入纤维增强材料，可大大提高其强度，甚至可超过钢材，这种工艺已在航空航天结构中被广泛采用。

④易老化：塑料制品在阳光、大气、热及周围环境中的酸、碱、盐等的作用下，各种性能将发生劣化，甚至发生脆断、破坏等现象。经改进后的建筑塑料制品，使用寿命可大大延长，如德国的塑料门窗使用 40 年以上仍完好无损；经改进的聚氯乙烯塑料管道，使用寿命比铸铁管还长。

近年来，随着改性添加剂和加工工艺的不断发展，塑料制品的这些缺点也得到了很大改善，如在塑料中加入阻燃剂可使它具有自熄性和难燃性等。总之，塑料制品的优点大于缺点，并且缺点可以改进的，因此，今后它必将发展成为建筑及装饰材料的重要品种。

2）建筑塑料的种类

塑料按照受热时性能变化的不同，分为热塑性塑料和热固性塑料。常用的热塑性塑料有聚氯乙烯塑料（PVC）、聚乙烯塑料（PE）、聚丙烯塑料（PP）、聚苯乙烯塑料（PS）、有机玻璃（PMMA）等；常用的热固性塑料有酚醛树脂塑料（PF）、不饱和聚酯树脂塑料（UP）、环氧树脂塑料（EP）、有机硅树脂塑料（SI）等。常用建筑塑料的特性与用途见表 12-1。

表 12-1　常用建筑塑料的特性与用途

名　称	特　性	用　途
聚氯乙烯(PVC)	耐化学腐蚀性和电绝缘性优良,力学性能较好,难燃,但耐热性差	有硬质、软质、轻质发泡制品,可制作地板、壁纸、管道、门窗、装饰板、防水材料、保温材料等,是建筑工程中应用最广泛的一种塑料
聚乙燃(PE)	柔韧性好,耐化学腐蚀性好,成塑工艺好,但刚性差,易燃烧	主要用于防水材料、给排水管道、绝缘材料等
聚丙烯(PP)	耐化学腐蚀性好,力学性能和刚性超过聚乙烯,但收缩率大,低温脆性大	管道、容器、卫生洁具、耐腐蚀材板等
聚苯乙烯(PS)	透明度高,机械强度高,电绝缘性好,但脆性大,耐冲击性和耐热性差	主要用来制作泡沫隔热材料,也可用来制造灯具平顶板等
共聚苯乙烯—丁二烯—丙烯腈(ABS)	具有圆、硬、刚相均衡的力学性能,电绝缘性和耐化学腐蚀性好,尺寸稳定,但耐热性、耐候性较差	主要用于生产建筑五金和各种管材、模板、钢形板等
有机玻璃(PMMA)	有较好的弹性、韧性、耐老化性、耐低温性好,透明度高,易燃	主要用作采光材料,可代替玻璃,性能优于玻璃
酚醛树脂(PF)	绝缘性和力学性能良好,耐水性、耐酸性好,坚固耐用,尺寸稳定,不易变形	生产各种层压板、玻璃钢制品、涂料和胶黏剂
不饱和聚酯树脂(UP)	可在低温下固化成型,耐化学腐蚀性和电绝缘性好,但固化收缩率较大	主要用于生产玻璃钢、涂料和聚酯装饰板等
环氧树脂(EP)	黏结性和力学性能优良,电绝缘性好,固化收缩率低,可在室温下固化成型	主要用于生产玻璃钢、涂料和胶黏剂等产品
有机硅树脂(SI)	耐高温、低温,耐腐蚀,稳定性好,绝缘性好	用于高级绝缘材料或防水材料
玻璃纤维增强塑料(又名玻璃钢,GRP)	强度特别高,质轻,成型工艺简单,除刚度不如钢材外,各种性能均很好	在建筑工程中应用广泛,可用作屋面材料、墙体材料、排水管、卫生器具等

3)塑料常用助剂

(1)增塑剂

增塑剂的主要作用是提高塑料加工时的可塑性和流动性,使其在较低的温度和压力下成型,提高塑料的弹性和韧性,改善低温脆性,但会降低塑料制品的物理力学性能和耐热性。对增塑剂的要求是不易挥发,与合成树脂的相溶性好、稳定性好,其性能的变化不得影响塑料的性质。增塑剂一般采用不易挥发、高沸点的液体有机溶剂,或者是低熔点的固体,常用的增塑剂有邻苯二甲酸二丁酯、邻苯二甲酸二辛酯、磷酸三甲酚酯、樟脑等。

(2)稳定剂

塑料在成型和加工使用过程中,因受热、光或氧的作用,随时间的增长会出现降解、氧化断链、交联等现象,造成塑料性能降低。加入稳定剂能使塑料长期保持工程性质,防止塑料的老化,延长塑料制品的使用寿命。如在聚丙烯塑料的加工成型中,加入碳黑作为紫外线吸收剂,能显著改变该塑料制品的耐候性。常用的稳定剂有抗老化剂、热稳定剂等,如其成分包括脂肪酸、铅化物等。包装食品用的塑料制品,必须选用无毒性的稳定剂。

①热稳定剂：热稳定剂是一类能防止或减少聚合物在加工使用过程中受热而发生降解或交联，延长材料使用寿命的添加剂。常用的稳定剂按照主要成分可分为盐基类、脂肪酸皂类、有机锡化合物等。

②光稳定剂：光稳定剂也称紫外线稳定剂，是一类用来抑制聚合物树脂的光氧降解，提高塑料制品耐候性的稳定化助剂。根据稳定机理的不同，光稳定剂可以分为光屏蔽剂、紫外线吸收剂、激发态猝灭剂和自由基捕获剂。

③抗氧剂：以抑制聚合物树脂热氧化降解为主要功能的助剂，属于抗氧剂的范畴。抗氧剂是塑料稳定化助剂最主要的类型，几乎所有的聚合物树脂都涉及抗氧剂的应用。按照作用机理，传统的抗氧剂体系一般包括主抗氧剂、辅助抗氧剂和重金属离子钝化剂等。

（3）阻燃剂

塑料制品多数具有易燃性，这对其制品的应用安全带来了诸多隐患。准确地讲，阻燃剂称为难燃剂更为恰当，因为"难燃"包含着阻燃和抑烟两层含义，较阻燃剂的概念更为广泛。然而，长期以来，人们已经习惯使用阻燃剂这一概念，目前文献中所指的阻燃剂实际上是指具有阻燃作用和抑烟功能助剂的总称。阻燃剂依其使用方式可以分为添加型阻燃剂和反应型阻燃剂。添加型阻燃剂通常以添加的方式配合到基础树脂中，它们与树脂之间仅仅是简单的物理混合；反应型阻燃剂一般为分子内包含阻燃元素和反应性基团的单体，如卤代酸酐、卤代双酚和含磷多元醇等，由于具有反应性，可以将化学键结合到树脂的分子链上，成为塑料树脂的一部分，多数反应型阻燃剂结构还是合成添加型阻燃剂的单体。按照化学组成的不同，阻燃剂还可分为无机阻燃剂和有机阻燃剂。无机阻燃剂包括氢氧化铝、氢氧化镁、氧化锑、硼酸锌和赤磷等，有机阻燃剂多为卤代烃、有机溴化物、有机氯化物、磷酸酯、卤代磷酸酯、氮系阻燃剂和氮磷膨胀型阻燃剂等。抑烟剂的作用在于降低阻燃材料的发烟量和有毒有害气体的释放量，多为钼类化合物、锡类化合物和铁类化合物等。尽管氧化锑和硼酸锌亦有抑烟性，但常常作为阻燃协效剂使用，因此归为阻燃剂。

（4）抗冲击改性剂

从广义讲，凡能提高硬质聚合物制品抗冲击性能的助剂统称为抗冲击改性剂。传统意义上的抗冲击改性剂基本建立在弹性增韧理论的基础上，所涉及的化合物也几乎无一例外地属于各种具有弹性增韧作用的共聚物和其他的聚合物。以硬质 PVC 制品为例，目前应用市场广泛使用的品种主要包括氯化聚乙烯（CPE）、丙烯酸酯共聚物（ACR）、甲基丙烯酸酯—丁二烯—苯乙烯共聚物（MBS）、乙烯—醋酸乙烯酯共聚物（EVA）和丙烯腈—丁二烯—苯乙烯共聚物（ABS）等。聚丙烯增韧改性中使用的三元乙丙橡胶（EPDM）亦属橡胶增韧的范围。20 世纪 80 年代以后，一种无机刚性粒子增韧聚合物的理论应运而生，加上近年来纳米技术的飞速发展，赋予了塑料增韧改性和抗冲击改性剂新的含义。

（5）偶联剂

改善合成树脂与无机填充剂或增强材料的界面性能的一种塑料添加剂，又称表面改性剂。它在塑料加工过程中可降低合成树脂熔体的黏度，改善填充剂的分散度以提高加工性能，进而使制品获得良好的表面质量及机械、热和电性能。偶联剂一般由两部分组成：一部分是亲无机基团，可与无机填充剂或增强材料作用；另一部分是亲有机基团，可与合成树脂作用。

① 有机酸氯化铬络合物类：常用的甲基丙烯酸氯化铬的络合物，又称沃蓝。

② 有机硅烷类：硅烷偶联剂的通式为 $RSiX_3$，式中 R 代表氨基、巯基、乙烯基、环氧基、氰基及甲基丙烯酰氧基等基团，这些基团和不同的基体树脂均具有较强的反应能力，X 代表能够水解的烷氧基(如甲氧基、乙氧基等)。硅烷偶联剂在国内有 KH550、KH560、KH570、KH792、DL602、DU716 种型号。

③ 钛酸酯类：用于热塑性塑料中添加干燥填料的偶联效果较好，并与硅烷类偶联剂有协同作用。

④ 锆类：它不仅可以促进不同物质之间的黏合，而且可以改善复合材料体系的性能，特别是流变性能。该类偶联剂既适用于多种热固性树脂，又适用于多种热塑性树脂。

(6) 润滑剂

润滑剂可分为外润滑剂和内润滑剂，外润滑剂的作用是改善聚合物熔体与加工设备的热金属表面的摩擦。它与聚合物相容性较差，易从熔体内往外迁移，能在塑料熔体与金属的交界面形成润滑的薄层。内润滑剂与聚合物有良好的相容性，它在聚合物内部起到降低聚合物分子间内聚力的作用，从而改善塑料熔体的内摩擦生热和熔体的流动性。常用的润滑剂有硬脂酸、硬脂酸丁酯、油酰胺、1,2-亚乙基双硬脂酰胺等。

(7) 填充料

填充料又称填料、填充剂，主要是一些化学性质不太活泼的粉状、块状或纤维状的无机化合物。填充料是塑料中不可缺少的原料，通常占塑料组成材料的 40%~70%。填充料的主要作用是提高塑料的强度、硬度、耐热性等性能，同时节约树脂，降低塑料的成本。如加入玻璃纤维填充料可提高塑料的强度，加入石棉填充料可增加塑料的耐热性，加入云母填充料可增加塑料的电绝缘性，加入石墨可增加塑料的耐磨性等。常用的填充料有玻璃纤维、云母、石棉、木粉、滑石粉、石墨粉、石灰石粉、碳酸钙、陶土等。

(8) 着色剂

加入着色剂的目的是使塑料制品具有特定的颜色和光泽。要求其光稳定性好，在阳光作用下不易褪色；热稳定性好，分解温度要高于塑料的加工和使用温度；在树脂中易分散，不易被油、水抽提；色泽鲜艳，着色力强；没有毒性，不污染产品；不影响塑料制品的物理和力学性能。

此外，为使塑料制品获得某种特殊性能，还可加入其他添加剂，如交联剂、分散剂、抗静电剂、发泡剂、防霉剂等。

12.1.2 常用塑料

塑料材料被大量用来生产各种塑料管道及配件，在建筑电气安装、水暖安装工程中广泛使用。

1) 塑料管材的特点

(1) 主要优点

塑料管道与传统的铸铁管、石棉水泥管和钢管相比，具有以下主要优点。

① 质量轻：塑料管的质量轻，故施工时可大大减轻劳动强度。

② 耐腐蚀性好：塑料管道不锈蚀，耐腐蚀性好，可用来输送各种腐蚀性液体，如在硝酸吸收塔中使用硬质 PVC 管已使用 20 年无损坏迹象。

③ 液体的阻力小：塑料管内壁光滑，不易结垢和生苔；在相同压力下，塑料管的流量比铸铁管高 30%，且不易阻塞。

④ 安装方便：塑料管的连接方法简单，如用溶剂黏接、承插连接、焊接等，安装简便迅速。

⑤ 装饰效果好：塑料管可以任意着色，且外表光滑，不易玷污，装饰效果好。

⑥ 维修费用低。

（2）主要缺点

① 塑料管道所用的通用塑料，耐热性较差，因此不能用作热水供水管道，否则会造成管道变形、泄漏等问题。

② 有些塑料管道，如硬质 PVC 管道的抗冲击性能等机械性能不及铸铁管，因此在安装使用中应尽量避免敲击或搭挂重物。

③ 塑料管的冷热变形比较大，在管道系统的设计中要充分考虑。

2）塑料管材的种类

目前，生产塑料管道的塑料材料主要有聚氯乙烯、聚乙烯、聚丙烯、酚醛树脂等，生产出来的管道可分为硬质、软质和半软质三种。在各种塑料管材中，聚氯乙烯管的产量最大，用途也最广泛，其产量约占整个塑料管材的 80%。

另外，近年来在塑料管道的基础上，还发展了新型复合铝塑管，这种管材具有安装方便、防腐蚀、抗压强度高、可自由弯曲等特点，在室内装修工程中被广泛应用，可用于供暖管道和上、下水管道的安装。

3）建筑管材的应用

塑料管道及配件可在电气安装工程中用于各种电线的敷设套管、各种电器配件（如开关、线盒、插座等）及各种电线的绝缘套等。在水暖安装工程中，上、下水管道的安装主要以硬质管材为主，其配件也为塑料制品；供暖管道的安装主要以新型复合铝塑管为主，多配以专用的金属配件（如不锈钢、铜等）进行安装。

① 硬质聚氯乙烯（PVC – U）管：PVC – U 管具有较高的抗冲击性能和耐化学性能，用于城市供水、城市排水、建筑给水和建筑排水管道。

② PVC 塑料波纹管：具有刚柔兼备、耐化学腐蚀性强、使用温度宽、阻燃等特点，主要用于通信电缆护管、建筑排气管、农用排水管。

③ 氯化聚氯乙烯管（CPVC）：具有耐热、耐老化、耐腐蚀、优良的抗拉及抗压强度等特点，主要用于建筑空调系统、饮用水管道系统、地下水排入管道。

④ 聚氯乙烯芯层发泡复合管（PSP）：具有隔声、隔热、防震、抗冲击、价廉等特点，用于工业排水管、工业防护、输送液体。

⑤ 聚乙烯（PE）管：质量轻、柔韧性好、无毒、耐腐蚀、可盘绕、低温性能好、抗机械振动，主要分为高密度聚乙烯管（HDPE）、中密度聚乙烯管（MIDPE）和低密度聚乙烯管（LDPE）；HDPE 管和 MDPE 管主要用作城市燃气管道。

⑥ 交联聚乙烯(PEX)管材：将聚乙烯加入交联剂硅烷改性，分子呈三维网络结构，耐热($-70 \sim 110 ℃$)、耐压($6 MPa$)、耐化学腐蚀、绝缘好(击穿电压$60 kV$)、使用寿命长(50年)，用于建筑室内冷热水供应和地面辐射采暖、中央空调管道系统、太阳能热水器配管。

⑦ 聚丙烯管(PP-R)：具有较好抗冲击性能($5 MPa$)、耐高温($95 ℃$)和抗蠕变性能、无毒卫生、耐热保温、不生锈不结垢、连接方式简单可靠、防冻裂，但是低温脆性、易变形，用于建筑室内冷热水供应和地面辐射采暖。

⑧ 铝塑复合(PAP)管：铝合金层增加管道耐压和抗拉强度，使管道容易弯曲而不反弹，外塑料层(MDPE或PEX)可保护管道不受外界腐蚀。内塑料层采用MDPE时可作饮水管，无毒、无味、无污染，符合国家饮用水标准；内塑料层采用PEX则可耐高温耐高压，适用于采暖及高压用管。

⑨ ABS管：具有密度小、质量轻、优良的韧性、坚固性、保温性能、耐腐蚀、表面光滑、优良的抗沉积性等特点，用于卫生洁具系统的下水、排污、放空用管。

⑩ 聚丁烯管(PB)：具有卫生、不发生化学反应、微生物不能渗透、较长时间内贮存其中的水不变质、独特的耐热蠕变性等特点，用于各种热水管、消防用水龙头、采矿、化工、发电行业输送腐蚀性热物质。

12.1.3 常用建筑装饰塑料制品

1) 塑料门窗

塑料门窗是20世纪50年代末联邦德国开发研制的新型建材产品，问世60多年来经过不断研究和开发，解决了原料配方、窗型设计、设备、组装工艺及五金配件等一系列技术问题，在各类建筑中得到成功应用。塑钢门窗具有许多优良的性能，成为继木、钢、铝合金之后开发的新一代建筑门窗。

塑料门窗分为全塑门窗及复合塑料门窗两类。全塑门窗多采用改性聚氯乙烯树脂制造；复合塑料门窗主要是指塑钢门窗，该类门窗是由塑料门窗框在内部嵌入金属型材制成。塑料门窗具有良好的耐水性、耐腐蚀性、气密性、水密性、绝热性、尺寸稳定性、装饰性。常用的高分子材料主要是聚氯乙烯、不饱和聚酯树脂玻璃钢。塑料门窗有以下特点。

① 密封性能好：塑钢门窗具有良好的气密性、水密性和隔声性。

② 保温隔热性好：由于塑料型材为多腔式结构，其传热系数特小，仅为钢材的1/357，铝材的1/1 250，且有可靠的嵌缝材料密封，故其保温隔热性远比其他类型门窗好得多。

③ 耐候性、耐腐蚀性好：塑料型材采用特殊配方，塑钢窗可长期使用于温差较大的环境中，烈日暴晒、潮湿都不会使塑钢门窗出现老化、脆化、变质等现象，使用寿命可达30年以上。

④ 防火性好：塑钢门窗不自燃、不助燃，能自熄且安全可靠，这一性能更扩大了塑钢门窗的使用范围。

⑤ 强度高、刚度好、坚固耐用：由于在塑钢门窗的型材空腔内添加钢衬，增加了型材的强度和刚度，故塑钢门窗能承受较大荷载，且不易变形，尺寸稳定，坚固耐用。

⑥装饰性好：由于塑钢门窗尺寸工整、缝线规则、色彩艳丽丰富，同时经久不褪色，且耐污染，因而具有较好的装饰效果。

⑦使用维修方便：塑钢门窗不锈蚀、不褪色，表面不需要喷涂，同时玻璃安装不用油灰腻子，不必考虑腻子干裂问题，所以塑钢门窗在使用过程中基本上不需要维修。

2）塑料地板

（1）塑料地板的特点

一般将用于地面装饰的各种塑料块板和铺地卷材通称为塑料地板，目前常用的塑料地板主要是聚氯乙烯（PVC）塑料地板。PVC塑料地板具有较好的耐燃性和自熄性，色彩丰富，装饰效果好，脚感舒适，弹性好，耐磨，易清洁，尺寸稳定，施工方便，价格较低，是发展最早、最快的建筑装饰塑料制品，广泛应用于各类建筑的地面装饰。

（2）塑料地板的分类

塑料地板按其使用状态可分为块材（或地板砖）和卷材（或地板革）两种。按其材质可分为硬质、半硬质和软质（弹性）3种。按其基本原料可分为聚氯乙烯（PVC）塑料、聚乙烯（PE）塑料和聚丙烯（PP）塑料等。

（3）常用的PVC塑料地板类型

PVC塑料地板按其组成和结构主要有以下5种。

①半硬质单色PVC地砖：半硬质单色PVC地砖属于块材地板，是最早生产的一种PVC塑料地板。单色PVC地砖分为素色和杂色拉花两种。杂色拉花是在单色的底色上拉直条的其他颜色的花纹，有的外观类似大理石花纹。杂色拉花不仅增加表面的花纹，同时对表面划伤有遮掩作用。

半硬质单色PVC地砖表面比较硬，有一定的柔性，脚感好，不翘曲，耐凹陷性和耐沾污性好，但耐刻画性较差，机械强度较低。

②印花PVC地砖：印花PVC地砖主要包括印花地膜PVC地砖、印花压花PVC地砖和碎粒花纹地砖3种类型。

a. 印花贴膜PVC地砖：它由面层、印刷层和底层组成。面层为透明的PVC膜，厚度一般为0.2 mm左右，起保护印刷图案的作用；中间层为一层印花的PVC色膜，印刷图案有单色和多色，表面一般是平的，也有的压上橘皮纹或其他花纹，起消光作用；底层为加填料的PVC，也可以使用回收的旧塑料。

b. 印花压花PVC地砖：它的表面没有透明PVC膜，印刷图案是凹下去的，通常是线条、粗点等，在使用时不易清理干净油墨。印花压花PVC地砖除了有印花压花图案外，其他均与半硬质单色PVC地砖相同，应用范围也基本相同。

c. 碎粒花纹地砖：它是由许多不同颜色的PVC碎粒互相结合，碎粒的粒度一般为3～5 mm，地砖整个厚度上都有花纹。碎粒花纹地砖的性能基本与单色PVC地砖相同，其主要特点是装饰性好，碎粒花纹不会因磨耗而丧失，也不怕烟头的危害。

③软质单色PVC卷材地板：软质单色PVC卷材地板通常是匀质的，底层、面层组成材料完全相同。地板表面有光滑的，也有压花的，如直线条、菱形花等，可起到防滑作用。软质单色PVC卷材地板主要有以下特点：质地软，有一定的弹性和柔性；耐烟头性、耐沾污性和耐凹陷性中等不及半硬质PVC地砖；材质均匀，比较平伏，不会发生翘曲现

象；机械强度较高，不易破损。

④ 印花不发泡 PVC 卷材地板：印花不发泡 PVC 卷材地板结构与印花 PVC 地砖相同，也由三层组成。面层为透明的 PVC 膜，用来保护印刷图案；中间层为一层印花的 PVC 色膜；底层为填料较多的 PVC，有的产品以回收料为底料，可降低生产成本。表面一般有橘皮、圆点等压纹，以降低表面的反光，但仍有一定的光泽。

印花不发泡 PVC 卷材地板的性能基本与软质单色 PVC 卷材地板接近，但要求有一定的层间剥离强度，印刷图案的套色精度误差小于 11 mm，并不允许有严重翘曲。印花不发泡 PVC 卷材地板适用于通行密度不高，保养条件较好的公共及民用建筑。

⑤ 印花发泡 PVC 卷材地板：印花发泡 PVC 卷材地板的基本结构与不发泡 PVC 卷材地板接近，但它的底层是发泡的。一般的印花发泡 PVC 卷材地板由三层组成，面层为透明的 PVC 膜，中间层为发泡的 PVC 层，底层通常为矿棉纸、化学纤维无纺布等；还有一种是底布采用玻璃纤维布，在玻璃纤维布的上、下均加一层 PVC 底层，可提高平整度，防止玻璃纤维外露，这类地板又称增强型印花发泡 PVC 卷材地板。

3）泡沫塑料

泡沫塑料轻质多孔，是优良的绝热和吸声材料，产品有板状、块状或特制的形状。建筑中常用的有聚氨酯泡沫塑料、聚苯乙烯泡沫塑料与酚醛泡沫塑料。

4）塑料壁纸和贴面板

聚氯乙烯塑料壁纸是装饰室内墙壁的优质饰面材料，可制成多种印花、压花或发泡的立体图案，具有一定的透气性、难燃性和耐污染性。用三聚氰胺甲醛树脂液浸渍的透明纸，与表面印有木纹或其他花纹的书皮纸叠合，经热压可制成硬质塑料贴面板。

塑料与水泥、钢铁、木材一起被列入四大建筑材料。由于塑料制品的节能效果突出，又可降低工程成本，减轻建筑物自重，加快施工进度，提高建筑功能与质量，改善居住条件，因此，塑料制品在土木工程中应用会越来越广泛。

12.2 建筑涂料

12.2.1 涂料概述

建筑涂料是由基料、颜填料、助剂和稀释剂等多种物质组成的混合物，并能与构件材料表面很好地黏结，形成完整的保护膜。

1）主要成膜物质

建筑涂料中的主要成膜物质常常又称为基料。它的作用是将涂料中的其他组分黏结成一体，附着在被涂基层表面，干燥固化形成均匀连续而坚韧的保护膜。基料对涂膜的硬度、柔性、耐磨性、耐冲击性、耐水性、耐候性及其他物理化学性能起到决定性的作用。涂料的状态及涂膜固化方式也由基料性质决定。现代基料一般为高分子化合物，如合成树脂等。

2）颜填料

（1）颜料

颜料是一种不溶于溶剂或涂料基料的微细粉末状的有色物质，分散在涂料介质中，涂于物体表面而形成色层。颜料具有一定的遮盖能力，能增加涂层色彩、增强涂膜本身的强度、防止紫外线穿透，可以提高涂层的耐老化性。颜料按其化学组成可分为有机颜料和无机颜料两大类；按其来源可分为天然颜料和合成颜料两类。有些颜料还可以起防腐蚀、防锈作用，这类颜料在涂料工业中又称为防锈颜料。

（2）填料

填料又称为体质颜料，通常是一些白色固体粉末物质，加入到基料后不显颜色和不具备着色力，但使用它可改变涂料的某些性能，如可增加涂膜厚度，提高涂膜耐磨和耐久性等。常用品种有重晶石粉、沉淀硫酸钡、轻质碳酸钙、滑石粉、瓷土、云母粉、石棉粉、石英粉等。

另外还有一类粒径在 2 mm 以下、大小不等的填料叫集料。本身带有不同的颜色，用天然石材加工或人工烧结而成，又称为彩砂，在建筑涂料中用作粗集料，可以起到增加色感及质感的作用，是近代发展起来的砂壁状建筑涂料的主要原材料之一。在配制涂料时，着色颜料和体质颜料都很少单独使用，一般都是复合使用。

3）助剂

建筑涂料使用的助剂品种繁多，分别在涂料生产、贮存、涂装和成膜等不同阶段发挥作用。一般掺量很少，但作用显著，对涂料和涂膜性能有极大的影响，能有效地改善涂料的贮存、施工性能，已成为涂料不可缺少的组成部分。常用的有以下几种类型：催干剂、固化剂、增塑剂、润湿剂、分散剂、增稠剂、成膜助剂、防冻剂、流变剂、消泡剂、防霉剂、防锈剂等。

4）稀释剂

溶剂是液态建筑涂料的重要成分。涂料涂刷到基层上后，溶剂蒸发，涂料逐渐干燥硬化，最终形成均匀、连续的涂膜。配制溶剂型合成树脂涂料时，首先应考虑有机溶剂对基料树脂的溶解力。此外，还应考虑溶剂本身的挥发性、易燃性和毒性等对配制涂料的适应性。涂膜的干燥是靠溶剂的挥发来完成的，溶剂挥发的速率与涂膜干燥快慢、涂膜的外观及质量有极大的关系。如果溶剂挥发性太强，则涂膜干燥慢，不但影响膜质量、施工进度，而且涂膜在没有干燥硬化之前易被雨水冲掉或表面玷污；若所用溶剂挥发性太强，则涂膜会很快干燥，影响涂膜的流平性、光泽等指标，表面会产生结皮状泛白现象。这是因为溶剂挥发太快，使涂膜迅速冷却，在尚未干燥的涂膜上出现结露。因此，应按涂料不同的施工方法，选择挥发速度与之相适应的溶剂或混合溶剂，以改善涂膜性能。

建筑涂料中通常使用有机溶剂和水作为溶剂。主要的有机溶剂有醇类（乙醇、丁醇等）、醚类（丙二醇甲醚、丙二醇丁醚等）、酯类（醋酸乙酯、醋酸丁酯等）、酮类（丙酮、丁酮、环己酮等）。水是建筑涂料中应用最广泛的溶剂。它具有无毒、无味、不燃，来源广泛，价格低廉的优点，在水溶性涂料、水乳性涂料中使用。

12.2.2　常用涂料

1）建筑涂料的分类

涂料品种很多，分类方法亦有多种形式，我国依据《涂料产品分类和命名》（GB/T 2705—2003）进行分类。建筑涂料是近十几年发展起来的一类涂料，通常以下 5 种采用习惯的分类方法。

①按建筑物的使用部位分类：可分为外墙涂料、内墙涂料、地面涂料、顶棚涂料、屋面涂料等。

②按涂料的状态分类：按其性质可分为溶剂型涂料（如溶剂型丙烯酸酯涂料）、水溶性涂料（如聚乙烯醇水玻璃内墙涂料）、乳液型涂料（如苯丙乳胶涂料）和粉末涂料等。

③按特殊性能分类：可分为防火涂料、防水涂料、防霉涂料、杀虫涂料等。

④按主要成膜物质性质分类：可分为有机系涂料（如丙烯酸酯外墙涂料）、无机系涂料（如水玻璃外墙涂料）、有机无机复合涂料（如硅溶胶－苯丙外墙涂料）等。

⑤按涂料膜层状态分类：可分为薄涂层涂料（如苯丙乳胶涂料）、厚质涂层涂料（如乙丙厚质外墙涂料）、砂壁状涂层涂料（如苯丙彩砂外墙涂料）、彩色复层凹凸花纹外墙涂料等。

2）建筑涂料的品种和用途

（1）外墙涂料

外墙涂料主要功能是装饰和保护建筑物的外墙面，使建筑物外貌整洁美观，从而达到美化城市环境的目的，同时能够起到保护建筑物外墙的作用，延长其使用时间。为了获得良好的装饰与保护效果，外墙涂料一般应具有以下特点：

①装饰性好：要求外墙涂料色彩丰富多样，保色性好，能较长时间保持良好的装饰性能。

②耐水性好：外墙面暴露在大气中，要经常受到雨水的冲刷，因而作为外墙涂料应具有很好的耐水性能。某些防水型外墙涂料其抗水性能更佳，当基层墙面发生小裂缝时，涂层仍有防水的功能。

③耐玷污性能好：大气中的灰尘及其他物质玷污涂层后，涂层会失去装饰效能，因而要求外墙装饰层不易被这些物质玷污或玷污后容易清除。

④耐候性好：暴露在大气中的涂层，要经受日光、雨水、风沙、冷热变化等作用。在这些因素反复作用下，一般的涂层会发生开裂、剥落、脱粉、变色等现象，使涂层失去原有的装饰和保护功能。因此，作为外墙装饰的涂层要求在规定的年限内不发生上述现象，即有良好的耐候性。此外，外墙涂料还应有施工及维修方便、价格合理等特点。目前常用的外墙涂料有苯丙乳胶涂料、纯丙乳胶涂料、溶剂型丙烯酸酯涂料、聚氨酯涂料等。近年发展起来的有机硅改性丙烯酸酯乳液型、溶剂型外墙涂料等性能较好。

（2）内墙涂料

内墙涂料的主要功能是装饰及保护室内墙面，使其美观整洁，让人们处于舒适的居住环境中。为了获得良好的装饰效果，内墙涂料应具有以下特点：

① 色彩丰富，细腻，柔和。

② 耐碱性、耐水性良好，具有一定的透气性。

③ 施工容易，价格低廉。

石灰浆、大白粉和可赛银等是我国传统的内墙装饰材料。石灰浆又称石灰水，具有刷白作用，是一种最简便的内墙涂料，其主要缺点是颜色单调，容易泛黄及脱粉。大白粉亦称为白垩粉、老粉或白土等，为具有一定细度的碳酸钙粉，在配制浆料时应加入胶黏剂，以防止脱粉。大白粉遮盖力较高，价格便宜，施工及维修方便，是一种常用的低档内墙涂料。可赛银是以碳酸钙和滑石粉等为填料，以酪素为胶黏剂，掺入颜料混合而制成的一种粉末状材料，也称酪素涂料。由于酪素资源短缺，目前这种涂料的用量已逐渐减少。常用建筑内墙乳胶涂料一般为平光涂料。早期主要产品为醋酸乙烯乳胶涂料，近年来则以丙烯酸酯内墙乳胶涂料为主。

（3）地面涂料

地面涂料的主要功能是装饰功能与保护室内地面，使地面清洁美观，与其他装饰材料一同创造优雅的室内环境。为了获得良好的装饰效果，地面涂料应具有以下特点：耐碱性好、黏结力强、耐水性好、耐磨性好、抗冲击力强、涂刷施工方便及价格合理等。地面涂料的主要品种有过氯乙烯水泥地面涂料、环氧树脂地面涂料、聚氨酯地面涂料、氯化橡胶地面涂料等。

（4）特种建筑涂料

常见特种建筑涂料有防水涂料、防火涂料、防霉涂料、防结露涂料、防虫涂料、防辐射涂料、隔热涂料、隔声涂料、耐油涂料等。

12.3 胶黏剂

12.3.1 胶黏剂概述

通过黏合作用，能使被黏物结合在一起的物质，称为胶黏剂（adhesive），又叫做胶结剂、黏合剂。建筑胶黏剂（building adhesive）是能将相同或不同品种的建筑材料相互黏合并赋予胶层一定机械强度的物质，广泛用于墙面、地面、玻璃密封、防水、防腐、结构加固修补以及其他新型建筑材料等方面。

1）胶黏剂的组成和分类

（1）胶黏剂的组成

胶黏剂通常由基料和添加剂等组成。基料是在胶黏剂中起黏合作用并赋予胶层机械强度的物质，如树脂、橡胶、沥青等合成或天然高分子材料以及水泥、水玻璃等无机材料；添加剂是用以强化和完善基料性能而加入的物质，包括固化剂、助剂和填料等。

（2）胶黏剂的分类

胶黏剂的分类方法很多，若按胶黏剂的主要成分可分成无机类和有机类，具体结果见表 12-2。按黏结强度可分成结构型、次结构型和非结构型 3 种。

① 结构型：该种胶黏剂有足够的黏结强度，能长期承受较大的荷载，且具有良好的耐

油性、耐热性和耐候性。如酚醛—缩醛、酚醛—丁腈、环氧—尼龙、环氧—丁腈等。

　　② 次结构型：能承受中等程度载荷的胶黏剂。

　　③ 非结构型：不承受较大荷载，只起定位作用。主要有聚丙烯酸酯、聚醋酸乙烯酯、橡胶类、热熔胶类等。

表 12-2　胶黏剂的分类

无机类		硅酸盐类、硼酸盐、磷酸盐、硫酸盐、金属氧化物
有机类	天然类	淀粉类：淀粉、糊精
		蛋白质类：大豆蛋白、鱼胶、骨胶、虫胶
		天然树脂：松香、阿拉伯树胶、木质素
		天然橡胶：胶乳、天然橡胶溶液
		沥青：地沥青、石油沥青
	合成类	热塑型：聚醋酸乙烯酯、乙烯－醋酸乙烯酯、聚乙烯酯、聚丙烯酸酯
		热固型：环氧树脂、酮醛树脂、脲醛树脂、聚氯酯
		橡胶型：氯丁橡胶、丁腈橡胶、丁苯橡胶、硅酮胶
		混合型：酚醛-环氧、酚醛-丁腈、环氧、尼龙、环氧-聚醛胺、环氧-氯丁

　　2）胶黏剂的胶结机理

　　胶黏剂能够将材料牢固黏结在一起，是因为胶黏剂与材料间存在黏结力。黏结力主要包括机械黏结力、物理吸附力和化学键力等。

　　胶黏剂涂敷在材料的表面后，能渗入材料表面的凹陷处和表面的孔隙内，胶黏剂在固化后如同镶嵌在材料内部。这种机械锚固力称为机械黏结力。胶黏剂分子和材料分子间还存在物理吸附力，即范德华力将材料黏结在一起。此外，某些胶黏剂分子与材料分子间可能发生化学反应，即在胶黏剂与材料间存在化学键力，化学键力将材料黏结为一个整体。

　　对不同的胶黏剂和被黏材料，黏结力的主要来源不同，当机械黏结力、物理吸附力和化学键力共同作用时，可获得很高的黏结强度。因此，在土木建筑工程中所用的胶黏剂应满足下列基本要求：要有足够的流动性和对被黏物表面的浸润性，保证被黏物表面能被完全浸润；固化速度和黏度容易调整，且易于控制；胶黏剂的膨胀与收缩变形要小；不易老化；黏结强度要高。

　　3）胶黏剂选用的基本原则

　　首先，根据被黏材料的性质选用胶黏剂，如脆性与硬度高的材料，应选用强度高、硬度大和不易变形的热固性树脂胶黏剂；如材料弹性变形大，质地柔软，应选用弹性好、有一定韧性的橡胶类胶黏剂等。其次，根据黏结材料的使用要求选用胶黏剂，如黏结受力构件必须选用结构型胶黏剂；最后，根据黏结施工工艺来选择。在土木工程中，在施工现场进行黏结操作，一般应选用室温、非压力型胶黏剂。

12.3.2　常用胶黏剂

　　1）建筑装修用胶黏剂

　　该胶黏剂主要用于粘贴建筑饰面砖板，大大降低了饰面砖板脱落率及抹灰砂浆空鼓率。常用建筑胶黏剂品种有聚醋酸乙烯酯、乙烯—醋酸乙烯酯、环氧树脂、聚乙烯醇缩甲醛、聚丙烯酸酯等。

2）建筑密封胶

主要用于玻璃与金属、金属与金属、金属与混凝土、混凝土与混凝土之间的密封，要求黏结力牢固，弹性、防水及耐老化性能好。较早使用的建筑密封胶是蓖麻油、桐油为主体的油灰膏、聚氯乙烯胶泥及焦油聚氯乙烯胶泥等。目前的主要品种有聚硫、丙烯酸、硅酮、聚氨酯等密封胶。

3）建筑结构及化学灌浆用胶黏剂

建筑结构胶黏剂可分为黏钢板加固用胶，植钢筋及锚固用胶，碳纤维等复合材加固用胶，灌浆材料、修补公路、桥梁用胶和结构装修用胶等。结构胶的主料主要是环氧树脂及改性环氧树脂（如环氧树脂—丁腈、环氧树脂—聚硫、环氧树脂—不饱和聚酯等）。钢板粘贴用钢筋锚固胶除采用环氧树脂外，还有不饱和聚酯、丙烯酸酯等胶黏剂。

化学灌浆用胶黏剂主要是无溶剂或低收缩低稠度环氧树脂，利用低压注入及毛细管吸附原理，将树脂通过自动压力灌浆器注入混凝土裂缝中，还可根据裂缝的性质采用不同的弹性环氧灌浆树脂。自动压力灌浆技术的出现在微细裂缝方面替代了压缩空气机及手压泵等笨重的灌浆机具。

4）建筑防腐用胶黏剂

建筑防腐用胶黏剂主要用于防腐隔离层及玻璃钢、耐酸砖板的砌筑及各种耐酸、碱、盐腐蚀的设备、贮罐及管道。常用的胶黏剂有环氧树脂、不饱和聚酯树脂、酚醛树脂、呋喃树脂等。

主要参考文献

吝杰，等.2014. 建筑材料与检测[M]. 南京：南京大学出版社.

刘志勇.2014. 土木工程材料[M]. 四川：西南交通大学出版社.

高水静，傅文庆.2015. 建筑装饰材料[M]. 北京：中国轻工业出版社.

赵俊学，裴刚.2011. 建筑装饰材料[M]. 北京：科学出版社.

段先湖.2011. 建筑装饰装修材料手册[M]. 北京：中国标准出版社.